ΣBEST シグマベスト

JN056364

高校 これでわかる 問題集 数学Ⅱ+B

松田親典 著

文英堂

この本の特色

1 徹底して基礎力を身につけられるように編集

数学では，まず教科書レベルの基本的な問題を解けることが必要です。入試にも対応できる力は，**しっかりとした基礎力**の上にこそ積み重ねていくことができるのです。

2 便利な書き込み式

利用するときの効率を考え，**書き込み式**にしました。問題のすぐ下に解答を書けばいいので，ノートを用意しなくても大丈夫です。

3 参考書とリンク

問題は『高校これでわかる数学Ⅱ＋B』の例題と類似の問題から選びました。この本と参考書の問題の内容が一致しているので，解き方がわからない場合の確認や復習に利用できます。

4 問題の縮刷つき

別冊正解答集の最後に問題の縮刷をつけました。コピーしてノートに貼れば何度でも繰り返し使うことができます。チェック欄も設けているので，

①できた問題にチェックをする。
②チェックのない問題だけコピーしてノートに貼ってあらためて解く。
③できたら問題にチェックする。
以上を，すべての問題にチェックが入るまで繰り返す。

という効果的な使い方ができます。

この本の構成

1 まとめ

この章で学ぶ内容を簡単にまとめました。キー番号は問題ページの**HINT**の内容に対応しています。

2 問　題

参考書の例題と類似の問題を集めました。右ページの下には**HINT**がついているのでうまく利用してください。各マークの意味は下のとおりです。

- テスト…定期テストに出ることが予想される問題。
- 必修…特に重要な問題。この問題だけを選択して学習すれば，短時間で数学Ⅱ＋Bの内容が理解できているかを確認することができます。
- 難…難しい問題。

3 入試問題にチャレンジ

入試に対応できる力がついているか確認しましょう。

もくじ

1章 式と証明・方程式（数学Ⅱ）

1節 式と計算

1-1 □ 乗法公式と因数分解

— 乗法公式 →
← 因数分解 —

① $(\boldsymbol{a} \pm \boldsymbol{b})^2 = \boldsymbol{a}^2 \pm 2\boldsymbol{ab} + \boldsymbol{b}^2$ （複号同順）
② $(\boldsymbol{a}+\boldsymbol{b})(\boldsymbol{a}-\boldsymbol{b}) = \boldsymbol{a}^2 - \boldsymbol{b}^2$
③ $(\boldsymbol{x}+\boldsymbol{a})(\boldsymbol{x}+\boldsymbol{b}) = \boldsymbol{x}^2 + (\boldsymbol{a}+\boldsymbol{b})\boldsymbol{x} + \boldsymbol{ab}$
④ $(ax+b)(cx+d) = acx^2 + (ad+bc)x + bd$ （2次3項式）

（①～④ 数学Ⅰ）

⑤ $(a \pm b)^3 = a^3 \pm 3a^2b + 3ab^2 \pm b^3$ （複号同順）
⑥ $(a \pm b)(a^2 \mp ab + b^2) = a^3 \pm b^3$ （複号同順）

（⑤⑥ 数学Ⅱ）

たすきがけ

$a \quad b \longrightarrow bc$
$c \quad d \longrightarrow ad$
$ac \quad bd \quad ad+bc$

1-2 □ 二項定理

$(a+b)^n = {}_n\mathrm{C}_0 a^n + {}_n\mathrm{C}_1 a^{n-1} b + {}_n\mathrm{C}_2 a^{n-2} b^2 + \cdots + {}_n\mathrm{C}_r a^{n-r} b^r + \cdots + {}_n\mathrm{C}_n b^n$

とくに　$(1+x)^n = {}_n\mathrm{C}_0 + {}_n\mathrm{C}_1 x + {}_n\mathrm{C}_2 x^2 + \cdots + {}_n\mathrm{C}_n x^n$

1-3 □ 多項定理

$(a+b+c)^n$ の展開式で $a^p b^q c^r$ の項は

$\dfrac{n!}{p!q!r!} a^p b^q c^r$　$(p+q+r=n)$

1-4 □ 多項式の除法

※単項式は，項が1つの多項式と考え，多項式に単項式も含めることとする。

● 多項式 A を多項式 B で割る場合，商が Q，余りが R ならば

$A = BQ + R$　　←A，B が整数でも同じ
R の次数＜B の次数　　←A，B が整数なら $R < B$（ここだけ違う）
$R=0$ のとき割り切れる　　←A，B が整数でも同じ

1-5 □ 分数式の計算

$\dfrac{A}{B} \times \dfrac{C}{D} = \dfrac{AC}{BD}$　　$\dfrac{A}{B} \div \dfrac{C}{D} = \dfrac{AD}{BC}$

$\dfrac{A}{C} + \dfrac{B}{C} = \dfrac{A+B}{C}$　　$\dfrac{A}{C} - \dfrac{B}{C} = \dfrac{A-B}{C}$

計算の結果は既約分数式になおす。

1-6 □ 恒等式の計算

$ax^2+bx+c=a'x^2+b'x+c'$ が x についての恒等式

$\iff a=a'$, $b=b'$, $c=c'$

$ax^2+bx+c=0$ が x についての恒等式

$\iff a=0$, $b=0$, $c=0$

1-7 □ 等式 $A=B$ の証明

① 一方から他方を導く。

左辺$=A=\cdots$(変形する)$\cdots=B=$右辺　　よって　$A=B$

② 両辺をそれぞれ変形し，等しいことを示す。

左辺$=A=\cdots$(変形する)$\cdots=P$

右辺$=B=\cdots$(変形する)$\cdots=P$　　よって　$A=B$

③ 差が 0 となることを示す。

左辺$-$右辺$=A-B=\cdots$(変形する)$\cdots=0$　　よって　$A=B$

④条件式がある問題は，条件式を利用して文字を減らす。

1-8 □ 不等式の証明

① **左辺$-$右辺$=A-B=\cdots$(変形する)$\cdots>0$**　　よって　$A>B$

② $A\geqq 0$, $B\geqq 0$ のとき，$A>B \iff A^2>B^2$ の利用。

$A-B$ の符号が簡単に判定できないとき，$A\geqq 0$, $B\geqq 0$ なら

(左辺)^2−(右辺)^2$=A^2-B^2>0$　　ゆえに　$A^2>B^2$　　よって　$A>B$

③ 平方完成して，**(実数)$^2\geqq 0$** の利用。

④ **相加平均≧相乗平均** の利用。

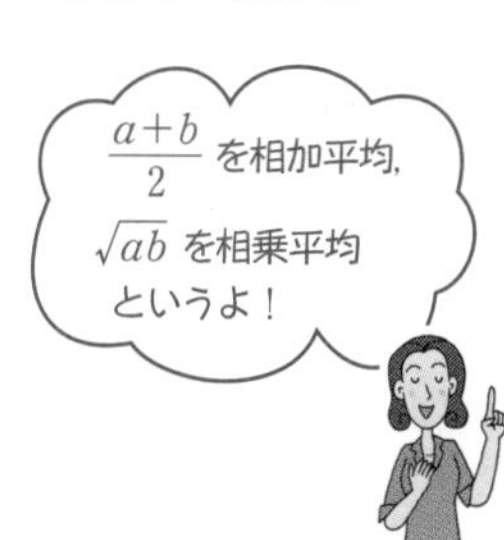
$\frac{a+b}{2}$ を相加平均，
$\sqrt{ab}$ を相乗平均
というよ！

$a>0$, $b>0$ **のとき**　$\frac{a+b}{2}\geqq\sqrt{ab}$

等号は，$a=b$ のとき成り立つ。

2節 2次方程式

1-9 □ 負の数の平方根

2 乗して -1 になる数を i で表す。i を虚数単位という。$i^2=-1$

$a>0$ のとき，**負の数 $-a$ の平方根は** $\pm\sqrt{-a}$ である。

$\sqrt{-a}=\sqrt{a}\,i$　　$-\sqrt{-a}=-\sqrt{a}\,i$

1-10 □ 複素数の相等

a, b, c, d は実数，i は虚数単位のとき

● $a+bi=c+di \iff a=c$ **かつ** $b=d$

● $a+bi=0 \iff a=0$ **かつ** $b=0$

1-11 □ 2次方程式の解の公式

$ax^2+bx+c=0$　　　　$ax^2+2b'x+c=0$

$\boldsymbol{x=\dfrac{-b\pm\sqrt{b^2-4ac}}{2a}}$　　　　$\boldsymbol{x=\dfrac{-b'\pm\sqrt{b'^2-ac}}{a}}$

1-12 □ 2次方程式の解の判別

$\boldsymbol{ax^2+bx+c=0}$ （a，b，c は実数，$a\neq0$）の解は

$D=b^2-4ac>0 \iff$ **異なる2つの実数解**
$D=b^2-4ac=0 \iff$ **重解（実数解）**
（以上２つ）**実数解**
$D=b^2-4ac<0 \iff$ **異なる2つの虚数解**

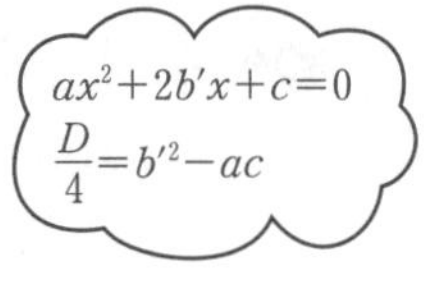

1-13 □ 解と係数の関係

2次方程式 $\boldsymbol{ax^2+bx+c=0}$ の解を α，β とすると　$\boldsymbol{\alpha+\beta=-\dfrac{b}{a}}$，$\boldsymbol{\alpha\beta=\dfrac{c}{a}}$

1-14 □ 2次式の因数分解

2次方程式 $\boldsymbol{ax^2+bx+c=0}$ の解を α，β とすると

$\boldsymbol{ax^2+bx+c=a(x-\alpha)(x-\beta)}$

とくに，完全平方式 $\boldsymbol{a(x-\alpha)^2}$ になるのは，$\boldsymbol{D=b^2-4ac=0}$ のとき。

1-15 □ 2数を解とする方程式

2数 α，β を解とする2次方程式の1つは

$\boldsymbol{(x-\alpha)(x-\beta)=0}$　　すなわち　$\boldsymbol{x^2-(\alpha+\beta)x+\alpha\beta=0}$

1-16 □ 解の存在範囲

2次方程式 $ax^2+bx+c=0$ の解の正負を調べる。

① $\alpha>0$，$\beta>0 \iff D\geqq0$ かつ $\alpha+\beta>0$ かつ $\alpha\beta>0$

② $\alpha<0$，$\beta<0 \iff D\geqq0$ かつ $\alpha+\beta<0$ かつ $\alpha\beta>0$

③ α，β が異符号 $\iff \alpha\beta<0$

3節 高次方程式

1-17 □ 剰余の定理

多項式 $\boldsymbol{P(x)}$ を1次式 $\boldsymbol{x-\alpha}$ で割ったときの余り $\boldsymbol{R}$ は　$\boldsymbol{R=P(\alpha)}$

1-18 □ 因数定理

多項式 $\boldsymbol{P(x)}$ において　$P(\alpha)=0 \iff \boldsymbol{P(x)}$ **は** $\boldsymbol{x-\alpha}$ **を因数にもつ**

1-19 □ 高次方程式の解法

因数分解し，1次式や2次式の積にして解く。

➡ 解答 *p. 3*

1　3次式の展開と因数分解

1 ［多項式の展開］
次の式を公式を使って展開せよ。

(1)　$(a+b)(a-b)(a^2-ab+b^2)(a^2+ab+b^2)$

(2)　$(a+b)^3(a-b)^3$

2 ［公式による展開］
次の式を展開せよ。

(1)　$(2x+y)^3$

(2)　$(x-3y)^3$

(3)　$(x+2)(x^2-2x+4)$

(4)　$(2x-y)(4x^2+2xy+y^2)$

HINT　**1**, **2**　公式を正確に適用して展開する。　1-1

➡ 解答 *p. 4*

3 **[公式を使った因数分解]**
次の式を因数分解せよ。

(1) $x^3+6x^2y+12xy^2+8y^3$

(2) $8x^3-12x^2+6x-1$

(3) x^3-8

(4) x^3+27y^3

4 **[複雑な因数分解]**
次の式を因数分解せよ。

(1) $3x^3+24y^3$

(2) $64x^6-y^6$

2 二項定理

5 [二項定理による展開]
次の式を展開せよ。

(1) $(x+y)^4$

(2) $(x-2y)^5$

6 [展開式の項の係数を求める]
$\left(2x^2-\dfrac{3}{x}\right)^6$ の展開式において x^3 の係数を求めよ。

7 [多項定理] 難
$(3x+2y-z)^7$ の展開式において xy^2z^4 の係数を求めよ。

HINT **3**, **4** 公式にあてはまることを確認して因数分解をする。 1-1
5, **6** 二項定理を利用する。 1-2
7 多項定理を利用する。 1-3

➡ 解答 *p. 6*

3 多項式の除法

8 [多項式の除法]

次の除法を行い，$A=BQ+R$ の形で表せ。

(1) $(2x^3-4+3x)\div(2x+x^2-3)$　　(2) $(4x^3+3x^2+2)\div(x^2-x+2)$

9 [複雑な多項式の除法]

x について次の除法を行い，商と余りを求めよ。

$(2x^2-3xy-2y^2+5x+4y-1)\div(x-2y+3)$

10 [割り切れる条件] 必修 テスト

x^3-2x^2+ax+b が x^2-3x+1 で割り切れるように，定数 a，b の値を定めよ。

4 分数式

11 ［分数式の約分］
次の分数式を約分せよ。

(1) $\dfrac{x^2-9}{x^2-4x+3}$ (2) $\dfrac{ab+a+2b+2}{a^2b+a+2ab+2}$

12 ［分数式の帯分数化］
次の分数式を，多項式と，分子の次数が分母の次数より低い分数式との和の形に変形せよ。

$\dfrac{2x^2-3x+3}{x-1}$

13 ［分数式の乗法］
次の分数式を計算せよ。

(1) $\dfrac{x^2-4}{x^2+x-6}\times\dfrac{x^2+2x-3}{x^3-1}$ (2) $\dfrac{a^4-b^4}{a^2-2ab+b^2}\times\dfrac{a-b}{a^2+b^2}$

14 ［分数式の除法］
次の分数式を計算せよ。

(1) $\dfrac{a^2-2a+1}{a^2-1}\div\dfrac{a^2-a+1}{a^3+1}$ (2) $\dfrac{x^2+xy}{x^2-3xy+2y^2}\div\dfrac{x^2y+xy^2}{x^2-4xy+4y^2}$

HINT
8 縦書きの計算をする。ぬけている次数の項の部分はあけておくこと。 1-4
9 割る多項式，割られる多項式とも x についての降べきの順に整理する。 1-4
11 分母と分子を因数分解する。 1-5
13, **14** 分数式の計算。約分できるものはしておくこと。 1-5

➡ 解答 *p. 8*

15 ［分数式の加法・減法］ 必修 テスト

次の分数式を計算せよ。

(1) $\dfrac{2}{x^2+4x+3}+\dfrac{2}{x^2+8x+15}$　　(2) $\dfrac{x+5}{x^2-2x-3}-\dfrac{x-1}{x^2-5x+6}$

16 ［複雑な分数式］

次の分数式を計算せよ。

$\dfrac{x-1}{x}-\dfrac{x}{x+1}-\dfrac{x+1}{x+2}+\dfrac{x+2}{x+3}$

5 恒等式

17 ［恒等式とは］

次の等式が恒等式なら○を，方程式なら×を（　　）内に記入せよ。

(1) $(x+1)(x+2)=x^2+x+2$　（　　）

(2) $(x+1)(x+2)=x^2+3x+2$　（　　）

(3) $\dfrac{1}{(x+1)(x+2)}=\dfrac{1}{x+1}-\dfrac{1}{x+2}$　（　　）

18 [恒等式の係数決定(1)] 必修 テスト

次の等式が恒等式となるように，定数 a，b，c，d の値を定めよ。

$x^3=a(x+1)^3+b(x+1)^2+c(x+1)+d$

19 [恒等式の係数決定(2)] 必修 テスト

次の等式が恒等式となるように，定数 a，b，c，d の値を定めよ。

$x^3=a(x+1)(x+2)(x+3)+b(x+1)(x+2)+c(x+1)+d$

20 [恒等式の係数決定(3)] 必修 テスト

次の等式が恒等式となるように，定数 a，b の値を定めよ。

$$\frac{4x+6}{(x+1)(x+3)}=\frac{a}{x+1}+\frac{b}{x+3}$$

HINT

17 恒等式：x にどんな値を代入しても成り立つ式。
方程式：x に特殊な値を代入したときにのみ成り立つ式。 1-6

18～**20** 数値代入法と係数比較法のどちらで解くのが適しているか見きわめる。 1-6

➡ 解答 *p. 10*

21 **[恒等式の係数決定(4)]**

次の等式が恒等式となるように，定数 a，b，c の値を定めよ。

$$\frac{1}{(x-1)(x-2)^2}=\frac{a}{x-1}+\frac{b}{x-2}+\frac{c}{(x-2)^2}$$

22 **[a の値に関係なく成立する等式]**

次の等式が a の値に関係なく成り立つような，x，y の値を求めよ。

(1) $ax-y-2a+1=0$

(2) $(a+2)x+(2a-1)y-a+3=0$

6 等式の証明

23 ［等式の証明］

次の等式を証明せよ。

$$x^2+y^2+z^2-xy-yz-zx=\frac{1}{2}\{(x-y)^2+(y-z)^2+(z-x)^2\}$$

24 ［条件つきの等式の証明］ 必修 テスト

$a+b+c=0$ のとき，$a^3+b^3+c^3=3abc$ を証明せよ。

25 ［条件式が比例式の等式の証明］

$\frac{a}{b}=\frac{c}{d}$ のとき，$\frac{a^2+b^2}{ab}=\frac{c^2+d^2}{cd}$ を証明せよ。

HINT

21 係数比較。 1-6

22 a の値に関係なく成り立つ $\Longleftrightarrow$ a についての恒等式 1-6

24 条件式を利用して文字を減らす。 1-7

25 比例式$=k$ とおく。 1-7

➡ 解答 p. 12

7 不等式の証明

26 ［基本となる不等式の証明］

$a<x<b$，$c<y<d$ のとき，$a-d<x-y<b-c$ を証明せよ。

27 ［不等式の証明(1)］ テスト

$a>c$，$b>d$ のとき，$ab+cd>ad+bc$ を証明せよ。

28 ［不等式の証明(2)］ 必修 テスト

$x^2+y^2 \geqq 2x+4y-5$ を証明せよ。また，等号が成り立つときを調べよ。

29 ［不等式の証明(3)］

$a>0$，$b>0$ のとき，$\sqrt{5(2a+3b)} \geqq 2\sqrt{a}+3\sqrt{b}$ を証明せよ。また，等号が成り立つときを調べよ。

30 ［相加平均≧相乗平均の利用(1)］ 必修 テスト

$x>0$ のとき $x+\dfrac{1}{x}\geqq 2$ を証明せよ。また，等号が成り立つときを調べよ。

31 ［相加平均≧相乗平均の利用(2)］

$a>0$，$b>0$ のとき $\left(a+\dfrac{9}{b}\right)\left(b+\dfrac{1}{a}\right)\geqq 16$ を証明せよ。また，等号が成り立つときを調べよ。

32 ［絶対値を含む不等式の証明］

$|a+b|\leqq|a|+|b|$ を使って，次の不等式を証明せよ。

$|a+b+c|\leqq|a|+|b|+|c|$

HINT

26, **27** 「$A>B$」の証明では，「$A-B>0$」を証明すればよい。 1-8

28 平方完成を利用する。 1-8

29 両辺とも負ではないので，2乗して比較する。 1-8

30, **31** 「相加平均≧相乗平均」の利用。 1-8

➡ 解答 *p. 14*

8 複素数

33 ［複素数の四則計算］ テスト

次の式を計算せよ。

(1) $(1+\sqrt{3}i)^2+(1-\sqrt{3}i)^2$

(2) $\dfrac{2+3i}{1-2i}+\dfrac{2-3i}{1+2i}$

34 ［負の数の平方根の計算］

次の計算をせよ。

(1) $\sqrt{-2}\times\sqrt{-3}$

(2) $\dfrac{\sqrt{3}}{\sqrt{-2}}$

35 ［複素数の相等］ 必修 テスト

次の等式を満たす実数 x, y の値を求めよ。

(1) $(x-y-2)+(x-2y)i=0$

(2) $(1+2i)x+(2-i)y=3-4i$

9　2次方程式

36　［2次方程式の解法］ テスト

次の2次方程式を解け。

(1) $3x^2-x-2=0$

(2) $x^2-3x-2=0$

(3) $3x^2+4x-2=0$

(4) $x^2+6x+9=0$

(5) $x^2+3x+4=0$

(6) $3x^2-4x+2=0$

37　［2次方程式の解の判別］ テスト

次の2次方程式の解を判別せよ。

(1) $2x^2+3x-1=0$

(2) $x^2-4x+4=0$

(3) $x^2-2x+3=0$

38　［重解をもつ条件］ 必修 テスト

2次方程式 $x^2-2ax+a+2=0$ が重解をもつように定数 a の値を定めよ。また，そのときの重解を求めよ。

HINT

33, **34** i を普通の文字のように計算する。$i^2=-1$ に注意。 1-9

35 i についての恒等式のように考える。 1-9 1-10

36 因数分解の利用ができない場合は，解の公式を利用する。 1-11

37, **38** 2次方程式の判別式を D とすると，$D>0$ のとき異なる2つの実数解，$D=0$ のとき重解，$D<0$ のとき異なる2つの虚数解をもつ。 1-12

➡ 解答 *p. 16*

10 解と係数の関係

39 [解と係数の関係]
次の各 2 次方程式の 2 つの解を α，β とするとき，$\alpha+\beta$ と $\alpha\beta$ の値を求めよ。

(1) $3x^2+4x+5=0$　　(2) $-2x^2-x=0$

40 [2次方程式の解で表される式の値] 必修 テスト
2 次方程式 $2x^2-4x+6=0$ の解を α，β とするとき，次の式の値を求めよ。

(1) $\alpha+\beta$

(2) $\alpha\beta$

(3) $\alpha^2+\beta^2$

(4) $\alpha^3+\beta^3$

41 [2次式の因数分解]
方程式の解を利用して 2 次式 $6x^2-17x+12$ を因数分解せよ。

42 [2数を解とする方程式]
2 数 $3+\sqrt{2}$，$3-\sqrt{2}$ を解とする 2 次方程式を 1 つ求めよ。

43 [2次方程式の解の存在範囲]
2 次方程式 $x^2+(a-3)x+a=0$ の 2 つの解を α，β とするとき，次の条件を満たすように，定数 a の値の範囲を定めよ。

(1) $\alpha>0$，$\beta>0$　　(2) $\alpha<0$，$\beta<0$

(3) $\alpha<0$，$\beta>0$

11 因数定理

44 **[式の値]**
多項式 $P(x)=x^3-2x^2+3x-4$ とするとき，次の値を求めよ。

(1) $P(2)$

(2) $P(-2)$

(3) $P\left(\frac{1}{2}\right)$

45 **[剰余の定理]**
多項式 $P(x)=x^3-3x^2+4$ を，次の1次式で割ったときの余りを求めよ。

(1) $x+3$

(2) $x-2$

(3) $2x-1$

46 **[因数定理・剰余の定理の利用]** 必修 テスト
多項式 $P(x)=x^3+2ax+a-1$ について，次の条件に適する a の値を求めよ。

(1) $P(x)$ が $x+1$ で割り切れる

(2) $P(x)$ を $x-2$ で割ったときの余りが -3

HINT
40 α，β の対称式は，すべて $\alpha+\beta$ と $\alpha\beta$ で表すことができる。 1-13
41 因数分解しにくいときは，解の公式を利用する。 1-14
42 1-15
43 $\alpha>0$，$\beta>0 \iff \alpha+\beta>0$，$\alpha\beta>0$ で $D\geqq 0$ を忘れずに。 1-16
45 剰余の定理の利用。(3)多項式 $P(x)$ を1次式 $ax+b$ で割ったときの余りは $P\left(-\frac{b}{a}\right)$ である。 1-17
46 (1)因数定理 (2)剰余の定理 の利用。 1-17 1-18

➡ 解答 *p. 18*

47 [2次式で割った余りの決定] 必修 テスト

多項式 $P(x)$ を $x-2$ で割ったときの余りが 1 で，$x+3$ で割ったときの余りが 6 であるとき，$P(x)$ を $(x-2)(x+3)$ で割ったときの余りを求めよ。

48 [因数定理]

多項式 $P(x)=2x^3-7x^2+2x+3$ は次の 1 次式を因数にもつか。

(1) $x-1$

(2) $x+1$

(3) $2x+1$

49 [3次式の因数分解] 必修 テスト

多項式 $P(x)=3x^3+x^2-8x+4$ を因数分解せよ。

12 高次方程式

50 [高次方程式の解法(1)]

次の方程式を解け。

(1) $x^3+8=0$　　(2) $x^4+3x^2-4=0$　　(3) $x^4+2x^2+9=0$

51 [高次方程式の解法(2)] 必修 テスト

次の方程式を解け。

(1) $x^3-4x^2+2x+4=0$

(2) $x^4-3x^3+3x^2+x-6=0$

52 [高次方程式と1つの解] 必修 テスト

方程式 $x^3+ax-6=0$ の 1 つの解が $x=3$ であるとき，定数 a の値と他の解を求めよ。

53 [ω の計算]

$x^3=1$ の虚数解のうちの 1 つを ω とするとき，次の式を簡単にせよ。

(1) $\omega^7+\omega^8+\omega^9$

(2) $\dfrac{1}{\omega+1}+\dfrac{1}{\omega^2+1}$

HINT

47 剰余の定理をうまく利用する。 1-17

48 (3)多項式 $P(x)$ において，$P(x)$ が $ax+b$ を因数にもつ $\Longleftrightarrow P\left(-\dfrac{b}{a}\right)=0$ 1-18

49 因数定理を使って因数を見つける。 1-18

50 公式を使って因数分解。あとは解の公式を使う。 1-19

51 因数定理を使って因数分解。あとは解の公式を使う。 1-18 1-19

52 方程式 $P(x)=0$ の解が $x=\alpha$ ならば $P(\alpha)=0$ 1-18 1-19

53 $\omega^3=1$，$\omega^2+\omega+1=0$ を活用する。

➡ 解答 *p. 20*

入試問題にチャレンジ

1 $x>1$ である実数 x に対して $x+\dfrac{1}{x}=a$ とおくとき，次の式を a を用いて表せ。　（鳥取大）

(1) $x^2+\dfrac{1}{x^2}$

(2) $x-\dfrac{1}{x}$

(3) $x^3-\dfrac{1}{x^3}$

2 a，b を正の実数とする。分数式 $\dfrac{a}{b}+\dfrac{b}{a}$ は，$a-b=$□のとき最小値□をとる。　（東洋大）

3 等式 $(k+2)x-(1-k)y=k+5$ がすべての実数 k に対して成立するとき，積 xy の値を求めよ。　（摂南大）

4 $\dfrac{4x+9}{(x+3)(2x+5)}=\dfrac{a}{x+3}-\dfrac{b}{2x+5}$ が x についての恒等式となるように，定数 a，b の値を定めると $a=$□，$b=$□となる。 （北里大・改）

5 n は自然数とする。$(x+y+1)^n$ を展開したとき，xy の項の係数は 90 であった。このときの n の値は□である。 （関西大）

6 a，b を $a\geqq 0$，$b\geqq 0$，$a+b=4$ を満たす実数とする。ab，$\sqrt{a}+\sqrt{b}$ のとる値の範囲はそれぞれ ア $\leqq ab\leqq$ イ ，ウ $\leqq\sqrt{a}+\sqrt{b}\leqq$ エ $\sqrt{\text{オ}}$ である。 （近畿大）

➡ 解答 *p. 22*

7 $\alpha=\dfrac{\sqrt{6}+\sqrt{2}i}{\sqrt{6}-\sqrt{2}i}$ とし，$\beta=\dfrac{\sqrt{6}-\sqrt{2}i}{\sqrt{6}+\sqrt{2}i}$ とする。ただし，i は虚数単位とする。

このとき，$\alpha^3+\beta^3=$ ☐ である。 （慶應大）

8 2 次方程式 $x^2+2ax-a+2=0$ が実数解をもつような実数 a の値は $a\leqq$ ［ア］，［イ］ $\leqq a$ の範囲にある。この方程式の 1 つの解を 1 とすると，$a=$ ［ウ］ であり，他の解は ［エ］ である。また，2 次方程式 $x^2+2ax-a+2=0$ が実数解をもたないような整数 a は全部で ［オ］ 個ある。

（関西学院大）

9 多項式 $P(x)$ を $(x-1)(x+1)$ で割ると $4x-3$ 余り，$(x-2)(x+2)$ で割ると $3x+5$ 余る。このとき，$P(x)$ を $(x+1)(x+2)$ で割ったときの余りを求めよ。 (慶應大)

10 3次方程式 $x^3+kx^2-4x-12=0$ の解の1つが2のとき，実数 k の値は［　　］である。また，他の2つの解は $x=$［　　］，［　　］である。 (北九州市立大)

2章 図形と方程式 (数学Ⅱ)

1節 点と直線

2-1 □ 直線上の 2 点間の距離

2 点 A(a), B(b) 間の距離 AB は

$\left.\begin{array}{l} \boldsymbol{a<b} \text{ のとき } \mathbf{AB}=\boldsymbol{b-a} \\ \boldsymbol{a>b} \text{ のとき } \mathbf{AB}=\boldsymbol{a-b} \end{array}\right\}$ (大きい座標)−(小さい座標)

右　　左

まとめると $|b-a|$

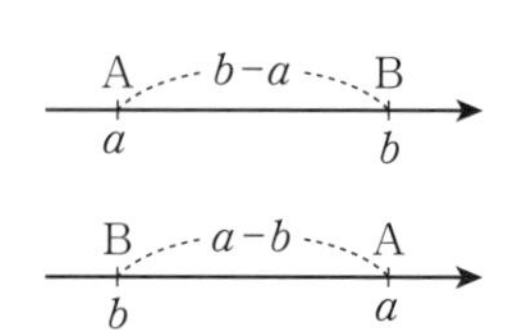

2-2 □ 直線上の分点の座標

A(a), B(b) のとき線分 AB を

$\boldsymbol{m}:\boldsymbol{n}$ **に内分**する点 P の座標 x は　$\boldsymbol{x=\dfrac{na+mb}{m+n}}$

$\boldsymbol{m}:\boldsymbol{n}$ **に外分**する点 P の座標 x は　$\boldsymbol{x=\dfrac{-na+mb}{m-n}}$

nを$-n$におき換えた式

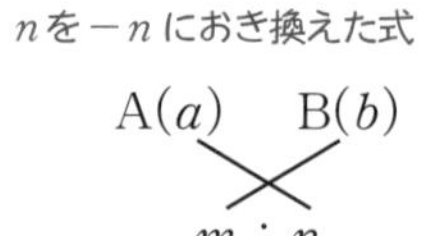

とくに，線分 AB の**中点**の座標 x は　$\boldsymbol{x=\dfrac{a+b}{2}}$

2-3 □ 平面上の 2 点間の距離

2 点 $\mathbf{A}(\boldsymbol{x_1},\ \boldsymbol{y_1})$, $\mathbf{B}(\boldsymbol{x_2},\ \boldsymbol{y_2})$ **間の距離 AB** は　$\mathrm{AB}=\sqrt{(\boldsymbol{x_2-x_1})^2+(\boldsymbol{y_2-y_1})^2}$

2-4 □ 平面上の分点の座標

A(x_1, y_1), B(x_2, y_2) のとき，線分 AB を

$\boldsymbol{m}:\boldsymbol{n}$ **に内分**する点 P の座標は　$\mathbf{P}\left(\boldsymbol{\dfrac{nx_1+mx_2}{m+n}},\ \boldsymbol{\dfrac{ny_1+my_2}{m+n}}\right)$

$\boldsymbol{m}:\boldsymbol{n}$ **に外分**する点 P の座標は　$\mathbf{P}\left(\boldsymbol{\dfrac{-nx_1+mx_2}{m-n}},\ \boldsymbol{\dfrac{-ny_1+my_2}{m-n}}\right)$

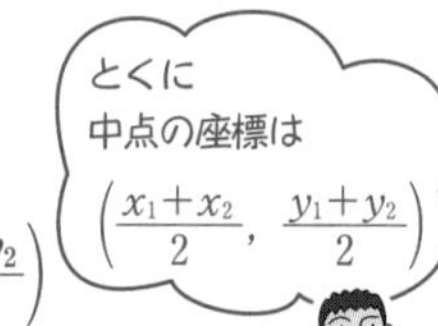

とくに
中点の座標は
$\left(\dfrac{x_1+x_2}{2},\ \dfrac{y_1+y_2}{2}\right)$

2-5 □ 直線の方程式

① 1 点 $(\boldsymbol{x_1},\ \boldsymbol{y_1})$ を通る**傾き $\boldsymbol{m}$** の直線の方程式　$\boldsymbol{y-y_1=m(x-x_1)}$

② 2 点 $(\boldsymbol{x_1},\ \boldsymbol{y_1})$, $(\boldsymbol{x_2},\ \boldsymbol{y_2})$ を通る直線の方程式

$\boldsymbol{x_1 \neq x_2}$ のとき　$\boldsymbol{y-y_1=\dfrac{y_2-y_1}{x_2-x_1}(x-x_1)}$

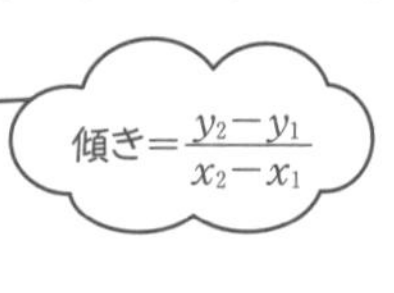

$\boldsymbol{x_1=x_2}$ のとき　$x=x_1$　←y 軸に平行な直線

2-6 □ 2 直線の関係

2 直線 $y=mx+b$, $y=m'x+b'$ が

● **平行**であるための条件は　$m=m'$　● **垂直**であるための条件は　$mm'=-1$

2-7 □ 点と直線の距離

点 $\mathbf{P}(\boldsymbol{x_1},\ \boldsymbol{y_1})$ から直線 $\boldsymbol{ax+by+c=0}$ までの距離 $\boldsymbol{d}$ は

$$d=\frac{|\boldsymbol{ax_1+by_1+c}|}{\sqrt{\boldsymbol{a^2+b^2}}}$$

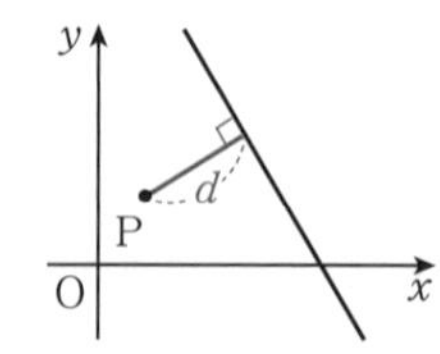

2-8 □ 三角形の面積

O(0, 0), A(x_1, y_1), B(x_2, y_2) のとき　$\triangle OAB=\frac{1}{2}|x_1y_2-x_2y_1|$

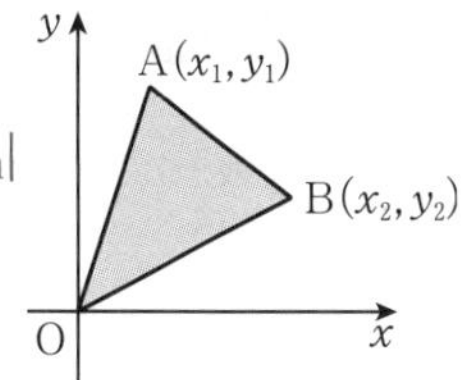

2節 円

2-9 □ 円の方程式

中心が点 $(a,\ b)$，半径が r の円　$(x-a)^2+(y-b)^2=r^2$

とくに，中心が原点，半径が r の円　$x^2+y^2=r^2$

一般形　$x^2+y^2+lx+my+n=0$ $(l^2+m^2-4n>0)$

2-10 □ 円と直線の関係

円と直線の方程式から，y を消去した 2 次方程式

$ax^2+bx+c=0$ の D について

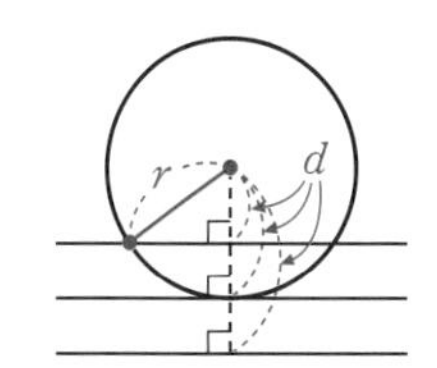

異なる 2 点で交わる（共有点 2 個）$\Longleftrightarrow$ $d<r$ $\Longleftrightarrow$ $D>0$

接する　（共有点 1 個）$\Longleftrightarrow$ $d=r$ $\Longleftrightarrow$ $D=0$

共有点をもたない　$\Longleftrightarrow$ $d>r$ $\Longleftrightarrow$ $D<0$

2-11 □ 円の接線の方程式

円 $x^2+y^2=r^2$ 上の点 $(x_1,\ y_1)$ における接線の方程式は　$x_1x+y_1y=r^2$

2-12 □ 2 円の交点を通る曲線

2 円 $x^2+y^2+ax+by+c=0$ と $x^2+y^2+lx+my+n=0$ の交点を通る曲線は

$x^2+y^2+ax+by+c+k(x^2+y^2+lx+my+n)=0$ で表される。

（$k \neq -1$ のときは円，$k=-1$ のときは直線）

3節 軌跡と領域

2-13 □ 軌跡の求め方

① 軌跡の点 P の座標を $(x,\ y)$ とおき，条件を x，y の式で表す。

② 式を整理して，x，y の満たす方程式がどんな図形を表すかを調べる。

③ パラメータ t を使って，$x=f(t)$，$y=g(t)$ と与えられれば，t を消去する。

2-14 □ 領域の図示

$y>f(x)$ の表す領域は，曲線 $y=f(x)$ の上側

$y<f(x)$ の表す領域は，曲線 $y=f(x)$ の下側

$(x-a)^2+(y-b)^2<r^2$ の表す領域は，円 $(x-a)^2+(y-b)^2=r^2$ の内部

$(x-a)^2+(y-b)^2>r^2$ の表す領域は，円 $(x-a)^2+(y-b)^2=r^2$ の外部

2-15 □ 領域における最大・最小の調べ方

① まず，条件の不等式の表す領域 D を図示する。

② 最大・最小を調べる x，y の式$=k$ とおく。

③ ②の式が表す図形を D と共有点をもたせながら移動させ，k の値の範囲を調べる。

➡ 解答 *p. 24*

1 直線上の点

54 ［直線上の2点間の距離］
2点 A(−5)，B(−2) について，次の問いに答えよ。

(1) 2点 A，B 間の距離を求めよ。

(2) 点 B からの距離が 3 である点の座標を求めよ。

55 ［直線上の線分の分点］
2点 A(−3)，B(5) について，線分 AB を次のように分ける点の座標を求めよ。

(1) 3：1 に内分する点 C

(2) 3：1 に外分する点 D

(3) 1：3 に外分する点 E

2 平面上の点

56 ［2点間の距離］ 必修 テスト
3点 A(−2，2)，B(2，4)，C(1，c) について，次の問いに答えよ。

(1) 線分 AB の長さを求めよ。

(2) △ABC が AC＝BC の二等辺三角形になるように c の値を定めよ。

(3) 直線 $y=x-3$ 上にあって，点 A，B から等距離にある点 P の座標を求めよ。

57 ［平面上の線分の分点］ 必修 テスト

3点 A(−3, 4), B(2, −1), C(−5, −3) について，次の点の座標を求めよ。

(1) 線分 AB を 2：3 に内分する点 D

(2) 線分 BC を 2：3 に外分する点 E

(3) △ABC の重心 G

58 ［図形の性質の証明］

△ABC の辺 BC を 1：3 に内分する点を D とするとき，次の等式を証明せよ。

$3AB^2+AC^2=4(AD^2+3BD^2)$

HINT **54** 2-1 **55** 2-2 **56** 2-3

57 (1), (2) 分点の座標を求める公式を利用する。

(3) $A(x_1, y_1)$, $B(x_2, y_2)$, $C(x_3, y_3)$ のとき，△ABC の重心の座標は $\left(\dfrac{x_1+x_2+x_3}{3}, \dfrac{y_1+y_2+y_3}{3}\right)$ である。 2-4

58 △ABC の辺 BC が x 軸に，点 D が原点になるように，座標平面に △ABC を置く。 2-3

➡ 解答 p. 26

3 直線の方程式

59 [直線の方程式(1)] テスト
次の直線の方程式を求めよ。

(1) 点 $(2,\ -1)$ を通り，傾きが -3 の直線

(2) 2 点 $(-2,\ -3)$，$(1,\ 3)$ を通る直線

60 [直線の方程式(2)]
次の 2 点を通る直線の方程式を求めよ。

(1) 2 点 $(2,\ -1)$，$(2,\ 3)$　(2) 2 点 $(-1,\ 3)$，$(5,\ 3)$　(3) 2 点 $(-3,\ 0)$，$(0,\ 2)$

4 2 直線の関係

61 [平行な直線・垂直な直線] 必修 テスト
点 $(-1,\ 4)$ を通り，直線 $2x+3y+4=0$ に平行な直線と，垂直な直線の方程式を求めよ。

62 [外　心] テスト
3 点 A$(4,\ 4)$，B$(0,\ 2)$，C$(6,\ 0)$ を頂点とする $\triangle$ABC の外心の座標を求めよ。

63 ［垂　心］

△ABC において，A(15, 12)，B(0, 9) とする。垂心の座標を (8, 5) とするとき，点 C の座標を求めよ。

64 ［対称点の座標］ 必修

直線 l：$3x+2y-5=0$ に関する点 P(4, 3) の対称点 Q の座標を求めよ。

HINT

60 (1) x 座標は同じ値。　(2) y 座標は同じ値。

(3) $(a, 0)$，$(0, b)$ $(ab \neq 0)$ を通る直線の方程式は $\dfrac{x}{a}+\dfrac{y}{b}=1$ ←切片方程式という。 2-5

61 直線 $l_1 /\!/$ 直線 $l \iff l_1$ の傾き$=l$ の傾き，直線 $l_2 \perp$ 直線 $l \iff l_2$ の傾き$=-\dfrac{1}{l\text{の傾き}}$ 2-6

62 外心：三角形の各辺の垂直二等分線の交点。 2-5， 2-6

63 垂心：三角形の各頂点から対辺に引いた垂線の交点。 2-5， 2-6

64 直線 PQ と直線 l は垂直。また，線分 PQ の中点は直線 l 上にある。 2-4， 2-6

➡ 解答 *p. 28*

65 ［点と直線の距離］ テスト

次の点から直線 $l : 2x+3y=4$ までの距離を求めよ。

(1) 原点 $(0,\ 0)$

(2) 点 $(4,\ 3)$

66 ［三角形の面積］ 必修 テスト

3 点 $A(3,\ 7)$, $B(1,\ 3)$, $C(4,\ 4)$ を頂点とする $\triangle ABC$ の面積を求めよ。

67 ［2直線の交点を通る直線］ 必修 テスト

次の問いに答えよ。

(1) 直線 $(2+k)x-(1+3k)y+7k-1=0$ は k の値によらず定点を通る。その定点の座標を求めよ。

(2) 2 直線 $l : 2x-y-1=0$, $m : x-3y+7=0$ の交点と点 $(4,\ -1)$ を通る直線の方程式を求めよ。

5 円の方程式

68 ［円の方程式］
次の円の方程式を求めよ。

(1) 中心 $(-1,\ 3)$，半径 2 の円

(2) 2 点 $\mathrm{A}(-1,\ -2)$，$\mathrm{B}(3,\ 6)$ を直径の両端とする円

69 ［円の方程式の一般形(1)］
円 $x^2+y^2-4x+2y+c=0$ について，次の問いに答えよ。

(1) この円の中心の座標を求めよ。

(2) この円が点 $(3,\ 2)$ を通るように c の値を定めよ。また，このときの半径を求めよ。

70 ［円の方程式の一般形(2)］ テスト
3 点 $\mathrm{A}(4,\ 2)$，$\mathrm{B}(-1,\ 1)$，$\mathrm{C}(5,\ -3)$ を頂点とする $\triangle\mathrm{ABC}$ の外接円の方程式を求めよ。

HINT

65 公式の利用。 2-7

66 頂点の 1 つが原点に重なるように，三角形を平行移動させる。 2-8

67 2 直線 $ax+by+c=0$ と $lx+my+n=0$ の交点を通る直線の方程式は
$ax+by+c+k(lx+my+n)=0$ 2-12

68, **69**, **70** 2-9

➡ 解答 *p. 30*

6 円と直線

71 [円と直線の位置関係(1)] 必修 テスト

円 $x^2+y^2=4$ と直線 $x+2y+k=0$ との共有点の個数を求めよ。

72 [円と直線の位置関係(2)] 必修 テスト

円 $x^2+y^2=9$ と直線 $y=2x+k$ が共有点を 2 つもつように，k の値の範囲を定めよ。

73 [接線の方程式(1)] 必修 テスト

次の各場合について，円 $x^2+y^2=4$ の接線の方程式を求めよ。

(1) 円周上の点 $(1,\ \sqrt{3})$ における接線

(2) 円外の点 $(6,\ 2)$ を通る接線

74 ［接線の方程式(2)］

円 $x^2+y^2=25$ がある。円外の点 $(5,\ 10)$ を通る接線の方程式と接点の座標を求めよ。

75 ［弦の長さ］

直線 $y=x+k$ が円 $x^2+y^2=9$ と交わって，切りとられる弦の長さが 4 になるように，k の値を定めよ。

HINT **71** 2-7，2-10 **72** 2-10 **73** 2-11，2-7，2-10

74 接点の座標を $(x_1,\ y_1)$ とおき，接点の座標を求めてから，接線の方程式を求める。 2-11

75 点と直線の距離を利用する。 2-7，2-10

➡ 解答 *p. 32*

76 [2円の位置関係]

円 O：$x^2+y^2=4$ と円 O′：$x^2+y^2-8x-6y-a=0$ が接するように a の値を定めよ。

77 [2円の交点を通る直線と円] 必修 テスト

2円 $x^2+y^2=9$ …① $x^2+y^2-4x+4y+3=0$ …②について，次の問いに答えよ。

(1) 2円①，②の交点を通る直線の方程式を求めよ。

(2) 2円①，②の交点と原点を通る円の方程式を求めよ。

7 軌 跡

78 [距離の比が一定な点の軌跡] 必修 テスト

2点 A(1, 0)，B(6, 0) からの距離の比が 3：2 である点 P の軌跡を求めよ。

79 ［動点につれて動く点の軌跡］ 必修 テスト

円 $x^2+y^2=9$ と点 P(6, 0) がある。点 Q がこの円周上を動くとき，線分 PQ を 2 : 1 に内分する点 R の軌跡を求めよ。

80 ［係数の変化につれて動く点の軌跡］

2 直線 $y=tx-1$ …① $y=(t-1)x-t+2$ …②

がある。t がすべての実数値をとって変化するとき，2 直線の交点の軌跡を求めよ。

8 不等式と領域

81 ［直線を境界とする領域］

次の不等式の表す領域を図示せよ。

(1) $y \geqq 2x-1$ (2) $3x+2y<6$ (3) $x>1$

HINT **76** 2 円の位置関係は，中心間の距離と半径の大きさで決まる。

77 (円の方程式)$+k$(円の方程式)$=0$ を利用。 2-12

78～**80** 2-13 **81** 2-14

➡ 解答 *p. 34*

82 [円を境界とする領域] 必修 テスト

次の不等式の表す領域を図示せよ。

(1) $x^2+y^2>9$　　(2) $(x+1)^2+(y-1)^2 \leqq 4$

83 [放物線を境界とする領域]

次の不等式の表す領域を図示せよ。

(1) $y \leqq (x-2)^2-1$　　(2) $y \geqq 2x^2+4x+3$

84 [連立不等式の表す領域] テスト

次の連立不等式の表す領域を図示せよ。

(1) $\begin{cases} x+y-1 \geqq 0 \\ x^2+y^2-2y \leqq 0 \end{cases}$　　(2) $\begin{cases} y-x-1 \geqq 0 \\ y-x^2+1 \leqq 0 \end{cases}$

85 [不等式 $AB<0$ の表す領域] テスト

不等式 $(x-y+1)(3x+y-2)<0$ の表す領域を図示せよ。

86 [命題の真偽の判定]

$x^2+y^2<1$ ならば $x^2+y^2>4x+4y-5$ であることを示せ。

87 [領域における最大・最小] テスト

x, y が不等式 $2x+3y-11\geqq 0$, $4x-y-15\leqq 0$, $x-2y+5\geqq 0$ を満たすとき, $x+y$ の最大値, 最小値とそのときの x, y の値を求めよ。

88 [領域における最大・最小の利用]

ある工場では, 2 種類の製品 A, B を作っている。製品 A, B をそれぞれ 1 kg 作るとき, 原料 α, β の使用量は右の表の通りである。1 日に, 原料 α は最大 2.8 kg, 原料 β は最大 2.7 kg の量を手に入れることができる。製品 A, B 1 kgの価格がそれぞれ 4 万円, 3 万円とするとき, A, B をそれぞれ何 kg 作れば 1 日に作った製品の価格の合計が最大となるか。

	原料 α(g)	原料 β(g)
A	700	300
B	400	600

HINT **82**~**84** 2-14 **85** $AB<0 \Longleftrightarrow A>0$, $B<0$ または $A<0$, $B>0$ 2-14

86 領域を図示する。「$A \Longrightarrow B$」$\Longleftrightarrow$「$A \subset B$」(数学 I 「数と式」参照) 2-14

87, **88** まず, 条件の不等式の表す領域を図示する。 2-15

➡ 解答 *p. 36*

入試問題にチャレンジ

1 2点A$(-2,\ -1)$, B$(2,\ 9)$と直線l：$y=2x$がある。直線lに関して点Bと対称な点をCとする。また，点Pは直線l上を動くとする。 （九州産業大）

(1) 線分ABの長さは$\boxed{ア}\sqrt{\boxed{イウ}}$である。

(2) 線分ABの中点の座標は$(\boxed{エ},\ \boxed{オ})$である。

(3) 点Cの座標は$(\boxed{カ},\ \boxed{キ})$である。

(4) AP＋BPが最小になるような点Pの座標は$(\boxed{ク},\ \boxed{ケ})$である。

(5) ∠APB＝90°となるような点Pのx座標は$\dfrac{\boxed{コ}\pm\sqrt{\boxed{サシス}}}{\boxed{セ}}$である。

2 平面上の2直線 $ax-3y=-a+3$…㋐，$x+(a-4)y=4a-12$…㋑を考える。ただし，a は定数である。 （日本大）

(1) 直線㋐と㋑が垂直であるのは $a=$□のときである。このとき，直線㋐を l，直線㋑を m とすると，l と m の交点 A の座標は (□, □) である。

(2) 直線㋐と㋑が一致するのは $a=$□のときである。この直線を n とすると，n と(1)の点 A の距離は□である。

(3) (1)の l，m と(2)の n で囲まれた図形の面積は□である。

➡ 解答 *p. 38*

3 点 (2, -4) を通り，円 $x^2+y^2=10$ に接する直線は 2 本ある。この 2 本の直線のうち，傾きが正である方の直線の方程式は $y=$ □ である。 (慶應大)

4 中心が点 (1, 2)，半径が 3 の円がある。点 P がこの円上を動くとき，点 A(-3, 6) と点 P を結ぶ線分 AP を 2：1 に内分する点 Q の軌跡を求めよ。 (佐賀大)

5 連立不等式 $x-2y+3\leqq 0$, $x+y-9\leqq 0$, $2x-y\geqq 0$ で表される領域を D とする。点 $(x,\ y)$ が領域 D を動くとき, x^2-2x+y^2 の最大値と最小値を求めよ。また, そのときの x, y の値を求めよ。 (甲南大)

3章 三角関数（数学Ⅱ）

1節 三角関数

3-1 □ 一般角と動径の位置

$\alpha^\circ + 360^\circ \times n$（$n$ は整数）が表す動径は同じ位置にある。

↑ n 回転するともとの位置

3-2 □ 弧度法

半径 r の円弧の長さが l のときの中心角を θ とすると

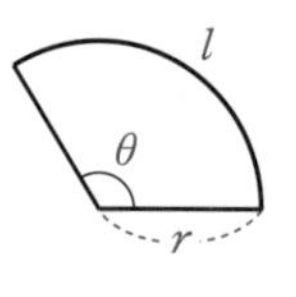

$\dfrac{l}{r} = \theta$（ラジアン）　$180^\circ = \pi$（ラジアン）

ラジアンは普通省略する。

3-3 □ 扇形の弧の長さと面積

半径 r，中心角 θ の扇形において

弧の長さ　$l = r\theta$

面　　積　$S = \dfrac{r^2\theta}{2}$

3-4 □ 三角関数の定義

座標平面上において，単位円上の点を $\mathrm{P}(x,\ y)$ とする。

x 軸の正の向きと動径 OP のなす角を θ とすると

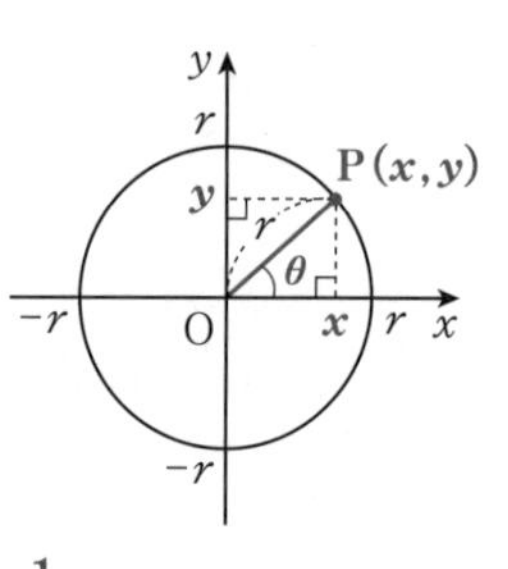

$\sin\theta = y$　$\cos\theta = x$　$\tan\theta = \dfrac{y}{x}$

3-5 □ 三角関数の相互関係

$\sin^2\theta + \cos^2\theta = 1$　$\tan\theta = \dfrac{\sin\theta}{\cos\theta}$　$1 + \tan^2\theta = \dfrac{1}{\cos^2\theta}$

3-6 □ 三角関数の性質

●$\theta + 2n\pi$ の三角関数

$\sin(\theta + 2n\pi) = \sin\theta$　$\cos(\theta + 2n\pi) = \cos\theta$　$\tan(\theta + 2n\pi) = \tan\theta$

●$-\theta$ の三角関数

$\sin(-\theta) = -\sin\theta$　$\cos(-\theta) = \cos\theta$　$\tan(-\theta) = -\tan\theta$

●$\pi - \theta$，$\pi + \theta$ の三角関数

$\sin(\pi - \theta) = \sin\theta$　$\cos(\pi - \theta) = -\cos\theta$　$\tan(\pi - \theta) = -\tan\theta$

$\sin(\pi + \theta) = -\sin\theta$　$\cos(\pi + \theta) = -\cos\theta$　$\tan(\pi + \theta) = \tan\theta$

●$\dfrac{\pi}{2} + \theta$，$\dfrac{\pi}{2} - \theta$ の三角関数

$\sin\left(\dfrac{\pi}{2} + \theta\right) = \cos\theta$　$\cos\left(\dfrac{\pi}{2} + \theta\right) = -\sin\theta$　$\tan\left(\dfrac{\pi}{2} + \theta\right) = -\dfrac{1}{\tan\theta}$

$\sin\left(\dfrac{\pi}{2} - \theta\right) = \cos\theta$　$\cos\left(\dfrac{\pi}{2} - \theta\right) = \sin\theta$　$\tan\left(\dfrac{\pi}{2} - \theta\right) = \dfrac{1}{\tan\theta}$

☐ 3-7 □ 三角関数のグラフの特徴

	$y=\sin x$	$y=\cos x$	$y=\tan x$
定義域	すべての実数	すべての実数	$x \neq \frac{\pi}{2}+n\pi$ (n は整数)
値　域	$-1 \leqq y \leqq 1$	$-1 \leqq y \leqq 1$	すべての実数
周　期	2π	2π	π
偶・奇	奇関数	偶関数	奇関数
グラフ	原点に関して対称	y 軸に関して対称 ($y=\sin x$ のグラフを x 軸方向に $-\frac{\pi}{2}$ だけ平行移動したもの)	原点に関して対称 漸近線は $x=\frac{\pi}{2}+n\pi$

3-8 □ 三角方程式と三角不等式

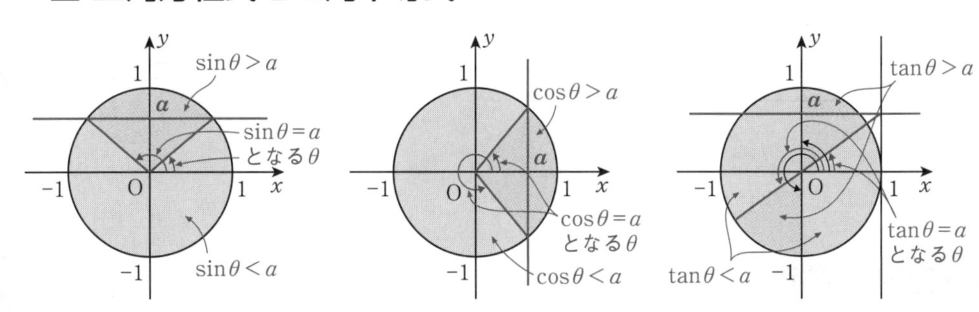

2節 加法定理とその応用

3-9 □ 加法定理

$$\sin(\alpha+\beta)=\sin\alpha\cos\beta+\cos\alpha\sin\beta$$
$$\sin(\alpha-\beta)=\sin\alpha\cos\beta-\cos\alpha\sin\beta$$
$$\cos(\alpha+\beta)=\cos\alpha\cos\beta-\sin\alpha\sin\beta$$
$$\cos(\alpha-\beta)=\cos\alpha\cos\beta+\sin\alpha\sin\beta$$

$$\tan(\alpha+\beta)=\frac{\tan\alpha+\tan\beta}{1-\tan\alpha\tan\beta}$$
$$\tan(\alpha-\beta)=\frac{\tan\alpha-\tan\beta}{1+\tan\alpha\tan\beta}$$

3-10 □ 2倍角の公式・半角の公式

●2倍角の公式

$$\sin 2\alpha=2\sin\alpha\cos\alpha$$
$$\cos 2\alpha=\cos^2\alpha-\sin^2\alpha=2\cos^2\alpha-1=1-2\sin^2\alpha$$
$$\tan 2\alpha=\frac{2\tan\alpha}{1-\tan^2\alpha}$$

●半角の公式

$$\sin^2\frac{\alpha}{2}=\frac{1-\cos\alpha}{2} \qquad \cos^2\frac{\alpha}{2}=\frac{1+\cos\alpha}{2} \qquad \tan^2\frac{\alpha}{2}=\frac{1-\cos\alpha}{1+\cos\alpha}$$

3-11 □ 三角関数の合成

$$a\sin\theta+b\cos\theta=\sqrt{a^2+b^2}\sin(\theta+\alpha)$$

ただし　$\cos\alpha=\frac{a}{\sqrt{a^2+b^2}}$，$\sin\alpha=\frac{b}{\sqrt{a^2+b^2}}$

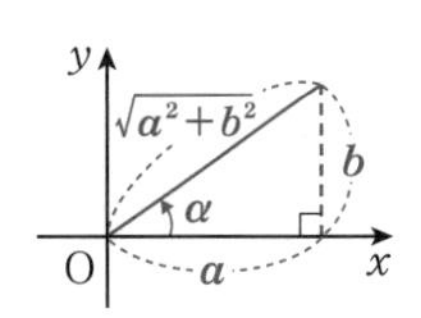

➡ 解答 *p. 40*

1 一般角

89 [一般角]
次の角を表す動径は第何象限にあるか。

(1) 850°

(2) −400°

(3) 2000°

90 [一般角を読みとる]
次の動径 OP の表す一般角 θ を $\alpha°+360°\times n$ の形で表せ。

(1)

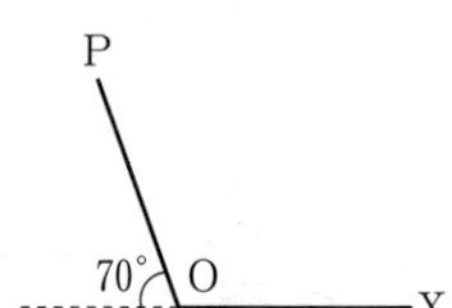

(2)

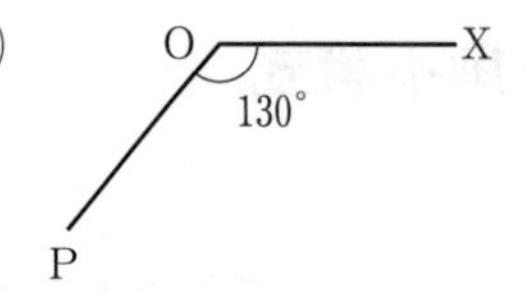

(3)

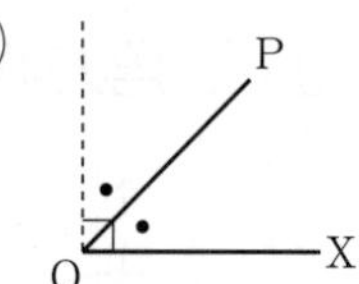

2 弧度法

91 [弧度法と度数法]
次の角を，弧度は度数に，度数は弧度になおせ。

(1) $\frac{\pi}{6}$

(2) $\frac{5}{3}\pi$

(3) 240°

(4) 72°

92 [扇形の弧と面積] 必修 テスト
次の扇形の弧の長さ l と面積 S を求めよ。

(1) 半径 3，中心角 $\frac{2}{3}\pi$

(2) 半径 r，中心角 135°

3 三角関数

93 [三角関数の値(1)]

次の角 θ に対応する $\sin\theta$，$\cos\theta$，$\tan\theta$ の値を求めよ。

(1) $\dfrac{4}{3}\pi$　　(2) $-\dfrac{5}{4}\pi$

94 [等式を満たす角] 必修 テスト

$0\leqq\theta<2\pi$ のとき，次の式を満たす θ を求めよ。

(1) $\sin\theta=-\dfrac{\sqrt{3}}{2}$　　(2) $\cos\theta=-\dfrac{\sqrt{3}}{2}$　　(3) $\tan\theta=1$

95 [三角関数の相互関係] 必修 テスト

θ は第4象限の角で，$\cos\theta=\dfrac{1}{\sqrt{3}}$ のとき，$\sin\theta$，$\tan\theta$ の値を求めよ。

HINT

89 一般角 $(\alpha^\circ+360^\circ\times n)$ の形にすれば，動径の位置がわかる。 3-1

91 π(ラジアン)$=180^\circ$ 3-2

92 弧の長さ：$l=r\theta$，面積：$S=\dfrac{r^2\theta}{2}$ 3-3

93, **94** 3-4　**95** 3-5

➡ 解答 *p. 42*

96 ［三角関数の式の変形(1)］

$\tan\theta+\dfrac{\cos\theta}{1+\sin\theta}$ を簡単にせよ。

97 ［等式の証明］ テスト

$\tan\theta+\dfrac{1}{\tan\theta}=\dfrac{1}{\sin\theta\cos\theta}$ を証明せよ。

98 ［三角関数を含む式］ テスト

$\sin\theta-\cos\theta=t$ のとき，次の式を t で表せ。

(1) $\sin\theta\cos\theta$

(2) $\sin^3\theta-\cos^3\theta$

99 ［三角関数と2次方程式］

2次方程式 $3x^2-2x+k=0$ の2つの解が $\sin\theta$，$\cos\theta$ であるとき，定数 k の値を求めよ。また，$\sin\theta-\cos\theta$ の値を求めよ。

4 三角関数の性質

100 [三角関数の式の変形(2)]
次の式を簡単にせよ。

$$\sin\left(\theta-\frac{\pi}{2}\right)+\sin\left(\frac{\pi}{2}+\theta\right)+\sin(\pi-\theta)+\sin(\pi+\theta)$$

101 [三角関数の値(2)]
次の三角関数を $0\leqq\theta\leqq\frac{\pi}{4}$ の三角関数で表し，その値を求めよ。

(1) $\sin\frac{5}{4}\pi$　　(2) $\cos\left(-\frac{7}{6}\pi\right)$　　(3) $\tan\frac{5}{3}\pi$

5 三角関数のグラフ

102 [sin のグラフをかく]
$y=2\sin\left(x-\frac{\pi}{6}\right)$ のグラフをかけ。

103 [cos のグラフをかく] 必修
$y=\cos 2\left(x-\frac{\pi}{3}\right)$ のグラフをかけ。

HINT **96**, **97** $\tan\theta$ を $\sin\theta$ と $\cos\theta$ を用いて表す。 3-5
98 (2)はまず因数分解をする。 3-5
99 解と係数の関係を利用する。 3-5
100, **101** 3-6　**102**, **103** 3-7

➡ 解答 *p. 44*

104 ［tan のグラフをかく］

$y=\tan\frac{1}{2}x$ のグラフをかけ。

6 三角方程式・不等式

105 ［三角方程式を解く(1)］ 必修 テスト

次の方程式を解け。ただし，$0\leqq x<2\pi$ とする。

(1) $\sin x=\frac{1}{2}$　　(2) $\cos x=\frac{\sqrt{2}}{2}$　　(3) $\tan x=-\frac{1}{\sqrt{3}}$

106 ［三角方程式を解く(2)］

$0\leqq x<2\pi$ のとき，$\cos\left(2x-\frac{\pi}{3}\right)=-\frac{1}{2}$ を解け。

107 ［三角不等式を解く(1)］ 必修 テスト

次の不等式を解け。ただし，$0 \leqq x < 2\pi$ とする。

(1) $\sin x \leqq \dfrac{\sqrt{3}}{2}$　　(2) $\cos x \geqq -\dfrac{\sqrt{3}}{2}$　　(3) $\tan x \leqq \dfrac{1}{\sqrt{3}}$

108 ［三角不等式を解く(2)］

次の不等式を解け。ただし，$0 \leqq x < 2\pi$ とする。

(1) $\sin\left(x+\dfrac{\pi}{3}\right) > \dfrac{1}{2}$　　(2) $2\sin^2 x > 1-\cos x$

109 ［三角関数の最大・最小(1)］ テスト

次の関数の最大値，最小値およびそのときの x の値を求めよ。

$y=3\sin\left(x+\dfrac{\pi}{3}\right)$ $\left(0 \leqq x \leqq \dfrac{\pi}{2}\right)$

HINT 104 3-7　106 $2x-\dfrac{\pi}{3}=\theta$ とおいて考える。 3-8　107, 108 3-8

109 $x+\dfrac{\pi}{3}=\theta$ とおく。θ の値の範囲に注意。

➡ 解答 p. 46

110 [三角関数の最大・最小(2)] 必修 テスト

$0 \leqq x < 2\pi$ のとき，$y = \cos^2 x - \sin x + 1$ の最大値，最小値およびそのときの x の値を求めよ。

7 加法定理

111 [三角関数の値(3)] テスト

次の値を求めよ。

(1) $\sin 105^\circ$

(2) $\cos 75^\circ$

112 [加法定理] 必修 テスト

α は鋭角，β は鈍角で，$\cos\alpha = \frac{2}{3}$，$\sin\beta = \frac{1}{3}$ のとき，$\cos(\alpha - \beta)$ の値を求めよ。

113 [三角関数の等式の証明(1)]

$\tan\alpha - \tan\beta = \frac{\sin(\alpha - \beta)}{\cos\alpha\cos\beta}$ を証明せよ。

114 ［2直線のなす角］ テスト

2 直線 $x-2y+3=0$，$3x-y-1=0$ のなす角を求めよ。

115 ［加法定理の応用］

$\sin x-\sin y=\frac{1}{4}$，$\cos x+\cos y=\frac{1}{2}$ のとき，$\cos(x+y)$ の値を求めよ。

8 いろいろな公式

116 ［2倍角の公式の利用］ 必修 テスト

α が第 1 象限の角で $\cos\alpha=\frac{1}{4}$ のとき，次の値を求めよ。

(1) $\sin 2\alpha$

(2) $\cos 2\alpha$

117 ［半角の公式の利用］

$0\leqq\alpha<\pi$ で $\cos\alpha=\frac{1}{3}$ のとき，$\sin\frac{\alpha}{2}$，$\cos\frac{\alpha}{2}$ の値を求めよ。

HINT

110 おき換えによって，三角関数を 2 次関数に変える。定義域に注意。 3-5

111～113 3-9

114 直線の傾き$=\tan\theta$ 3-9

115 条件式の両辺を平方する。 3-9

116, 117 3-10

➡ 解答 *p. 48*

118 [三角関数の値(4)]

$\tan 22.5°$ の値を求めよ。

119 [三角関数の等式の証明(2)]

次の等式を証明せよ。

(1) $\dfrac{1-\cos 2\theta}{\sin 2\theta}=\tan\theta$

(2) $\sin 3\theta=3\sin\theta-4\sin^3\theta$

(3) $\cos 3\theta=4\cos^3\theta-3\cos\theta$

120 [三角方程式・不等式を解く(1)] 必修 テスト

次の方程式，不等式を解け。ただし，$0\leqq x<2\pi$ とする。

(1) $\sin 2x-\cos x=0$

(2) $\cos 2x\geqq\sin x+1$

9 三角関数の合成

121 [三角関数を合成する] 必修 テスト

次の式を $r\sin(\theta+\alpha)$ の形にせよ。ただし，$r>0$，$-\pi<\alpha\leqq\pi$ とする。

(1) $3\sin\theta+\sqrt{3}\cos\theta$　　(2) $-2\sin\theta+2\cos\theta$

122 [三角方程式・不等式を解く(2)] テスト

$0\leqq x<2\pi$ のとき，次の方程式，不等式を解け。

(1) $\sqrt{3}\sin x-\cos x=\sqrt{2}$

(2) $\sqrt{2}\sin x+\sqrt{2}\cos x>1$

123 [三角関数の最大・最小(3)] 難

$0\leqq\theta<2\pi$ のとき，$f(\theta)=3\sin^2\theta+2\sin\theta\cos\theta+\cos^2\theta$ の最大値，最小値と，そのときの θ の値を求めよ。

HINT　**118** 3-10　**120** 3-8，3-10　**121** 3-11　**122** 3-8，3-11

123 三角関数の合成 ⟶ $2\theta+\alpha=x$ として最大値，最小値を求める。x の値の範囲に注意。
3-10，3-11

➡ 解答 *p. 50*

入試問題にチャレンジ

1 $\tan\alpha=\frac{5}{12}$，$\tan\beta=\frac{3}{4}$ $\left(0<\alpha<\frac{\pi}{2},\ 0<\beta<\frac{\pi}{2}\right)$ とする。このとき，$\sin\alpha=$□，$\cos\alpha=$□，$\sin 2\alpha=$□，$\tan(\alpha+\beta)=$□である。（関東学院大）

2 $0\leqq x<2\pi$ のとき，方程式 $6\sin^2 x+5\cos x-2=0$ を満たす x の値を求めよ。（山形大）

3 $0\leqq\theta<2\pi$ のとき，方程式 $2\sin 2\theta=\tan\theta+\frac{1}{\cos\theta}$ を解け。（弘前大）

4 $0 \leqq \theta \leqq \pi$ の範囲で $5\sin^2\theta + 14\cos\theta - 13 \geqq 0$ を満たす θ の中で最大のものを α とするとき，$\cos\alpha$ と $\tan 2\alpha$ の値を求めよ。（鹿児島大）

5 関数 $f(\theta) = \sin\theta\cos\theta - \cos\theta - \sin\theta + 2$ を考える。ただし，$0 \leqq \theta \leqq \pi$ とする。$\sin\theta + \cos\theta = x$ とおいて $f(\theta)$ を x で表現し直した関数を $g(x)$ とすると，$g(x) = \boxed{}$ である。このとき，$g(x)$ の値の範囲は $\boxed{} \leqq g(x) \leqq \boxed{}$ である。（明治学院大）

6 $0 \leqq \theta \leqq \dfrac{\pi}{2}$ であるとき，$2\cos^2\theta + (\sin\theta + 3\cos\theta)^2$ の最小値は $\boxed{}$ で，最大値は $\boxed{}$ である。（早稲田大）

4章 指数関数・対数関数（数学Ⅱ）

1節 指数関数

4-1 □ 累乗根の計算規則

$a>0$，$b>0$ で，m，n が 2 以上の整数のとき

① $\sqrt[n]{a}\sqrt[n]{b}=\sqrt[n]{ab}$　　② $\dfrac{\sqrt[n]{a}}{\sqrt[n]{b}}=\sqrt[n]{\dfrac{a}{b}}$

③ $(\sqrt[n]{a})^m=\sqrt[n]{a^m}$　　④ $\sqrt[m]{\sqrt[n]{a}}=\sqrt[mn]{a}$

4-2 □ 指数の拡張

●0 や負の整数の指数

$a\neq0$，n を正の整数として　$a^0=1$　　$a^{-n}=\dfrac{1}{a^n}$

●有理数の指数

$a>0$，m を整数，n を正の整数として　$a^{\frac{1}{n}}=\sqrt[n]{a}$　　$a^{\frac{m}{n}}=(\sqrt[n]{a})^m=\sqrt[n]{a^m}$

4-3 □ 指数関数の定義

a を 1 でない正の定数とするとき，$y=a^x$ を a を**底**とする**指数関数**という。

4-4 □ 指数関数 $y=a^x$ の特徴

❶ 定義域は実数全体，値域は正の数全体。

❷ グラフは点 $(0,\ 1)$，$(1,\ a)$ を通る。

❸ グラフは x 軸 $(y=0)$ を漸近線とする。

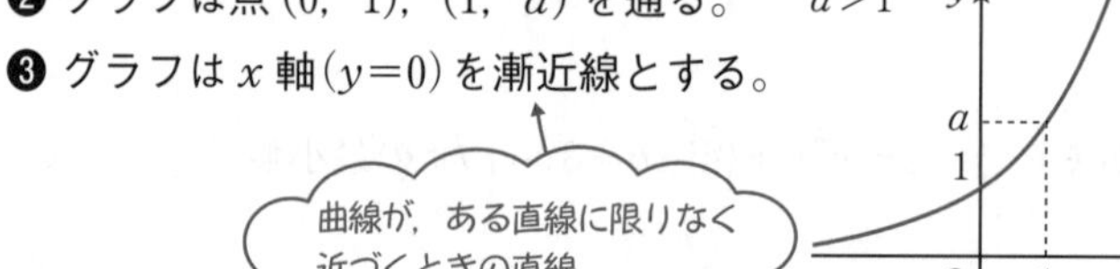

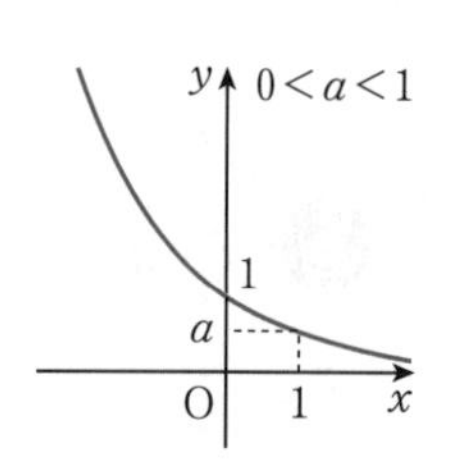

❹ $a>1$ のとき　$x_1<x_2 \iff a^{x_1}<a^{x_2}$（単調増加）

　$0<a<1$ のとき　$x_1<x_2 \iff a^{x_1}>a^{x_2}$（単調減少）

❺ $y=a^x$ のグラフと $y=\left(\dfrac{1}{a}\right)^x$ のグラフは y 軸に関して対称である。

4-5 □ 指数方程式・指数不等式

●指数方程式の解法

$a>0$，$a\neq1$ のとき　$a^x=a^p \iff x=p$

●指数不等式の解法

$a>1$ のとき　$a^x<a^p \iff x<p$（不等号は同じ向き）

$0<a<1$ のとき　$a^x<a^p \iff x>p$（不等号は反対向き）

2節 対数関数

4-6 □ 対数とその性質

● **対数の定義**

$a>0$，$a \neq 1$，$N>0$ として　$N=a^k \iff k=\log_a N$

● **対数の性質**　$a>0$，$b>0$，$a \neq 1$，$b \neq 1$，$M>0$，$N>0$ とする。

① $\log_a a=1$　　$\log_a 1=0$

② $\log_a MN=\log_a M+\log_a N$

③ $\log_a \dfrac{M}{N}=\log_a M-\log_a N$

④ $\log_a M^r=r\log_a M$

⑤ $\log_a M=\dfrac{\log_b M}{\log_b a}$　（底の変換公式）

4-7 □ 対数関数の定義

$a>0$，$a \neq 1$ のとき，$y=\log_a x$ を a を底とする**対数関数**という。

4-8 □ 対数関数 $y=\log_a x$ の特徴

❶ 定義域は正の数全体($x>0$)，値域は実数全体。

❷ グラフは点 $(1,\ 0)$，$(a,\ 1)$ を通る。

❸ グラフは y 軸($x=0$)を漸近線とする。

❹ $a>1$ のとき

$x_1<x_2 \iff \log_a x_1<\log_a x_2$（単調増加）

$0<a<1$ のとき

$x_1<x_2 \iff \log_a x_1>\log_a x_2$（単調減少）

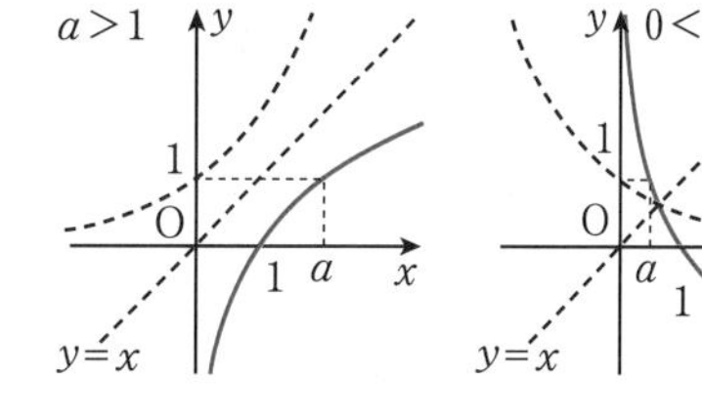

❺ $y=\log_a x$ のグラフと $y=\log_{\frac{1}{a}} x$ のグラフは x 軸に関して対称である。

$y=\log_a x$ のグラフと $y=a^x$ のグラフは直線 $y=x$ に関して対称である。

4-9 □ 対数方程式・対数不等式

● **対数方程式の解法**

$\log_a x=\log_a b \iff x=b\ (x>0)$

● **対数不等式の解法**

$a>1$ のとき　$\log_a x>\log_a b \iff x>b$　（不等号は同じ向き）

$0<a<1$ のとき　$\log_a x>\log_a b \iff 0<x<b$（不等号は反対向き）

4-10 □ 常用対数と桁(けた)数

① x の整数部分が $(n+1)$ 桁 $\iff 10^n \leqq x<10^{n+1} \iff n \leqq \log_{10} x<n+1$

② x の小数第 n 位に初めて 0 でない数が現れる

$\iff 10^{-n} \leqq x<10^{-n+1} \iff -n \leqq \log_{10} x<-n+1$

➡ 解答 *p. 52*

1 累乗根

124 **[累乗根を計算する]**
次の式を簡単にせよ。

(1) $\sqrt[3]{-27}\sqrt[3]{16}$　　(2) $\sqrt{\sqrt[4]{256}}$　　(3) $\sqrt[3]{-0.064}$

2 指数の拡張

125 **[負の指数の計算]**
次の計算をせよ。ただし，$a \neq 0$，$b \neq 0$ とする。

(1) $a^2 \times a^{-3} \div a$　　(2) $(2a)^3 \div a^6$　　(3) $(a^{-2}b)^{-3}$

126 **[有理数の指数にする]**
$a>0$ のとき，次の(1)，(2)は a^r の形で，(3)，(4)は根号の形で表せ。

(1) $\sqrt[4]{a^3}$　　(2) $\left(\dfrac{1}{\sqrt[3]{a}}\right)^2$　　(3) $a^{-\frac{5}{3}}$　　(4) $a^{0.4}$

127 **[指数法則の適用(1)]** テスト
次の計算をせよ。

(1) $(27^{\frac{4}{3}})^{-\frac{1}{4}}$　　(2) $(2^{\frac{1}{3}} \times 2^{-2})^{-3}$　　(3) $\left\{\left(\dfrac{64}{125}\right)^{-\frac{2}{3}}\right\}^{\frac{1}{2}}$

128 **[指数法則の適用(2)]**
次の式を簡単にせよ。

(1) $\sqrt[3]{5^4} \times \sqrt[6]{5} \div \sqrt{5}$　　(2) $\sqrt[3]{-12} \times \sqrt[3]{18^2} \div \sqrt[3]{2} \div \sqrt[3]{9}$

129 ［式の値を求める］ テスト

$2^x+2^{-x}=5$ のとき，次の式の値を求めよ。

(1) 4^x+4^{-x}　　(2) 8^x+8^{-x}

3 指数関数とそのグラフ

130 ［指数関数のグラフをかく(1)］

次の関数について，下の表の x の値に対する y の値を四捨五入して小数第 2 位まで求め，同じ座標軸上にグラフをかけ。

(1) $y=3^{x-1}$　　(2) $y=3^{-x-1}$

x	-2	-1	0	1	2
y					
y					

131 ［指数関数のグラフをかく(2)］ 難

関数 $y=3^x$ のグラフをもとにして，次の関数のグラフをかけ。

(1) $y=3^{x-2}$　　(2) $y=-\dfrac{1}{3^x}$　　(3) $y=\dfrac{3^x}{3}+2$

HINT

124～**128** 累乗根の計算規則や指数法則を使って計算する。 4-1 4-2

130 $y=3^{x-1}$ と $y=3^{-x-1}$ のグラフは y 軸に関して対称になっている。 4-4

131 (1)平行移動 (2)対称移動 (3)平行移動を 2 回 4-4

➡ 解答 *p. 54*

132 [数の大小を比較する] テスト

次の各組の数を小さい方から順に並べよ。

(1) $\sqrt{2}$, $\sqrt[5]{4}$, $\sqrt[9]{8}$

(2) $\sqrt{3}$, $\sqrt[3]{4}$, $\sqrt[4]{5}$

133 [指数式の大小を比較する] 難

$0<a<b<1$ のとき，a^b, b^a, a^{-b}, b^{-a} を小さい方から順に並べよ。

134 [指数関数の最大・最小] 必修 テスト

次の関数の最大値，最小値を求めよ。

(1) $y=3^{-x-1}+2$ $(-2\leqq x\leqq 1)$

(2) $y=4^x-2^{x+2}+5$ $(0\leqq x\leqq 2)$

4 指数方程式・不等式

135 [指数方程式を解く(1)]
次の方程式を解け。

(1) $3^x=3\sqrt[3]{3}$　　(2) $27\cdot9^x=1$

136 [指数方程式を解く(2)] テスト
次の方程式を解け。

(1) $9^x-2\cdot3^{x+1}-27=0$　　(2) $2^x+8\cdot2^{-x}=9$

137 [指数不等式を解く(1)]
次の不等式を解け。

(1) $5^{2x+1}<\dfrac{1}{25}$　　(2) $\left(\dfrac{1}{4}\right)^x\geqq0.5^{x-1}$

138 [指数不等式を解く(2)] テスト
不等式 $4^{2x}-7\cdot4^x-8\leqq0$ を解け。

HINT
132 (1)底をそろえて比較する。　(2)指数をそろえて比較する。
133 $y=a^x$, $y=b^x$ のグラフをかいて調べる。 4-4
136, 138 $a^x=t$ とおくと　$t>0$　文字でおき換えたら，おき換えた文字の範囲を確認する。
137, 138 底が1より大きいか小さいか吟味する。 4-5

➡ 解答 *p. 56*

5 対数とその性質

139 **[指数と対数]**
次の等式を，指数は対数を使って，対数は指数を使って表せ。

(1) $2^4=16$　　(2) $3^{-3}=\dfrac{1}{27}$　　(3) $\log_5\sqrt{125}=\dfrac{3}{2}$

140 **[対数の計算をする]** 必修 テスト
次の式を簡単にせよ。

(1) $2\log_3\dfrac{3}{2}-\log_3\dfrac{\sqrt{3}}{4}$

(2) $\log_2\sqrt{\dfrac{3}{2}}-\dfrac{1}{2}\log_2 3+\dfrac{1}{2}\log_2 4$

141 **[対数を別の対数で表す]** 必修 テスト
$\log_{10}2=a$，$\log_{10}3=b$ とするとき，次の式の値を a，b で表せ。

(1) $\log_{10}432$

(2) $\log_{10}0.072$

142 **[底が異なる対数の計算]**
次の式を簡単にせよ。

(1) $\log_2 3+\log_4 81$　　(2) $\log_3 4\cdot\log_4 5\cdot\log_5 3$

6 対数関数とそのグラフ

143 [対数関数のグラフ] 難

関数 $y=\log_3 x$ のグラフをもとにして，次の関数のグラフをかけ。

(1) $y=\log_3(-x)+1$　　(2) $y=\log_{\frac{1}{3}}(x-2)$

144 [対数の大小を比較する]

3つの数 $\log_2 6$, $\log_4 26$, $\log_8 125$ の大小関係を調べよ。

145 [対数関数の最大・最小] 必修 テスト

次の問いに答えよ。

(1) $f(x)=\log_2(x-1)+\log_2(3-x)$ の最大値を求めよ。

(2) $1\leqq x\leqq 27$ のとき，$y=(\log_3 x)^2-4\log_3 x+7$ の最大値，最小値を求めよ。

HINT　139～142 対数の定義や性質を使う。 4-6
143～145 対数関数のグラフや，大小関係を調べる。 4-8

➡ 解答 *p. 58*

7 対数方程式・不等式

146 [対数方程式・不等式(1)]
次の方程式，不等式を解け。

(1) $\log_3(x+1)=2$

(2) $\log_{\frac{1}{3}}2(x-1)>\log_{\frac{1}{3}}(x+3)$

147 [対数方程式・不等式(2)] 必修 テスト
次の方程式，不等式を解け。

(1) $\log_2(x-2)=2-\log_2(x+1)$

(2) $\log_{\frac{1}{2}}x>\log_{\frac{1}{2}}\dfrac{4}{x-3}$

148 [対数方程式・不等式(3)] テスト
次の方程式，不等式を解け。

(1) $(\log_3 x)^2=\log_9 x^2$

(2) $(\log_3 x)^2-\log_3 x^2-3\geqq 0$

8 常用対数

149 ［桁数と小数の位］ テスト

$\log_{10}2=0.3010$, $\log_{10}3=0.4771$ とするとき，次の問いに答えよ。

(1) 6^{20} は何桁の数か。

(2) $\left(\dfrac{1}{6}\right)^{20}$ を小数で表したとき，小数第何位に初めて 0 でない数が現れるか。

150 ［常用対数と指数不等式］

不等式 $0.9^n>0.0001$ を満たす最大の整数 n を求めよ。ただし，$\log_{10}3=0.4771$ とする。

HINT **146**～**148** 真数が正であることや，底が 1 より小さい不等式に注意して解答すること。 4-9

149, **150** 常用対数を使って解く。 4-10

➡ 解答 *p. 60*

入試問題にチャレンジ

1 $\log_{10}2=a$，$\log_{10}3=b$ とするとき，次の問いに答えよ。 （北海道工大）

(1) $\log_{10}\dfrac{9}{16}$ を a，b で表すと［　　］となる。

(2) $\log_{2}27$ を a，b で表すと［　　］となる。

2 次の方程式・不等式を解け。

(1) $2^{x+1}+2^{2-x}=9$ （広島工大）

(2) $4^x+3\cdot2^x-4\leqq0$ （東京都市大）

(3) $\left(\dfrac{1}{2}\right)^{2x+2}<\left(\dfrac{1}{16}\right)^{x-1}$ （大阪経大）

3 方程式 $\log_3(x-2)+\log_3(2x-7)=2$ の解は［　　］である。

不等式 $\log_2(x+1)+\log_2(x-2)<2$ を満たす x の値の範囲は［　　］である。 （同志社大）

4 次の問いに答えよ。 （新潟大）

(1) 不等式 $4\log_4 x \leqq \log_2(4-x)+1$ を解け。

(2) (1)で求めた x の値の範囲において，関数 $y=9^x-4\cdot3^x+10$ の最大値，最小値とそのときの x の値をそれぞれ求めよ。

➡ 解答 *p. 62*

5 連立方程式

$$(※)\begin{cases} xy=128 & \cdots ① \\ \dfrac{1}{\log_2 x}+\dfrac{1}{\log_2 y}=\dfrac{7}{12} & \cdots ② \end{cases}$$

を満たす正の実数 x, y を求めよう。ただし，$x \neq 1$, $y \neq 1$ とする。

①の両辺で 2 を底とする対数をとると

$\log_2 x+\log_2 y=$ ［ア］

が成り立つ。これと②より

$(\log_2 x)(\log_2 y)=$ ［イウ］

である。

したがって，$\log_2 x$, $\log_2 y$ は 2 次方程式

t^2- ［エ］ $t+$ ［オカ］ $=0$ $\cdots ③$

の解である。③の解は

$t=$ ［キ］, ［ク］

である。ただし，［キ］ $<$ ［ク］とする。

よって，連立方程式（※）の解は

$(x, y)=($ ［ケ］, ［コサ］ $)$, $($ ［シス］, ［セ］ $)$

である。 （センター試験・改）

6 $\log_{10}2=0.3010$, $\log_{10}3=0.4771$ とするとき，次の問いに答えよ。

(1) 15^{10} は何桁の整数であるか。 (法政大・改)

(2) $\left(\dfrac{5}{8}\right)^8$ を小数で表したとき，小数第何位に初めて 0 でない数が現れるか。 (北里大・改)

5章 微分法・積分法（数学Ⅱ）

1節 微分法

5-1 □ 平均変化率と微分係数

●関数 $f(x)$ で x の値が a から b まで変化するときの**平均変化率**は $\dfrac{f(b)-f(a)}{b-a}$

●関数 $y=f(x)$ の $x=a$ における**微分係数**は

$f'(a)=\lim_{h\to 0}\dfrac{f(a+h)-f(a)}{h}$ ← 平均変化率で b を a に限りなく近づけた状態

5-2 □ 導関数

●**導関数の定義** $f'(x)=\lim_{h\to 0}\dfrac{f(x+h)-f(x)}{h}$ ← 微分係数 $f'(a)$ を対応させる関数が $f'(x)$

●**微分の計算公式**（n は正の整数，k は定数）

① $y=x^n$ のとき $y'=nx^{n-1}$ ② $y=k$ のとき $y'=0$

③ $y=kf(x)$ のとき $y'=kf'(x)$

④ $y=f(x)\pm g(x)$ のとき $y'=f'(x)\pm g'(x)$（複号同順）

2節 導関数の応用

5-3 □ 接線の方程式

●曲線 $y=f(x)$ 上の点$(a,\ f(a))$における**接線の方程式**は $y-f(a)=f'(a)(x-a)$

5-4 □ 関数の増減と極大・極小

●**導関数の符号と関数の増加・減少**

① $f'(x)>0$ のとき $f(x)$ はその区間で**増加**

② $f'(x)<0$ のとき $f(x)$ はその区間で**減少**

●極値の判定

$f'(x)=0$ となる x の値を求め，その前後の $f'(x)$ の符号を調べる。

① 正から負に変わるとき**極大** ② 負から正に変わるとき**極小**

増減表を使うと便利！
$y'=a(x-\alpha)(x-\beta)\ (a>0,\ \alpha<\beta)$
の増減表は次のようになる

x	…	α	…	β	…
y'	+	0	−	0	+
y	↗	極大	↘	極小	↗

5-5 □ 方程式・不等式への応用

$y=f(x)$ と $y=g(x)$ のグラフが右の図のとき

①方程式 $f(x)=g(x)$ の解は共有点の x 座標

$x=\alpha,\ \beta,\ \gamma$

②不等式 $f(x)>g(x)$ の解は $f(x)$ が上，$g(x)$ が下より

$\alpha<x<\beta,\ \gamma<x$

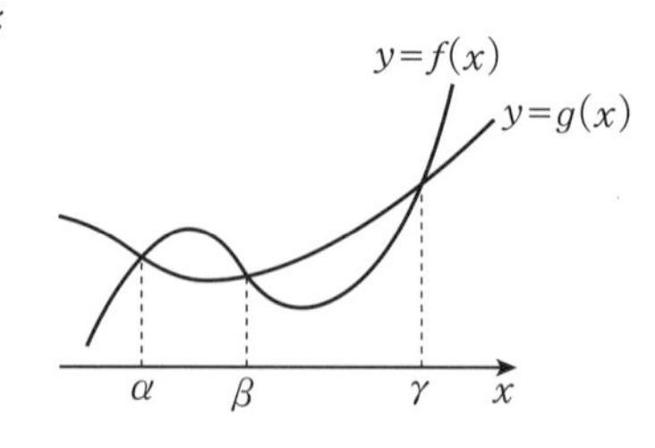

3節 積分法

5-6 □ 不定積分

●x^n（n は負でない整数）の不定積分　$\int x^n dx = \dfrac{1}{n+1}x^{n+1} + C$（$C$ は積分定数）

●不定積分の性質

$$\int kf(x)dx = k\int f(x)dx \quad (k \text{ は定数})$$

$$\int \{f(x) \pm g(x)\}dx = \int f(x)dx \pm \int g(x)dx \quad (\text{複号同順})$$

5-7 □ 定積分

●**定義**　$F'(x) = f(x)$　すなわち $\int f(x)dx = F(x) + C$ のとき

$$\int_a^b f(x)dx = \Big[F(x)\Big]_a^b = F(b) - F(a)$$

●**定積分の性質**

① $\int_a^b kf(x)dx = k\int_a^b f(x)dx$（$k$ は定数）　② $\int_a^b f(x)dx = \int_a^b f(t)dt$

③ $\int_a^b \{f(x) \pm g(x)\}dx = \int_a^b f(x)dx \pm \int_a^b g(x)dx$（複号同順）

④ $\int_b^a f(x)dx = -\int_a^b f(x)dx$　⑤ $\int_a^a f(x)dx = 0$

⑥ $\int_a^c f(x)dx + \int_c^b f(x)dx = \int_a^b f(x)dx$

⑦ n が偶数のとき　$\int_{-a}^a x^n dx = 2\int_0^a x^n dx$　　n が奇数のとき　$\int_{-a}^a x^n dx = 0$

⑧ $\int_\alpha^\beta (x-\alpha)(x-\beta)dx = -\dfrac{(\beta-\alpha)^3}{6}$

5-8 □ 定積分で表された関数の性質

① $\int_a^x f(t)dt$ は x の関数

② $F(x) = \int_a^x f(t)dt$ とすると　$F(a) = 0$　←明らかな性質だが，必要となることが多いので覚えておく

③ $F'(x) = \dfrac{d}{dx}\int_a^x f(t)dt = f(x)$

5-9 □ 面　積

●**曲線と x 軸との間の面積**

曲線 $y = f(x)$ と x 軸および直線 $x = a$，$x = b\,(a < b)$ で囲まれた部分の面積は

$$S = \int_a^b |f(x)|dx$$

●**2 曲線間の面積**

曲線 $y = f(x)$ と $y = g(x)$，直線 $x = a$，$x = b\,(a < b)$ で囲まれた部分の面積は

$$S = \int_a^b |f(x) - g(x)|dx$$

➡ 解答 p. 64

1 極限値

151 ［極限値を求める］
次の極限値を求めよ。

(1) $\lim_{x \to 2}(x^2-3x+1)$

(2) $\lim_{x \to 1}\dfrac{x^3+8}{x+2}$

152 ［不定形の極限値を求める］ テスト
次の極限値を求めよ。

(1) $\lim_{x \to 1}\dfrac{x^3-1}{x-1}$

(2) $\lim_{h \to 0}\dfrac{(3+h)^3-27}{h}$

(3) $\lim_{x \to -2}\dfrac{1}{x+2}\left(\dfrac{12}{x-2}+3\right)$

153 ［極限と定数の決定］ 難
等式 $\lim_{x \to 3}\dfrac{x^2+ax+b}{x-3}=2$ が成り立つように，定数 a，b の値を定めよ。

2 平均変化率と微分係数

154 [平均変化率と微分係数]
関数 $f(x)=x^3-3x^2+2$ について，次の問いに答えよ。

(1) x が a から b まで変化するときの平均変化率を求めよ。

(2) 定義にしたがって $x=3$ における微分係数 $f'(3)$ を求めよ。

155 [微分係数の計算]
定義にしたがって，次の関数の $x=a$ における微分係数を求めよ。

(1) $f(x)=x^2-2x+3$

(2) $f(x)=-x^3+2x$

156 [微分係数と接線の方程式] 必修 テスト
曲線 $y=x^3+2x$ 上の点 $(1,\ 3)$ における接線の方程式を求めよ。

HINT **152**, **153** $\dfrac{0}{0}$ の形は，分母，分子を因数分解して約分する。

154, **155** $f'(a)=\lim_{h\to 0}\dfrac{f(a+h)-f(a)}{h}$ 5-1

156 曲線 $y=f(x)$ 上の点 $(a,\ f(a))$ における接線の方程式は　$y-f(a)=f'(a)(x-a)$ 5-3

➡ 解答 *p. 66*

3 導関数

157 ［微分の計算(1)］
次の関数を微分せよ。

(1) $y=2x^3-3x^2+4x+5$

(2) $y=(x^2-1)(x+2)$

(3) $y=(2x-1)^3$

158 ［微分の計算(2)］
次の関数を〔　〕内に示された文字について微分せよ。

(1) $S=6a^2$ 〔a〕

(2) $V=\frac{4}{3}\pi r^3$ 〔r〕

159 ［関数を決定する］ 必修 テスト
次の問いに答えよ。

(1) 3つの条件 $f(-1)=2$, $f'(0)=-2$, $f'(1)=4$ を満たす2次関数 $f(x)$ を求めよ。

(2) 4つの条件 $f(0)=1$, $f(1)=3$, $f'(0)=4$, $f'(1)=1$ を満たす3次関数 $f(x)$ を求めよ。

4 接線の方程式

160 ［接線の方程式(1)］
曲線 $y=x^3+3x^2+3$ の上の点 $(-1,\ 5)$ における接線の方程式を求めよ。

161 ［接線の方程式(2)］
曲線 $y=-x^3+4x+1$ の接線のうち，傾きが -8 である接線の方程式と接点の座標を求めよ。

HINT 157～159 微分の計算公式を用いて，導関数を求める。 5-2
160, 161 5-3

➡ 解答 *p. 68*

162 [接線の方程式(3)]
点 $(1,\ 4)$ から曲線 $y=x^3+3x^2$ に引いた接線の方程式を求めよ。

5 関数の増減と極大・極小

163 [増加関数・減少関数であることの証明]
次の関数は常に増加，または常に減少することを示せ。

(1) $y=x^3-3x^2+6x-2$

(2) $y=-x^3+2x^2-2x+1$

164 ［3次関数の極値］ テスト

次の関数の増減を調べ，極値を求めよ。

(1) $f(x)=x^3-3x^2-9x+2$

(2) $f(x)=-2x^3+6x-1$

165 ［3次関数のグラフ］ 必修 テスト

次の関数のグラフをかけ。

(1) $y=x^3-3x^2+3$

(2) $y=-x^3-3x^2-3x+1$

166 ［極大値から関数を決定する］

関数 $f(x)=x^3+x^2-x+k$ の極大値が3となるような定数 k の値を求めよ。

HINT

162 接点の座標を $(a,\ a^3+3a^2)$ とおくことからスタート。 5-3

163, **164** y' の正・負で関数の増減が決まる。 5-4

165 増減表を作成し，グラフをかく。 5-4

166 増減表を作成し，極大値を k で表す。 5-4

➡ 解答 *p. 70*

167 [極値から関数を決定する] 必修 テスト

3 次関数 $f(x)$ が $x=2$ で極小値 -19，$x=-1$ で極大値 8 をとるとき，$f(x)$ を求めよ。

168 [増加関数・減少関数]

次の問いに答えよ。

(1) 関数 $f(x)=-x^3+ax^2+2ax+1$ が常に減少するように，定数 a の値の範囲を定めよ。

(2) 関数 $g(x)=x^3-3\left(1+\dfrac{k}{2}\right)x^2+6kx+4$ が常に増加するように，定数 k の値を定めよ。

169 ［区間における最大・最小］ テスト

関数 $f(x)=x^3-3x+1$ $(-2 \leqq x \leqq 3)$ の最大値，最小値を求めよ。

170 ［最大・最小(1)］ 難

$x^2+y^2=4$ のとき，x^3+3y^2 の最大値，最小値を求めよ。

171 ［最大・最小(2)］ 難

関数 $f(x)=x^3-3ax$ $(0 \leqq x \leqq 1)$ の最小値を求めよ。

HINT

167 関数 $f(x)$ は極値をもつ x の値に対して，$f'(x)=0$ になる。 5-4

168 常に増加または減少する $\Longleftrightarrow$ 極値をもたない

169 区間内で増減表を作成し，極値と両端の値を比較する。

170 条件式を用いて y を消去すれば **169** と同じタイプの問題になる。x の値の範囲に注意。

171 極小値をとる x の値が，$0 \leqq x \leqq 1$ の範囲の中にあるかどうかで場合を分ける。

➡ 解答 *p. 72*

172 ［最大・最小の応用問題］ テスト

放物線 $y=9-x^2$ と x 軸で囲まれた図形に内接する長方形 ABCD の面積の最大値を求めよ。ただし，頂点 A，D は放物線上，辺 BC は x 軸上にあるものとする。

6 方程式・不等式への応用

173 ［方程式の実数解の個数(1)］

方程式 $2x^3+3x^2-12x+4=0$ の実数解の個数を求めよ。

174 ［方程式の実数解の個数(2)］

方程式 $x^3-3a^2x+2=0$ $(a>0)$ の異なる実数解の個数を定数 a の値によって分類せよ。

175 [実数解の個数(3)] 必修 テスト

方程式 $x^3+3x^2+2-a=0$ が異なる負の解を 2 つと正の解を 1 つもつような，a の値の範囲を求めよ。

176 [2曲線の共有点]

2 曲線 $y=2x^3+x^2-20x+1$，$y=x^2+4x+a$ が 3 個の共有点をもつような，定数 a の値の範囲を求めよ。

HINT **173**, **174** グラフと x 軸の共有点の個数を調べる。 5-5

175, **176** $f(x)=a$ の解の個数は，$y=f(x)$ のグラフと直線 $y=a$ の共有点の個数に等しい。 5-5

➡ 解答 *p. 74*

177 ［微分法による不等式の証明］ テスト

$x \geqq 0$ のとき，不等式 $4x^3+5 \geqq 3x^2+6x$ が常に成り立つことを証明せよ。

178 ［不等式の成立条件］

$x \geqq 0$ のとき，$x^3-3ax^2+a^2 \geqq 0$ が常に成り立つような定数 a の値の範囲を求めよ。

7 不定積分

179 ［多項式の不定積分］

次の不定積分を求めよ。

(1) $\int (4x^2-3x+2)\,dx$　　(2) $\int (2x-1)(x-2)\,dx$

180 ［曲線の式を決定する］ 必修 テスト

曲線 $y=f(x)$ 上の点 $(x,\ y)$ における接線の傾きが $3x^2-4x$ で表される曲線のうちで，点 $(1,\ 3)$ を通るものを求めよ。

8 定積分

181 [定積分を求める]
次の定積分を求めよ。

(1) $\int_0^2 (x^2-2x+3)\,dx$　　(2) $\int_{-1}^3 (2x-1)^2\,dx$

182 [両端が同じ定積分の差]
次の定積分を求めよ。

$\int_1^2 (4x^2-x+1)\,dx-2\int_1^2 (2x^2-x)\,dx$

183 [1次関数を決定する]
関数 $f(x)=ax+b$ について，$\int_{-1}^2 f(x)\,dx=-3$，$\int_{-1}^2 xf(x)\,dx=12$ を満たすように，定数 a，b の値を定めよ。

9 定積分の計算

184 [区間がつながる定積分]
次の定積分を求めよ。

(1) $\int_1^3 (x^2-x)\,dx+\int_3^1 (x^2-x)\,dx$　　(2) $\int_1^3 (3x^2-2x)\,dx+\int_{-2}^1 (3x^2-2x)\,dx$

HINT　177, 178 不等式の証明は，最小値≧0 を示す。 5-4　5-5
179～182 不定積分，定積分の性質にしたがって計算する。 5-6　5-7
184 上端と下端の値に着目し，積分区間をまとめる。 5-7

➡ 解答 *p. 76*

185 **［$-a \leqq x \leqq a$ での定積分］** テスト

次の定積分を求めよ。

(1) $\int_{-1}^{1}(2x-1)(3x-1)\,dx$　　(2) $\int_{-2}^{2}(x^3-2x+5)\,dx$

186 **［2つの解の間の定積分］**

次の定積分を求めよ。

(1) $\int_{1}^{3}(x-1)(x-3)\,dx$　　(2) $\int_{3-\sqrt{7}}^{3+\sqrt{7}}(x^2-6x+2)\,dx$

187 **［絶対値記号を含む定積分(1)］**

関数 $f(x)=|x-2|+x$ のグラフをかき，定積分 $\int_{1}^{3}f(x)\,dx$ を求めよ。

188 **［絶対値記号を含む定積分(2)］**

関数 $f(x)=|x^2-2x|$ のグラフをかき，定積分 $\int_{-1}^{3}f(x)\,dx$ を求めよ。

10 定積分で表された関数

189 ［定積分で表された関数(1)］ テスト

関数 $F(x)=\int_0^x(3t+1)(t-1)\,dt$ の極値を求め，グラフをかけ。

190 ［定積分で表された関数(2)］

次の関数 $F(x)$ を x の式で表せ。

(1) $F(x)=\int_1^2(3xt^2-2x^2t+2)\,dt$

(2) $F(x)=\int_1^x(4t-3t^2)\,dt$

191 ［定積分で表された関数(3)］ 難

関数 $f(x)$ が次の式を満たすとき，関数 $f(x)$ と定数 a の値をそれぞれ求めよ。

(1) $\int_{-1}^x f(t)\,dt=x^3+ax^2-ax-5$

(2) $\int_a^x f(t)\,dt=2x^2-x-1$

HINT **186** $ax^2+bx+c=0$ の解を α，β とすると，$\int_\alpha^\beta a(x-\alpha)(x-\beta)\,dx=-\frac{a}{6}(\beta-\alpha)^3$ 5-7

187, **188** 絶対値記号がはずれるように積分区間を分ける。 5-7

189, **190** t について積分する場合，x は定数とみる。 5-8

191 式の左辺は，(1)では $x=-1$，(2)では $x=a$ を代入すると 0，x で微分すると $f(x)$ となる。 5-8

➡ 解答 p. 78

11 面 積

192 [曲線と x 軸との間の面積(1)] 必修

次の曲線と直線で囲まれた図形の面積 S を求めよ。

(1) 放物線 $y=x^2-4x+5$ と直線 $x=0$, $x=3$ と x 軸

(2) 放物線 $y=x^2-3x+2$ と x 軸

193 [曲線と x 軸との間の面積(2)]

曲線 $y=x^3-x^2-2x$ と x 軸で囲まれた図形の面積 S を求めよ。

194 [直線と曲線で囲まれた図形の面積] 必修 テスト

放物線 $y=x^2-2x$ と直線 $y=-x+2$ とで囲まれた図形の面積 S を求めよ。

195 ［2つの放物線で囲まれた図形の面積］ 必修

次の 2 つの放物線で囲まれた図形の面積 S を求めよ。

(1) $y=(x+1)^2$ と $y=-x^2+5$

(2) $y=x^2-2x-4$ と $y=-x^2$

196 ［面積を2等分する直線］ 難

放物線 $y=3x-x^2$ と x 軸で囲まれた図形の面積が，原点を通る直線で 2 等分されるとき，その直線の方程式を求めよ。

HINT 194～196 面積 $S=\int_{左}^{右}(上-下)\,dx$ で求める。 5-9

➡ 解答 *p. 80*

入試問題にチャレンジ

1 関数 $f(x)=x(x-3)(x-4)$ の $x=0$ から $x=2$ までの平均変化率は［ ① ］である。この平均変化率は，$f(x)$ の $x=$［ ② ］$(0<x<2)$ における微分係数に等しい。 （名城大）

2 関数 $f(x)=x^3+ax+b$（a，b は定数）が $x=-1$ で極大値 5 をとるとき，a，b の値は $a=$［　　］，$b=$［　　］であり，極小値は［　　］である。 （北海道工大）

3 a を定数とする。関数 $f(x)$ が $\int_a^x f(t)\,dt=3x^2+x+a-1$ を満たすとき，$f(x)$ と a の値を求めよ。 （大阪工大）

4 kを実数とし，座標平面上に点$P(1,\ 0)$をとる。曲線$y=-x^3+9x^2+kx$をCとする。

（センター試験）

(1) 点$Q(t,\ -t^3+9t^2+kt)$における曲線Cの接線が点Pを通るとすると

$-$[ア]t^3+[イウ]t^2-[エオ]$t=k$

が成り立つ。

$p(t)=-$[ア]t^3+[イウ]t^2-[エオ]tとおくと，関数$p(t)$は$t=$[カ]で極小値[キク]をとり，$t=$[ケ]で極大値[コ]をとる。

したがって，点Pを通る曲線Cの接線の本数がちょうど2本となるのはkの値が[サ]または[シス]のときである。また，点Pを通る曲線Cの接線の本数は$k=5$のとき[セ]本，$k=-2$のとき[ソ]本，$k=-12$のとき[タ]本となる。

➡ 解答 *p. 82*

(2) $k=0$ とする。曲線 $y=-x^3+6x^2+7x$ を D とする。曲線 C と D の交点の x 座標は $\boxed{\text{チ}}$ と $\dfrac{\boxed{\text{ツ}}}{\boxed{\text{テ}}}$ である。

$-1 \leqq x \leqq 2$ の範囲において，2 曲線 C，D および 2 直線 $x=-1$，$x=2$ で囲まれた 2 つの図形の面積の和は $\dfrac{\boxed{\text{トナ}}}{\boxed{\text{ニ}}}$ である。

5 座標平面上で，放物線 $y=x^2$ を C とする。曲線 C 上の点 P の x 座標を a とする。点 P における C の接線 l の方程式は $y=\boxed{\text{アイ}}x-a^{\boxed{\text{ウ}}}$ である。$a \neq 0$ のとき，直線 l が x 軸と交わる点を Q とすると，Q の座標は $\left(\dfrac{\boxed{\text{エ}}}{\boxed{\text{オ}}},\ \boxed{\text{カ}}\right)$ である。

$a>0$ のとき，曲線 C と直線 l および x 軸で囲まれた図形の面積を S とすると $S=\dfrac{a^{\boxed{\text{キ}}}}{\boxed{\text{クケ}}}$ である。

$a<2$ のとき，曲線 C と直線 l および直線 $x=2$ で囲まれた図形の面積を T とすると

$$T=-\frac{a^3}{\boxed{\text{コ}}}+\boxed{\text{サ}}a^2-\boxed{\text{シ}}a+\frac{\boxed{\text{ス}}}{\boxed{\text{セ}}}$$

である。$a=0$ のときは $S=0$，$a=2$ のときは $T=0$ であるとして，$0 \leqq a \leqq 2$ に対して $U=S+T$ とおく。a がこの範囲を動くとき，U は $a=\boxed{\text{ソ}}$ で最大値 $\dfrac{\boxed{\text{タ}}}{\boxed{\text{チ}}}$ をとり，$a=\dfrac{\boxed{\text{ツ}}}{\boxed{\text{テ}}}$ で最小値 $\dfrac{\boxed{\text{ト}}}{\boxed{\text{ナニ}}}$ をとる。

（センター試験）

6章 数 列 (数学B)

1節 等差数列

6-1 □ 数 列

ある規則によって並べられた数の列。

a_1,	a_2,	a_3,	$\cdots$,	a_n, $\cdots$
初項	第2項	第3項		第n項(一般項)

6-2 □ 等差数列

隣り合う2項の差が一定である数列 $\Longleftrightarrow$ $a_{n+1}-a_n=d$ (一定)

←公差という

●等差数列の一般項

初項a，公差dの**等差数列$\{a_n\}$の一般項**は

$$a_n=a+(n-1)d$$

→$(n-1)$：項数より1小さい

●等差中項

a，b，cがこの順に等差数列となるとき，bを**等差中項**という。$\boldsymbol{2b=a+c}$

6-3 □ 等差数列の和

初項a，公差d，末項l，項数nの**等差数列の和S_n**は

$$S_n=\frac{1}{2}n(a+l)$$ ←末項がわかっているとき

$$S_n=\frac{1}{2}n\{2a+(n-1)d\}$$ ←$\frac{1}{2}n\{a+a+(n-1)d\}$

（2）←落としやすい

a：a_1(初項)　$a+(n-1)d$：a_n(末項)

6-4 □ 数列の和から一般項を求める

$n\geqq2$のとき　$a_n=S_n-S_{n-1}$　　$n=1$のとき　$a_1=S_1$

2節 等比数列

6-5 □ 等比数列

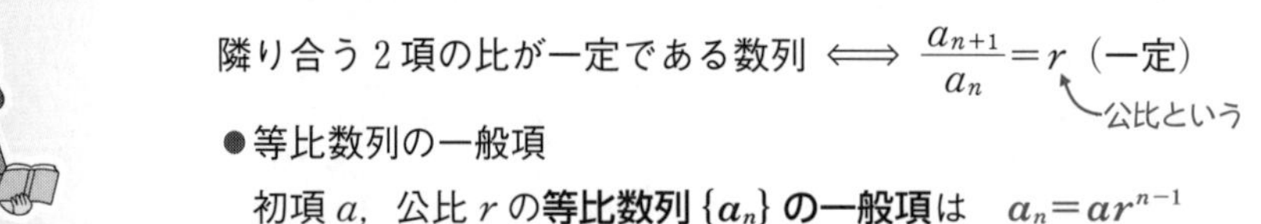

隣り合う2項の比が一定である数列 $\Longleftrightarrow$ $\dfrac{a_{n+1}}{a_n}=r$ (一定)

←公比という

●等比数列の一般項

初項a，公比rの**等比数列$\{a_n\}$の一般項**は　$\boldsymbol{a_n=ar^{n-1}}$

●等比中項

a，b，cがこの順に等比数列となるとき，bを**等比中項**という。　$\boldsymbol{b^2=ac}$

6-6 □ 等比数列の和

初項a，公比r，項数nの**等比数列の和S_n**は

$r\neq1$のとき　$S_n=\dfrac{a(r^n-1)}{r-1}=\dfrac{a(1-r^n)}{1-r}$　　$r=1$のとき　$S_n=na$

3節 いろいろな数列

6-7 □ 記号Σの性質

$$\sum_{k=1}^{n}(a_k+b_k)=\sum_{k=1}^{n}a_k+\sum_{k=1}^{n}b_k$$

$\displaystyle\sum_{k=1}^{n}ca_k=c\sum_{k=1}^{n}a_k$ （c は定数）

6-8 □ 自然数の累乗の和

$$1+2+3+\cdots+n=\sum_{k=1}^{n}k=\frac{n(n+1)}{2}$$

$$1^2+2^2+3^2+\cdots+n^2=\sum_{k=1}^{n}k^2=\frac{n(n+1)(2n+1)}{6}$$

$$1^3+2^3+3^3+\cdots+n^3=\sum_{k=1}^{n}k^3=\left\{\frac{n(n+1)}{2}\right\}^2$$

6-9 □ 階差数列と一般項

数列 $\{a_n\}$ の階差数列を $\{b_n\}$ とすると

$\displaystyle a_n=a_1+\sum_{k=1}^{n-1}b_k$ （$n\geqq 2$）

4節 数学的帰納法

6-10 □ 隣接2項間の漸化式から一般項を求める方法

① $a_{n+1}=a_n+d$ の形 $\Longrightarrow$ 等差数列　公差 d

② $a_{n+1}=ra_n$ の形 $\Longrightarrow$ 等比数列　公比 r

③ $a_{n+1}=a_n+f(n)$ の形 $\Longrightarrow$ 階差数列 $\{b_n\}$ の一般項　$b_n=f(n)$

④ $a_{n+1}=pa_n+q$ の形（$p\neq 1$，$q\neq 0$）

$$\Rightarrow\quad \begin{array}{rl} & a_{n+1}=pa_n+q \\ -) & \alpha=p\alpha+q \\ \hline & a_{n+1}-\alpha=p(a_n-\alpha) \end{array}$$

←この式から α の値を求める

数列 $\{a_n-\alpha\}$ は，初項 $a_1-\alpha$，公比 p の等比数列。

6-11 □ $a_{n+2}=pa_{n+1}+qa_n$ の形の漸化式から一般項を求める方法

$a_{n+2}-\alpha a_{n+1}=\beta(a_{n+1}-\alpha a_n)$ と変形し，数列 $\{a_{n+1}-\alpha a_n\}$ が公比 β の等比数列として隣接2項間の漸化式を導く。

6-12 □ 数学的帰納法による証明

自然数 n についての命題 P が，任意の自然数 n について成り立つことを示すには，次の（Ⅰ），（Ⅱ）を証明すればよい。

（Ⅰ）$n=1$ のとき，命題 P が成り立つ。

（Ⅱ）$n=k$ のとき，命題 P が成り立つと仮定すると，$n=k+1$ のときも命題 P が成り立つ。

➡ 解答 p. 84

1 数 列

197 [数列(1)]

次の数列 $\{a_n\}$ は，それぞれどのような規則でつくられているか。その規則にしたがうと，第 6 項 a_6 と第 7 項 a_7 の間にはどのような関係式が成り立つか。

(1) 10, 8, 6, 4, 2, …

(2) 2, 6, 18, 54, 162, …

(3) 1, 2, 4, 7, 11, …

198 [数列(2)]

次の数列 $\{a_n\}$ の初項から第 5 項までを書け。

(1) $a_n=3n-2$

(2) $a_n=1+(-1)^n$

(3) $a_n=n^2-n$

2 等差数列

199 [等差数列(1)] テスト

次の等差数列 $\{a_n\}$ の一般項と第 20 項を求めよ。

(1) 2, 7, 12, 17, …

(2) 8, 5, 2, −1, …

200 ［等差数列(2)］ 必修 テスト

第 5 項が 21，第 12 項が 49 となる等差数列の初項と公差を求めよ。

201 ［初項と公差］

一般項が $a_n=2n-5$ で表される数列がある。

この数列の初項から始めて 3 つ目ごとに取り出してできる数列 a_1，a_4，a_7，a_{10}，…は等差数列であることを示し，初項と公差を求めよ。

202 ［等差中項］

数列 7，x，19 がこの順で等差数列をなすとき，x の値を求めよ。

203 ［調和数列］

調和数列（各項の逆数をとると等差数列になる数列）3，$\frac{12}{7}$，$\frac{6}{5}$，$\frac{12}{13}$，$\frac{3}{4}$，…の一般項を求めよ。

HINT

197, **198** 数列の規則をみつける。 6-1

199, **200** 等差数列では，初項と公差がわかれば一般項を求めることができる。 6-2

201 求める数列 $\{b_n\}$ ともとの数列 $\{a_n\}$ の関係は　$b_n=a_{3n-2}$ 6-2

202 等差中項 6-2

203 各項の逆数をとった等差数列の一般項から求める。 6-2

➡ 解答 p. 86

204 ［共通な数列］
次のような2つの等差数列 $\{a_n\}$, $\{b_n\}$ がある。

$\{a_n\}$：3, 7, 11, …

$\{b_n\}$：2, 9, 16, …

このとき数列 $\{a_n\}$ と $\{b_n\}$ に共通に含まれる数列 $\{c_n\}$ の一般項を求めよ。

3 等差数列の和

205 ［等差数列の和(1)］ テスト
次の等差数列の和 S を求めよ。

(1) 初項 10, 末項 52, 項数 15　　(2) 初項 30, 公差 -2, 項数 20

206 ［等差数列の和(2)］ 必修 テスト
初項から第4項までの和が 46, 第10項までの和が 205 である等差数列の初項から第 n 項までの和 S_n を求めよ。

207 ［等差数列の和］
次の問いに答えよ。

(1) 100 と 200 の間にあって，6 で割ると 1 余る数の総和 S を求めよ。

(2) 3 桁の自然数のうち，3 でも 7 でも割り切れる数の総和 S を求めよ。

208 ［等差数列の和の最大値］ 必修 テスト
初項 35，公差 -3 の等差数列 $\{a_n\}$ について，次の問いに答えよ。

(1) 第何項が初めて負になるか。

(2) 初項から第 n 項までの和を S_n とするとき，S_n の最大値を求めよ。

209 ［和→一般項］ テスト
初項から第 n 項までの和 S_n が次の式で表されるとき，数列 $\{a_n\}$ の一般項を求めよ。

(1) $S_n=2n^2+5n$

(2) $S_n=n^2-5n+2$

HINT
204 $a_k=b_l$ を満たす最小の自然数 k，l を求めると初項がわかる。 6-2
205～**208** 等差数列の和の公式を活用する。 6-3
209 $a_n=S_n-S_{n-1}$ $(n\geqq 2)$ を活用する。 6-4

➡ 解答 p. 88

4 等比数列

210 [等比数列(1)]
次の等比数列 $\{a_n\}$ の一般項を求めよ。

(1) 初項 4，公比 3　　(2) 初項 5，公比 $-\frac{1}{2}$

211 [等比数列(2)] 必修 テスト
第 3 項が 18，第 6 項が 486 となる等比数列がある。各項が実数であるとき，この等比数列の初項と公比を求めよ。

212 [等比中項]
3，x，12 がこの順で等比数列をなすとき，x の値を求めよ。

5 等比数列の和

213 [等比数列の和] テスト
次の等比数列の初項から第 n 項までの和 S_n を求めよ。

4，-8，16，…

214 [等比数列(3)] 必修 テスト
第 3 項が 12 で初めの 3 項の和が 21 である等比数列の初項と公比を求めよ。

6 記号 Σ の意味

215 [Σ の意味(1)]
次の式を和の形で表せ。

(1) $\sum_{k=1}^{8} 5\cdot 2^{k-1}$

(2) $\sum_{k=3}^{10}(k^2-k)$

216 [Σ の意味(2)]
次の和を Σ を用いて表せ。

(1) $5+8+11+\cdots+(3n+2)$

(2) $\dfrac{2}{1\cdot3}+\dfrac{2}{3\cdot5}+\dfrac{2}{5\cdot7}+\cdots+\dfrac{2}{(2n-1)(2n+1)}$

7 記号 Σ の性質

217 [Σ の計算(1)] 必修 テスト
$\sum_{k=1}^{n}(3k+1)^2$ を求めよ。

218 [Σ の計算(2)]
次の数列 $\{a_n\}$ の初項から第 n 項までの和を求めよ。

$1\cdot3\cdot5,\ 3\cdot5\cdot7,\ 5\cdot7\cdot9,\ \cdots$

HINT
210~212 等比数列の性質を考える。 6-5
213, 214 等比数列の和の公式を活用する。 6-6
215, 216 Σ の意味を理解する。 6-7
a_k が k の指数関数なら等比数列を考え，a_k が k の分数式なら部分分数に分ける。
217, 218 $\sum_{k=1}^{n}a_k$ のいろいろなパターン。a_k が k の多項式なら公式を使う。 6-7 6-8

➡ 解答 *p. 90*

219 [Σの計算(3)]
次の数列の初項から第 n 項までの和 S_n を求めよ。

$$1,\ 1+\frac{1}{2},\ 1+\frac{1}{2}+\frac{1}{4},\ 1+\frac{1}{2}+\frac{1}{4}+\frac{1}{8},\ \cdots$$

220 [分数の和] 難
次の和を求めよ。

$$\frac{1}{1\cdot3\cdot5}+\frac{1}{3\cdot5\cdot7}+\frac{1}{5\cdot7\cdot9}+\cdots+\frac{1}{(2n-1)(2n+1)(2n+3)}$$

221 [無理数の和]
次の和を求めよ。

$$\frac{1}{\sqrt{3}+\sqrt{7}}+\frac{1}{\sqrt{7}+\sqrt{11}}+\frac{1}{\sqrt{11}+\sqrt{15}}+\cdots+\frac{1}{\sqrt{4n-1}+\sqrt{4n+3}}$$

222 [等差×等比型の和] 難

次の和を求めよ。

$S_n=1+3x+5x^2+\cdots+(2n-1)x^{n-1}$

223 [群数列]

自然数を小さい順に並べ，第 n 群が $(2n-1)$ 個の数を含むように分けると，

$1 \mid 2,\ 3,\ 4 \mid 5,\ 6,\ 7,\ 8,\ 9 \mid \cdots$

となる。このとき，次の問いに答えよ。

(1) 第 n 群の最初の数を求めよ。

(2) 100 は第何群の何番目の数か。

(3) 第 n 群の数の和を求めよ。

HINT

220 部分分数の和に分ける。

221 分母を有理化し，差の形をつくる。

222 S_n-xS_n を考える。

223 群数列は，ある数列を群に区切るとき，各群の項数も数列をなす。
まず，第 n 群の最初の数までの項数を計算する。

➡ 解答 *p. 92*

8 階差数列

224 [階差数列] 必修 テスト

次の数列の一般項を求めよ。

$\{a_n\}$：2，3，5，9，17，…

9 漸化式

225 [帰納的定義]

次の式で定義された数列 $\{a_n\}$ の初項から第5項までを書け。

(1) $a_1=1,\ a_{n+1}=2a_n+3\ (n \geqq 1)$

(2) $a_1=1,\ a_2=2,\ a_{n+2}=3a_{n+1}-2a_n\ (n \geqq 1)$

226 [隣接2項間の漸化式(1)]

次の漸化式で定義される数列 $\{a_n\}$ の一般項を求めよ。

(1) $a_1=1,\ a_{n+1}=a_n+4$

(2) $a_1=3,\ a_{n+1}=4a_n$

(3) $a_1=2,\ a_{n+1}=a_n+3n$

227 ［隣接2項間の漸化式(2)］ 必修 テスト

次の漸化式で定義される数列 $\{a_n\}$ の一般項を求めよ。

(1) $a_1=2,\ a_{n+1}=2a_n-1$

(2) $a_1=1,\ a_{n+1}=4a_n+3$

228 ［隣接2項間の漸化式(3)］ 難

次の漸化式で定義される数列 $\{a_n\}$ の一般項を求めよ。

$a_1=1,\ a_{n+1}=3a_n+4^{n+1}$

HINT

224 階差数列を考える。 6-9

227 漸化式から一般項を求める方法を参考にする。 6-10

228 $\dfrac{a_n}{4^n}=b_n$ とおけば **227** と同じタイプの問題になる。 6-10

➡ 解答 *p. 94*

229 ［隣接3項間の漸化式］ 難

次の漸化式で定義される数列の一般項を求めよ。

$a_1=0,\ a_2=1,\ a_{n+2}=a_{n+1}+2a_n$

10 数学的帰納法

230 ［数学的帰納法(1)］ 必修

数学的帰納法を用いて，次の等式を証明せよ。

$1^2+2^2+3^2+\cdots+n^2=\frac{1}{6}n(n+1)(2n+1)$ …①

231 ［数学的帰納法(2)］

n が 4 以上の自然数のとき，不等式 $2^n>3n$ …①が成り立つことを証明せよ。

232 ［漸化式の解法(数学的帰納法を使って)］

$a_1=\dfrac{1}{2}$，$a_{n+1}=-\dfrac{1}{a_n-2}$ で定義される数列 $\{a_n\}$ について，次の問いに答えよ。

(1) a_2，a_3，a_4 を求めて，一般項 a_n を推測せよ。

(2) 数学的帰納法を用いて，推測した a_n が正しいことを証明せよ。

HINT

229 3 項間の漸化式は，$a_{n+2}-\alpha a_{n+1}=\beta(a_{n+1}-\alpha a_n)$ へ変形する。 6-11

230, **231** 数学的帰納法による証明。 6-12

232 漸化式から a_n を推測し，数学的帰納法で証明する。 6-12

➡ 解答 p. 96

入試問題にチャレンジ

1 等差数列 $\{a_n\}$ は $a_9=-5$，$a_{13}=6$ を満たすとする。このとき，次の問いに答えよ。　（高知大）

(1) 一般項 $\{a_n\}$ を求めよ。

(2) a_n が正となる最小の n を求めよ。

(3) 第 1 項から第 n 項までの和 S_n を求めよ。

(4) S_n が正となる最小の n を求めよ。

2 等比数列 3，6，12，…を $\{a_n\}$ とし，この数列の第 n 項から第 $2n-1$ 項までの和を T_n とする。

（大分大）

(1) 数列 $\{a_n\}$ の一般項を求めよ。

(2) T_n を求めよ。

(3) $\sum_{k=1}^{n} T_k$ を求めよ。

3 自然数の列 1，2，3，4，…を，次のように群に分ける。

1 | 2，3，4，5 | 6，7，8，9，10，11，12 | …

第1群　第2群　　第3群

ここで，一般に第 n 群は $(3n-2)$ 個の項からなるものとする。第 n 群の最後の項を a_n で表す。

（センター試験）

(1) $a_1=1$，$a_2=5$，$a_3=12$，$a_4=$ [アイ] である。

$a_n-a_{n-1}=$ [ウ] $n-$ [エ] $(n=2, 3, 4, \cdots)$ が成り立ち，$a_n=\dfrac{[オ]}{[カ]}n^{[キ]}-\dfrac{[ク]}{[ケ]}n$ $(n=1, 2, 3, \cdots)$ である。

よって，600 は，第 [コサ] 群の小さい方から [シス] 番目の項である。

(2) $n=1, 2, 3, \cdots$ に対し，第 $(n+1)$ 群の小さい方から $2n$ 番目の項を b_n で表すと

$b_n=\dfrac{[セ]}{[ソ]}n^{[タ]}+\dfrac{[チ]}{[ツ]}n$ であり，$\dfrac{1}{b_n}=\dfrac{[テ]}{[ト]}\left(\dfrac{1}{n}-\dfrac{1}{n+[ナ]}\right)$ が成り立つ。これより，

$\displaystyle\sum_{k=1}^{n}\frac{1}{b_k}=\frac{[ニ]n}{[ヌ]n+[ネ]}$ $(n=1, 2, 3, \cdots)$ となる。

➡ 解答 *p. 98*

4 数列 $\{a_n\}$ の初項 a_1 から第 n 項 a_n までの和 S_n が次の式で与えられるとする。

$2S_n=n+1-a_n$ $(n=1,\ 2,\ 3,\ \cdots)$

以下の設問(1)~(4)に答えよ。 （秋田県立大）

(1) a_1 と a_2 を求めよ。

(2) a_{n+1} を a_n で表す漸化式を求めよ。

(3) 一般項 a_n を求めよ。

(4) $\{b_n\}$ を $b_n=a_{2n-1}$ ($n=1, 2, 3, \cdots$) で定めるとき，$\sum_{k=1}^{n} b_k$ を求めよ。

5 数列 $\{a_n\}$ が，$a_1=\frac{2}{3}$，$a_{n+1}=\frac{2-a_n}{3-2a_n}$ ($n=1, 2, 3, \cdots$) を満たしている。次の問いに答えよ。

(岡山県立大・改)

(1) a_2，a_3 を求めよ。

(2) 一般項 $\{a_n\}$ を推測し，それが正しいことを数学的帰納法により証明せよ。

7章 統計的な推測 (数学B)

★この章では，必要に応じて *p. 128* の正規分布表を用いる。

1節 確率分布

7-1 □ 確率変数と確率分布

- ある試行の結果の値をとる確率が存在する変数のことを**確率変数**という。
- 確率変数のとりうる各値とそれぞれの値となる確率の対応関係を，その確率変数の**確率分布**という。確率分布は，表で書き表すことが多い。
- 確率変数 X のとりうる値 x_1, x_2, $\cdots$, x_n とその確率 p_1, p_2, $\cdots$, p_n について

X	x_1	x_2	$\cdots$	x_n	計
P	p_1	p_2	$\cdots$	p_n	1

① $p_1 \geqq 0$, $p_2 \geqq 0$, $\cdots$, $p_n \geqq 0$　　② $p_1+p_2+\cdots+p_n=1$

確率変数 X が値 a をとる確率を $P(X=a)$ で表す。

また，X の値が a 以上である確率を $P(X \geqq a)$ と表し，a 以上 b 以下である確率を $P(a \leqq X \leqq b)$ と表す。

7-2 □ 確率変数の平均(期待値)と分散，標準偏差

- 確率変数 X について，上記 7-1 の表に従うとき

① 平均(期待値)　$m=E(X)=x_1p_1+x_2p_2+\cdots+x_np_n=\sum_{k=1}^{n} x_kp_k$

② 分散　$V(X)=E((X-m)^2)=(x_1-m)^2p_1+(x_2-m)^2p_2+\cdots+(x_n-m)^2p_n$

$=\sum_{k=1}^{n}(x_k-m)^2p_k=E(X^2)-\{E(X)\}^2$

③ 標準偏差　$\sigma(X)=\sqrt{V(X)}=\sqrt{E(X^2)-\{E(X)\}^2}$

7-3 □ 確率変数の和と積

2つの確率変数 X, Y の和の平均(期待値)について，a, b を定数とするとき，次が成り立つ。

- 和の平均(期待値)

$E(X+Y)=E(X)+E(Y)$

$E(aX+bY)=aE(X)+bE(Y)$

2つの確率変数 X, Y が互いに独立であり，a, b を定数とするとき，次が成り立つ。

- 積の平均(期待値)

$E(XY)=E(X)E(Y)$

- 和の分散

$V(X+Y)=V(X)+V(Y)$, $V(aX+bY)=a^2V(X)+b^2V(Y)$

7-4 □ 二項分布

●二項分布 $B(n,\ p)$

1回の試行で事象 A の起こる確率が p であるとき，この試行を n 回行う反復試行において，A の起こる回数を X とすると，$X=r$ になる確率は

$$P(X=r)={}_n\mathrm{C}_r p^r q^{n-r}\ (r=0,\ 1,\ 2,\ \cdots,\ n),\ 0<p<1,\ q=1-p$$

この X の確率分布を**二項分布**といい，$B(n,\ p)$ で表す。

●二項分布の平均（期待値）$E(X)$，分散 $V(X)$，標準偏差 $\sigma(X)$

確率変数 X が二項分布 $B(n,\ p)$ に従うとき，$q=1-p$ とすると

$$E(X)=np \qquad V(X)=npq \qquad \sigma(X)=\sqrt{npq}$$

7-5 □ 正規分布

●正規分布 $N(m,\ \sigma^2)$

m を実数，σ を正の実数とする。

連続型確率変数 X の確率密度関数 $f(x)$ が

$$f(x)=\frac{1}{\sqrt{2\pi}\sigma}e^{-\frac{(x-m)^2}{2\sigma^2}}$$

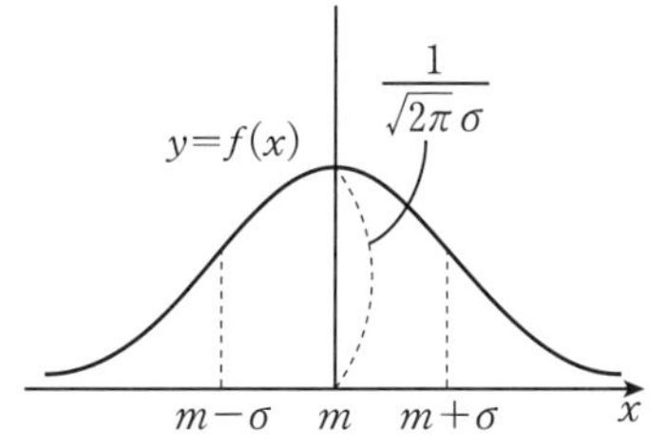

で表されるとき，X は正規分布 $N(m,\ \sigma^2)$ に従うという。

曲線 $y=f(x)$ は図のような形であり，**正規分布曲線**とよばれる。

$N(m,\ \sigma^2)$ について，m は X の平均（期待値），σ は X の標準偏差である。

●正規分布 $N(0,\ 1)$ のことを**標準正規分布**という。

●正規分布と標準正規分布

確率変数 X が正規分布 $N(m,\ \sigma^2)$ に従うとき，$Z=\dfrac{X-m}{\sigma}$ とおくと，確率変数 Z は，標準正規分布 $N(0,\ 1)$ に従う。

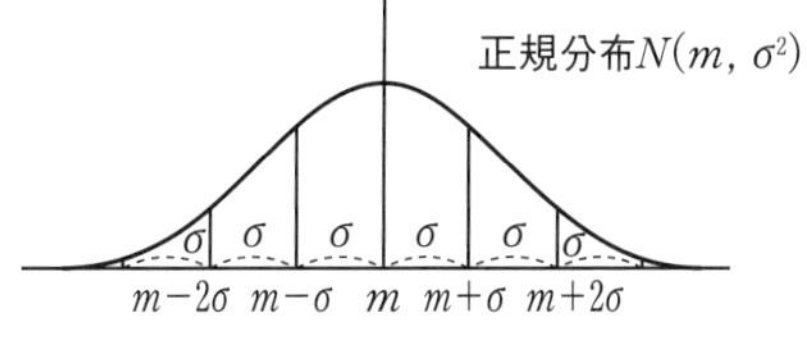

●二項分布の正規分布による近似

二項分布 $B(n,\ p)$ に従う確率変数 X は，n が十分大きいとき，近似的に正規分布 $N(np,\ npq)$ に従う。ただし，$q=1-p$ である。

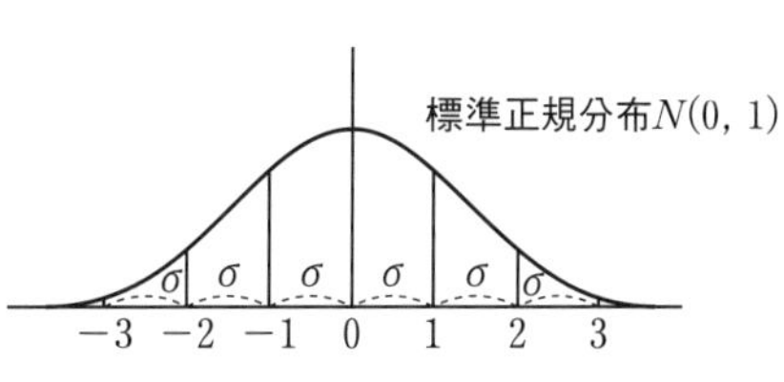

●変数変換

確率変数 X を $Z=\dfrac{X-m}{\sigma}$ で変数変換すると，確率変数 Z は**標準化**でき，$N(0,\ 1)$ に従う。

$$B(n,\ p)\fallingdotseq N(\underline{np},\ \underline{npq})\Longrightarrow N(0,\ 1)$$

↓ m　↓ σ^2　↑ $Z=\dfrac{X-m}{\sigma}$ で標準化する

2節 統計的な推測

7-6 □ 母集団と標本

対象全体から一部を抜き出して調べ，その結果から全体の状況を推測する調査を**標本調査**という。標本調査では，調査の対象となる全体を**母集団**，母集団から取り出されたものの集まりを**標本**という。

母集団における変量の分布を**母集団分布**といい，その平均を**母平均**，標準偏差を**母標準偏差**という。

母集団から大きさ n の無作為標本を抽出し，それらの変量の値を X_1，X_2，…，X_n とするとき，

$$\overline{X}=\frac{X_1+X_2+\cdots+X_n}{n}$$

を**標本平均**という。n の値を固定するとき，標本平均 $\overline{X}$ は1つの確率変数になる。

7-7 □ 標本平均の分布

●標本平均の平均(期待値)と標準偏差

母平均 m，母標準偏差 σ の母集団から，大きさ n の無作為標本を抽出するとき，標本平均 $\overline{X}$ の平均(期待値)と標準偏差は

$$E(\overline{X})=m \qquad \sigma(\overline{X})=\frac{\sigma}{\sqrt{n}}$$

●標本平均の分布①

母平均 m，母標準偏差 σ の母集団から抽出された大きさ n の無作為標本について，**標本平均 $\overline{X}$ は，n が大きいとき，近似的に正規分布 $N\left(m,\ \frac{\sigma^2}{n}\right)$ に従う**とみなすことができる。

●標本平均の分布②

母平均 m，母標準偏差 σ の母集団から，大きさ n の無作為標本を抽出するとき，**標本平均 $\overline{X}$ に対して，$Z=\dfrac{\overline{X}-m}{\dfrac{\sigma}{\sqrt{n}}}$ とおくと，n の値が大きいとき，Z は近似的に標準正規分布 $N(0,\ 1)$ に従う。**

7-8 □ 推　定

● 母平均の推定

母平均 m，母標準偏差 σ の母集団から抽出された大きさ n の無作為標本の標本平均を $\overline{X}$ とする。n が大きいとき，母平均 m に対する**信頼度** 95% の**信頼区間**は

$$\left[\overline{X}-1.96\cdot\frac{\sigma}{\sqrt{n}},\ \overline{X}+1.96\cdot\frac{\sigma}{\sqrt{n}}\right]$$

母平均 m に対する信頼度 99% の信頼区間は

$$\left[\overline{X}-2.58\cdot\frac{\sigma}{\sqrt{n}},\ \overline{X}+2.58\cdot\frac{\sigma}{\sqrt{n}}\right]$$

上の式の 1.96 が 2.58 に変わるだけ

上で，**母標準偏差 σ が不明の場合，n が十分に大きければ，代わりに標本標準偏差 s を用いてもよい。**

● 母比率の推定

大きさ n の無作為標本の標本比率を R とすると，n が大きいとき，母比率 p に対する信頼度 95% の信頼区間は

$$\left[R-1.96\sqrt{\frac{R(1-R)}{n}},\ R+1.96\sqrt{\frac{R(1-R)}{n}}\right]$$

7-9 □ 仮説検定の方法

● 仮説検定の手順

① 母集団について，**帰無仮説**をたてる。

② **有意水準**を定め，**棄却域**を求める。

③ (i) 標本の値が棄却域に入れば帰無仮説は棄却される。

(ii) 標本の値が棄却域に入らなければ帰無仮説は棄却されない。（このとき，帰無仮説が正しいということではなく，ただ棄却の判断ができなかっただけ。）

確率変数 X　　確率変数 Z

$$N(m,\ \sigma^2) \Longrightarrow N(0,\ 1)$$

$Z=\dfrac{X-m}{\sigma}$ で標準化する

仮説検定では Z の値で判断する。

● 有意水準 5% の場合の判定

$-1.96 \leqq Z \leqq 1.96$ ならば，帰無仮説は棄却されない。

$Z<1.96$，$1.96<Z$ ならば，帰無仮説は棄却される。

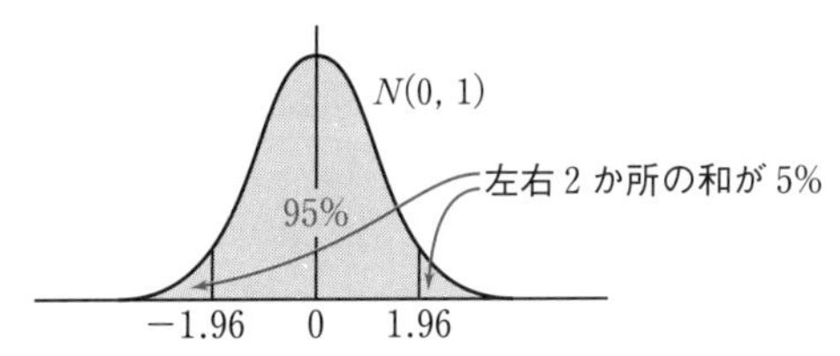

➡ 解答 p. 100

1 確率変数と確率分布

233 ［確率分布］

白球 5 個と黒球 3 個が入っている袋から，2 個の球を同時に取り出すとき，白球が出る個数 X の確率分布を求めよ。

234 ［確率分布と確率(1)］

右の表は，あるクラスの数学の小テストの結果である。点数を X とするとき確率分布を示し，$P(3 \leqq X \leqq 5)$ を求めよ。

点数	0	1	2	3	4	5	計
人数	3	5	7	12	8	5	40

235 ［確率分布と確率(2)］ 必修

50 円硬貨 2 枚と 100 円硬貨 1 枚を同時に投げるとき，表が出た硬貨の合計金額を確率変数 X とする。

(1) X の確率分布を求めよ。

(2) 確率 $P(X \geqq 150)$ を求めよ。

2 確率変数の平均と分散，標準偏差

236 ［平均，分散，標準偏差(1)］ 必修

右の表は，5点満点の数学の小テストを実施したときの結果である。次の問いに答えよ。

点数	0	1	2	3	4	5	計
人数	0	2	0	6	20	12	40

(1) 点数 X の確率分布を求めよ。

(2) 平均 $E(X)$ を求めよ。

(3) 分散 $V(X)$ を求めよ。

(4) 標準偏差 $\sigma(X)$ を求めよ。

237 ［平均，分散，標準偏差(2)］ テスト

8本のくじがあって，そのうち2本が当たりくじである。このくじを同時に4本引くとき，当たりくじを引く本数 X の平均と分散，標準偏差を求めよ。

HINT 233～235 確率分布は，それぞれの確率を計算して表にする。 7-1

236, 237 確率分布の表を作成してから，公式を活用。 7-2

➡ 解答 p. 102

3 確率変数の和と積

238 [和の平均と分散]

確率変数 X の平均が 2 で分散が 3，確率変数 Y の平均が -3 で分散が 5 であり，X と Y が互いに独立であるとする。次の確率変数の平均と分散を求めよ。

(1) $X+Y$　　(2) $3X+2Y$

239 [独立な事象の和の平均] 必修

100 円硬貨 1 枚と 10 円硬貨 1 枚を同時に投げて，表の出た硬貨の金額の和を Z 円とする。Z の平均を求めよ。

4 二項分布

240 [二項分布の記号] テスト

次の二項分布の平均，分散および標準偏差を求めよ。

(1) $B\left(5,\ \frac{1}{4}\right)$　　(2) $B\left(12,\ \frac{1}{3}\right)$　　(3) $B\left(6,\ \frac{2}{3}\right)$

241 [二項分布の平均・分散・標準偏差] 必修

1 個のさいころを 60 回投げるとき，5 以上の目が出る回数 X の平均，分散および標準偏差を求めよ。

5 正規分布

242 ［正規分布］
確率変数 X が正規分布 $N(10,\ 3^2)$ に従うとき，次の値を求めよ。

(1) $P(10 \leqq X \leqq 13)$

(2) $P(7 \leqq X \leqq 13)$

(3) $P(X \leqq 5)$

243 ［正規分布と標準正規分布］ 必修
ある高校 2 年生の男子 200 人の身長は，平均 170.0 cm，標準偏差 4.0 cm である。身長の分布を正規分布とみなすとき，次の問いに答えよ。

(1) 身長が 176.0 cm 以上の生徒は，約何人いるか。

(2) 身長の高い方から 25 番目の生徒の身長は約何 cm か。

HINT
238, 239 X と Y が互いに独立であることを確認して，公式を活用。 7-3
240 二項分布の記号から平均，分散，標準偏差の公式を活用。 7-4
241 二項分布の記号を理解する。 7-4
242, 243 正規分布から標準正規分布に変換する。 7-5

➡ 解答 *p. 104*

244 [二項分布の利用] テスト

1 個のさいころを 450 回投げるとき，1 または 2 の目が出る回数を X とする。次の問いに答えよ。

(1) X はどのような分布に従うか。

(2) X はどのような正規分布で近似できるか。

(3) 1 または 2 の目が 140 回以上 155 回以下出る確率を求めよ。

6 母集団と標本，標本平均の分布

245 [母平均と母標準偏差] 必修

1 個のさいころを 100 回投げるとき，出る目の平均を $\overline{X}$ とする。

(1) 母平均と母標準偏差を求めよ。

(2) $\overline{X}$ の平均，標準偏差を求めよ。

246 [標本平均の平均と標準偏差] テスト

1，2，2，3，3，3 の数字を書いた 6 枚のカードが，袋の中にある。この袋から無作為に 1 枚のカードをとり出すとき，そのカードの数を X とする。次の問いに答えよ。

(1) X の母集団分布を求めよ。また，X の母平均 m と母標準偏差 σ を求めよ。

(2) この袋から2枚のカードを復元抽出するとき，カードの数字の標本平均 $\overline{X}$ の確率分布を求めよ。

(3) (2)で得た標本平均 $\overline{X}$ の平均 $E(\overline{X})$ と標準偏差 $\sigma(\overline{X})$ を求めよ。

247 ［標本平均］
母平均 50，母標準偏差 12 の母集団は正規分布に従っている。この中から大きさ 64 の標本を無作為抽出するとき，次の問いに答えよ。

(1) 標本平均 $\overline{X}$ の平均と標準偏差を求めよ。

(2) 標本平均 $\overline{X}$ が 53 より大きい値となる確率を求めよ。

7 推 定

248 ［推定(1)］ 必修
ある工場でつくられた電球から 100 個を無作為抽出し，耐久時間を調べたところ，平均 1200 時間，標準偏差 110 時間であった。信頼度 95% で，この工場の電球の平均耐久時間を推定せよ。

HINT
244 二項分布を正規分布に近似する。 7-5
245 母平均と母標準偏差を理解する。 7-6
246, 247 母平均，母標準偏差と標本平均の平均，標準偏差を理解する。 7-7
248 信頼区間を理解する。 7-8

➡ 解答 *p. 106*

249 ［推定(2)］

ある都市で，テレビ番組 A の視聴状況について，テレビ所有の 1000 軒を無作為抽出して調べたところ，300 軒で見ていたというデータを得た。

この都市での番組 A の視聴率を信頼度 95 % で推定せよ。

ただし，$\sqrt{2.1}=1.45$ とする。

250 ［信頼区間］ 必修 テスト

ある工場の製品 900 個の中の不良品を調べたところ，その平均は 90 個であった。次の問いに答えよ。

(1) 900 個の中に含まれる不良品の個数を X とする。X の標準偏差を求めよ。ただし，不良品率は 10 % としてよい。

(2) X の分布は正規分布で近似できるとして，X が 95 % の確率で存在する範囲を求めよ。

(3) この工場の製品の不良品率を信頼度 95 % で求めよ。

8 仮説検定の方法

251 [仮説検定(1)] テスト

ある工場で製造される部品の重さは，平均が 600 g, 標準偏差が 20 g の正規分布に従うという。ある日，この部品 100 個を無作為抽出して重さを調べたところ，平均値は 593 g であった。この日に製造された部品は異常であるといえるか。有意水準 5 % で仮説検定せよ。

252 [仮説検定(2)] 難

1 個のさいころを 720 回投げたところ，1 の目が 135 回出た。このとき，さいころは偏りのない正しいものに作られているか。有意水準 5 % で仮説検定せよ。

HINT
249 正規分布を理解して信頼区間を求める。 7-8
250 二項分布から正規分布に近似して考える。 7-8
251, **252** 帰無仮説を立てて，棄却域に入るかどうかを計算する。 7-9

➡ 解答 *p. 108*

入試問題にチャレンジ

1 青玉が 9 個，白玉が 6 個，赤玉が 3 個，合計 18 個の玉が入っている袋がある。袋から玉を 1 個ずつ取り出す。取り出した玉は袋に戻さないこととする。この袋から玉を 1 個ずつ 3 回取り出す試行により確率変数 X，Y，Z を次のように定義する。
最初の玉が，青玉のとき $X=0$，白玉のとき $X=1$，赤玉のとき $X=2$ とする。次の玉が，青玉のとき $Y=0$，白玉のとき $Y=1$，赤玉のとき $Y=2$ とする。最後の玉が，青玉のとき $Z=0$，白玉のとき $Z=1$，赤玉のとき $Z=2$ とする。
そして，確率を P，平均を E，分散を V で表す。 （センター試験）

(1) $P(XY=1)=\dfrac{\boxed{\text{ア}}}{\boxed{\text{イウ}}}$，$P(XYZ=0)=\dfrac{\boxed{\text{エオ}}}{\boxed{\text{カキ}}}$ である。

(2) $E(X)=\dfrac{\boxed{\text{ク}}}{\boxed{\text{ケ}}}$，$V(X)=\dfrac{\boxed{\text{コ}}}{\boxed{\text{サ}}}$ である。

(3) $E(XY)=\dfrac{\boxed{\text{シ}}}{\boxed{\text{スセ}}}$ である。

2 次の各問いに答えよ。ただし，確率変数 Z が標準正規分布 $N(0,\ 1)$ に従うとき，

$P(Z>1.96)=0.0250,\ P(Z>2.00)=0.0228,\ P(Z>2.58)=0.0049$

である。　(鹿児島大)

(1) 1 枚の硬貨を 100 回投げる試行において，表の出た回数を X とする。次の(i)，(ii)，(iii)に答えよ。

(i) X はどのような確率分布に従うかを答えよ。また，確率 $P(X=k)$ を k を用いて表せ。

(ii) X の確率分布を正規分布 $N(m,\ \sigma^2)$ で近似するとき，m，σ の値をそれぞれ求めよ。

(iii) (ii)において，確率 $P(50\leqq X\leqq 60)$ と，$P(|X-50|<a)=0.95$ を満たす値 a をそれぞれ求めよ。

(2) 変形した硬貨が 1 枚ある。この硬貨の表が出る確率（母比率という）を推定するために，400 回投げたところ，ちょうど 100 回表が出た。このとき，母比率の信頼度 99 % の信頼区間の幅を求めよ。

付録 正規分布表

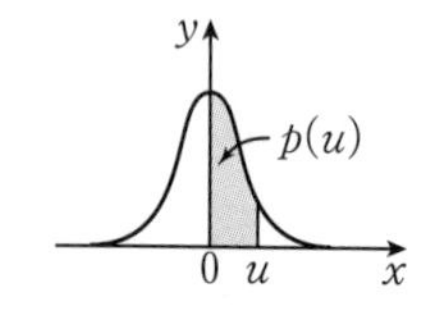

u	0.00	0.01	0.02	0.03	0.04	0.05	0.06	0.07	0.08	0.09
0.0	0.00000	0.00399	0.00798	0.01197	0.01595	0.01994	0.02392	0.02790	0.03188	0.03586
0.1	0.03983	0.04380	0.04776	0.05172	0.05567	0.05962	0.06356	0.06749	0.07142	0.07535
0.2	0.07926	0.08317	0.08706	0.09095	0.09483	0.09871	0.10257	0.10642	0.11026	0.11409
0.3	0.11791	0.12172	0.12552	0.12930	0.13307	0.13683	0.14058	0.14431	0.14803	0.15173
0.4	0.15542	0.15910	0.16276	0.16640	0.17003	0.17364	0.17724	0.18082	0.18439	0.18793
0.5	0.19146	0.19497	0.19847	0.20194	0.20540	0.20884	0.21226	0.21566	0.21904	0.22240
0.6	0.22575	0.22907	0.23237	0.23565	0.23891	0.24215	0.24537	0.24857	0.25175	0.25490
0.7	0.25804	0.26115	0.26424	0.26730	0.27035	0.27337	0.27637	0.27935	0.28230	0.28524
0.8	0.28814	0.29103	0.29389	0.29673	0.29955	0.30234	0.30511	0.30785	0.31057	0.31327
0.9	0.31594	0.31859	0.32121	0.32381	0.32639	0.32894	0.33147	0.33398	0.33646	0.33891
1.0	0.34134	0.34375	0.34614	0.34849	0.35083	0.35314	0.35543	0.35769	0.35993	0.36214
1.1	0.36433	0.36650	0.36864	0.37076	0.37286	0.37493	0.37698	0.37900	0.38100	0.38298
1.2	0.38493	0.38686	0.38877	0.39065	0.39251	0.39435	0.39617	0.39796	0.39973	0.40147
1.3	0.40320	0.40490	0.40658	0.40824	0.40988	0.41149	0.41309	0.41466	0.41621	0.41774
1.4	0.41924	0.42073	0.42220	0.42364	0.42507	0.42647	0.42785	0.42922	0.43056	0.43189
1.5	0.43319	0.43448	0.43574	0.43699	0.43822	0.43943	0.44062	0.44179	0.44295	0.44408
1.6	0.44520	0.44630	0.44738	0.44845	0.44950	0.45053	0.45154	0.45254	0.45352	0.45449
1.7	0.45543	0.45637	0.45728	0.45818	0.45907	0.45994	0.46080	0.46164	0.46246	0.46327
1.8	0.46407	0.46485	0.46562	0.46638	0.46712	0.46784	0.46856	0.46926	0.46995	0.47062
1.9	0.47128	0.47193	0.47257	0.47320	0.47381	0.47441	0.47500	0.47558	0.47615	0.47670
2.0	0.47725	0.47778	0.47831	0.47882	0.47932	0.47982	0.48030	0.48077	0.48124	0.48169
2.1	0.48214	0.48257	0.48300	0.48341	0.48382	0.48422	0.48461	0.48500	0.48537	0.48574
2.2	0.48610	0.48645	0.48679	0.48713	0.48745	0.48778	0.48809	0.48840	0.48870	0.48899
2.3	0.48928	0.48956	0.48983	0.49010	0.49036	0.49061	0.49086	0.49111	0.49134	0.49158
2.4	0.49180	0.49202	0.49224	0.49245	0.49266	0.49286	0.49305	0.49324	0.49343	0.49361
2.5	0.49379	0.49396	0.49413	0.49430	0.49446	0.49461	0.49477	0.49492	0.49506	0.49520
2.6	0.49534	0.49547	0.49560	0.49573	0.49585	0.49598	0.49609	0.49621	0.49632	0.49643
2.7	0.49653	0.49664	0.49674	0.49683	0.49693	0.49702	0.49711	0.49720	0.49728	0.49736
2.8	0.49744	0.49752	0.49760	0.49767	0.49774	0.49781	0.49788	0.49795	0.49801	0.49807
2.9	0.49813	0.49819	0.49825	0.49831	0.49836	0.49841	0.49846	0.49851	0.49856	0.49861
3.0	0.49865	0.49869	0.49874	0.49878	0.49882	0.49886	0.49889	0.49893	0.49896	0.49900
3.1	0.49903	0.49906	0.49910	0.49913	0.49916	0.49918	0.49921	0.49924	0.49926	0.49929
3.2	0.49931	0.49934	0.49936	0.49938	0.49940	0.49942	0.49944	0.49946	0.49948	0.49950
3.3	0.49952	0.49953	0.49955	0.49957	0.49958	0.49960	0.49961	0.49962	0.49964	0.49965
3.4	0.49966	0.49968	0.49969	0.49970	0.49971	0.49972	0.49973	0.49974	0.49975	0.49976
3.5	0.49977	0.49978	0.49978	0.49979	0.49980	0.49981	0.49981	0.49982	0.49983	0.49983
3.6	0.49984	0.49985	0.49985	0.49986	0.49986	0.49987	0.49987	0.49988	0.49988	0.49989
3.7	0.49989	0.49990	0.49990	0.49990	0.49991	0.49991	0.49992	0.49992	0.49992	0.49992
3.8	0.49993	0.49993	0.49993	0.49994	0.49994	0.49994	0.49994	0.49995	0.49995	0.49995
3.9	0.49995	0.49995	0.49996	0.49996	0.49996	0.49996	0.49996	0.49996	0.49997	0.49997

著者紹介

松田親典　（まつだ・ちかのり）

神戸大学教育学部卒業後，奈良県の高等学校で長年にわたり数学の教諭として勤務。教頭，校長を経て退職。奈良県数学教育会においては，教諭時代に役員を10年間，さらに校長時代には副会長，会長を務めた。その後，奈良文化女子短期大学衛生看護学科で統計学を教える。この間，別の看護専門学校で数学の入試問題を作成。のちに，同学の教授，学長，学校法人奈良学園常勤監事を経て，現在同学園の評議員。趣味は，スキー，囲碁，水墨画。

著書に，

『高校これでわかる数学』シリーズ

『高校これでわかる問題集数学』シリーズ

『高校やさしくわかりやすい問題集数学』シリーズ

『看護医療系の数学Ⅰ＋A』

（いずれも文英堂）がある。

□ 執筆協力　横弥直浩

□ 編集協力　岩澤恵理子　細川啓太郎

□ 図版作成　伊豆嶋恵理　㈲ Y-Yard

□ イラスト　ふるはしひろみ　よしのぶもとこ

シグマベスト

高校これでわかる問題集
数学Ⅱ＋B

著　者　松田親典

発行者　益井英郎

印刷所　中村印刷株式会社

発行所　株式会社文英堂

〒601-8121　京都市南区上鳥羽大物町28

〒162-0832　東京都新宿区岩戸町17

（代表）03-3269-4231

●落丁・乱丁はおとりかえします。

ΣBEST シグマベスト

高校 これでわかる 問題集 数学II+B

正解答集

文英堂

もくじ

➡ 問題 p. 7

1　3次式の展開と因数分解

1 ［多項式の展開］
次の式を公式を使って展開せよ。

(1)　$(a+b)(a-b)(a^2-ab+b^2)(a^2+ab+b^2)$

$=(a+b)(a^2-ab+b^2)(a-b)(a^2+ab+b^2)$　← 組み合わせ方を考えて公式を使う

$=(a^3+b^3)(a^3-b^3)$

$=\boldsymbol{a^6-b^6}$　…答

(2)　$(a+b)^3(a-b)^3$

$=\{(a+b)(a-b)\}^3$　← 計算の順序を考える

$=(a^2-b^2)^3$

$=\boldsymbol{a^6-3a^4b^2+3a^2b^4-b^6}$　…答

2 ［公式による展開］
次の式を展開せよ。

(1)　$(2x+y)^3$

$=(2x)^3+3\cdot(2x)^2\cdot y+3\cdot 2x\cdot y^2+y^3$　← 公式を正確に適用する

$=\boldsymbol{8x^3+12x^2y+6xy^2+y^3}$　…答

(2)　$(x-3y)^3$

$=x^3-3\cdot x^2\cdot 3y+3\cdot x\cdot(3y)^2-(3y)^3$

$=\boldsymbol{x^3-9x^2y+27xy^2-27y^3}$　…答

(3)　$(x+2)(x^2-2x+4)$

$=x^3+2^3$

$=\boldsymbol{x^3+8}$　…答

公式にあてはまっていることを確認する

$(a+b)(a^2-ab+b^2)=a^3+b^3$

↑ ↑ ↑ ↑↑ ↑

x　2　x^2　$x\cdot 2$　2^2

(4)　$(2x-y)(4x^2+2xy+y^2)$

$=(2x)^3-y^3$

$=\boldsymbol{8x^3-y^3}$　…答

$(a-b)(a^2+ab+b^2)=a^3-b^3$

↑ ↑ ↑ ↑↖ ↑

$2x$　y　$(2x)^2$　$2x\cdot y$　y^2

➡ 問題 *p. 8*

3 ［公式を使った因数分解］

次の式を因数分解せよ。

(1) $x^3+6x^2y+12xy^2+8y^3$

$=x^3+3\cdot x^2\cdot(2y)+3\cdot x\cdot(2y)^2+(2y)^3$

$=\boldsymbol{(x+2y)^3}$ …答

公式にあてはまっていることを確認する

$a^3+3a^2b+3ab^2+b^3=(a+b)^3$

↑ ↑ ↖ ↑↖ ↖ ↖ ↖

x^3 $x^2\cdot 2y$ $x\cdot(2y)^2$ $(2y)^3$ x $2y$

(2) $8x^3-12x^2+6x-1$

$=(2x)^3-3\cdot(2x)^2\cdot 1+3\cdot 2x\cdot 1^2-1^3$

$=\boldsymbol{(2x-1)^3}$ …答

$a^3-3a^2b+3ab^2-b^3=(a-b)^3$

↑ ↑ ↖ ↑↖ ↑ ↑ ↑

$(2x)^3$ $(2x)^2\cdot 1$ $2x\cdot 1^2$ 1^3 $2x$ 1

(3) x^3-8

$=x^3-2^3$

$=\boldsymbol{(x-2)(x^2+2x+4)}$ …答

$a^3-b^3=(a-b)(a^2+ab+b^2)$

↑ ↑ ↑ ↑ ↑ ↑↑ ↑

x^3 2^3 x 2 x^2 $x\cdot 2$ 2^2

(4) x^3+27y^3

$=x^3+(3y)^3$

$=\boldsymbol{(x+3y)(x^2-3xy+9y^2)}$ …答

$a^3+b^3=(a+b)(a^2-ab+b^2)$

↑ ↑ ↑ ↑ ↑ ↑↖ ↖

x^3 $(3y)^3$ x $3y$ x^2 $x\cdot(3y)$ $(3y)^2$

4 ［複雑な因数分解］

次の式を因数分解せよ。

(1) $3x^3+24y^3$

$=3(x^3+8y^3)$

$=\boldsymbol{3(x+2y)(x^2-2xy+4y^2)}$ …答

(2) $64x^6-y^6$

$=(2x)^6-y^6=\{(2x)^3+y^3\}\{(2x)^3-y^3\}$

$=(2x+y)(4x^2-2xy+y^2)(2x-y)(4x^2+2xy+y^2)$

$=\boldsymbol{(2x+y)(2x-y)(4x^2-2xy+y^2)(4x^2+2xy+y^2)}$ …答

2 二項定理

5 ［二項定理による展開］

次の式を展開せよ。

(1) $(x+y)^4$

$={}_4C_0x^4+{}_4C_1x^3y+{}_4C_2x^2y^2+{}_4C_3xy^3+{}_4C_4y^4$

$=\boldsymbol{x^4+4x^3y+6x^2y^2+4xy^3+y^4}$ …答

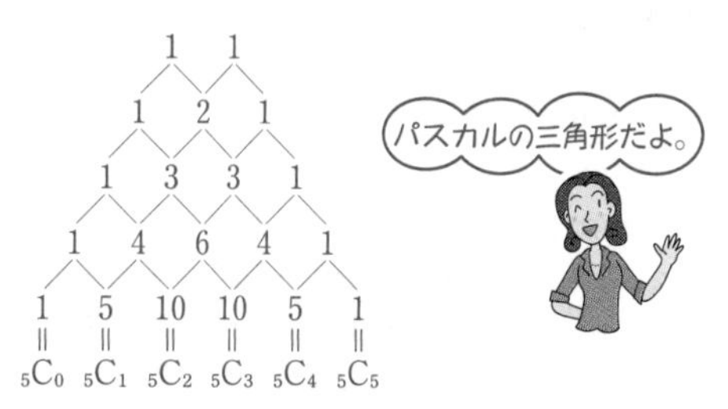

(2) $(x-2y)^5$

$={}_5C_0x^5+{}_5C_1x^4(-2y)+{}_5C_2x^3(-2y)^2+{}_5C_3x^2(-2y)^3+{}_5C_4x(-2y)^4+{}_5C_5(-2y)^5$

$=\boldsymbol{x^5-10x^4y+40x^3y^2-80x^2y^3+80xy^4-32y^5}$ …答

6 ［展開式の項の係数を求める］

$\left(2x^2-\dfrac{3}{x}\right)^6$ の展開式において x^3 の係数を求めよ。

展開式の一般項は　${}_6C_r(2x^2)^{6-r}\cdot\left(-\dfrac{3}{x}\right)^r={}_6C_r\cdot2^{6-r}\cdot(-3)^r\cdot\dfrac{x^{12-2r}}{x^r}$

$\dfrac{x^{12-2r}}{x^r}=x^3$ となる r を求める。

$x^{12-2r}=x^r\cdot x^3=x^{r+3}$ だから　$12-2r=r+3$ を満たす r は　$r=3$

よって，x^3 の係数は　${}_6C_3\cdot2^3\cdot(-3)^3=20\cdot8\cdot(-27)=\boldsymbol{-4320}$ …答

7 ［多項定理］ 難

$(3x+2y-z)^7$ の展開式において xy^2z^4 の係数を求めよ。

展開式の xy^2z^4 の項は

$\dfrac{7!}{1!2!4!}\cdot(3x)\cdot(2y)^2\cdot(-z)^4$

したがって，係数は　$105\cdot3\cdot2^2\cdot(-1)^4=\boldsymbol{1260}$ …答

➡ 問題 *p. 10*

3 多項式の除法

8 ［多項式の除法］
次の除法を行い，$A=BQ+R$ の形で表せ。

係数だけ書き出して計算することもできる

(1) $(2x^3-4+3x)\div(2x+x^2-3)$

$$\begin{array}{r}
2x-4 \qquad\qquad\quad \\
x^2+2x-3\,\big)\,2x^3 \qquad\quad +3x-4 \\
2x^3+4x^2-6x \qquad \\
-4x^2+9x-4 \\
-4x^2-8x+12 \\
17x-16
\end{array}$$

欠けた次数の項の分をあけておく

答 $\boldsymbol{2x^3+3x-4}$
$\boldsymbol{=(x^2+2x-3)(2x-4)+17x-16}$

(2) $(4x^3+3x^2+2)\div(x^2-x+2)$

$$\begin{array}{r}
4 \quad 7 \qquad\qquad \\
1 \quad -1 \quad 2\,\big)\,4 \quad 3 \quad 0 \quad 2 \\
4 \quad -4 \quad 8 \quad\ \ \\
7 \quad -8 \quad 2 \\
7 \quad -7 \quad 14 \\
-1 \quad -12
\end{array}$$

← 商 $4x+7$
← 忘れず0を書く
← 余り $-x-12$

答 $\boldsymbol{4x^3+3x^2+2}$
$\boldsymbol{=(x^2-x+2)(4x+7)-x-12}$

9 ［複雑な多項式の除法］
x について次の除法を行い，商と余りを求めよ。

$(2x^2-3xy-2y^2+5x+4y-1)\div(x-2y+3)$

$2x^2-3xy-2y^2+5x+4y-1=2x^2-(3y-5)x-(2y^2-4y+1)$

$$\begin{array}{r}
2x+\quad(y-1) \qquad\qquad\qquad \\
x-(2y-3)\,\big)\,2x^2-\ (3y-5)x-(2y^2-4y+1) \\
2x^2-2(2y-3)x \qquad\qquad\qquad \\
(y-1)x-(2y^2-4y+1) \\
(y-1)x-(2y^2-5y+3) \\
-y+2
\end{array}$$

← xについて降べきの順に整理して割り算をする

xの1次式と考える

← $(y-1)(2y-3)=2y^2-5y+3$

商：$\boldsymbol{2x+y-1}$，**余り**：$\boldsymbol{-y+2}$ …答

係数だけ書き出して計算できるのは，割る多項式も割られる多項式も同じ1種類の文字しか含まないときだけ！

10 ［割り切れる条件］ 必修 テスト
x^3-2x^2+ax+b が x^2-3x+1 で割り切れるように，定数 a，b の値を定めよ。

$$\begin{array}{r}
x+1 \qquad\qquad\qquad \\
x^2-3x+1\,\big)\,x^3-2x^2 \qquad +ax+b \\
x^3-3x^2 \qquad +\ x \quad\ \ \\
x^2+(a-1)x+b \\
x^2 \qquad -3x+1 \\
(a+2)x+b-1
\end{array}$$

割った余りは　$(a+2)x+b-1$

余りが0だから　$\begin{cases} a+2=0 \\ b-1=0 \end{cases}$

← xの係数が0
← 定数項も0

よって　$\boldsymbol{a=-2}$，$\boldsymbol{b=1}$ …答

4 分数式

11 [分数式の約分]
次の分数式を約分せよ。

(1) $\dfrac{x^2-9}{x^2-4x+3}$

$=\dfrac{(x+3)(x-3)}{(x-1)(x-3)}$　因数分解

$=\boldsymbol{\dfrac{x+3}{x-1}}$ …答

(2) $\dfrac{ab+a+2b+2}{a^2b+a+2ab+2}$

$=\dfrac{a(b+1)+2(b+1)}{ab(a+2)+(a+2)}$　因数分解

$=\dfrac{(a+2)(b+1)}{(ab+1)(a+2)}$

$=\boldsymbol{\dfrac{b+1}{ab+1}}$ …答

12 [分数式の帯分数化]
次の分数式を，多項式と，分子の次数が分母の次数より低い分数式との和の形に変形せよ。

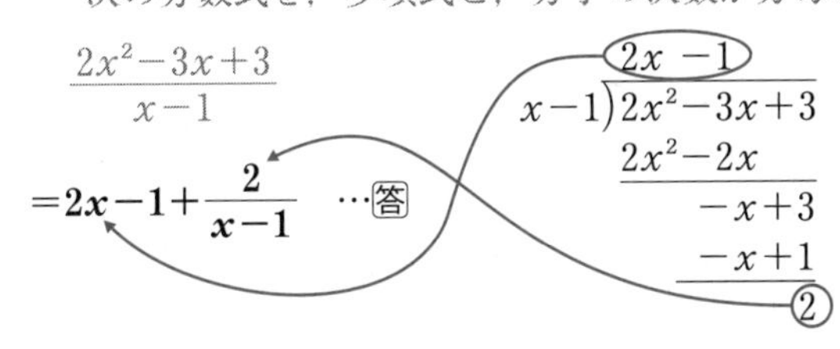

$\dfrac{2x^2-3x+3}{x-1}$

$=\boldsymbol{2x-1+\dfrac{2}{x-1}}$ …答

13 [分数式の乗法]
次の分数式を計算せよ。

(1) $\dfrac{x^2-4}{x^2+x-6}\times\dfrac{x^2+2x-3}{x^3-1}$

$=\dfrac{(x+2)(x-2)}{(x+3)(x-2)}\times\dfrac{(x-1)(x+3)}{(x-1)(x^2+x+1)}$

$=\boldsymbol{\dfrac{x+2}{x^2+x+1}}$ …答

(2) $\dfrac{a^4-b^4}{a^2-2ab+b^2}\times\dfrac{a-b}{a^2+b^2}$

$=\dfrac{(a^2+b^2)(a+b)(a-b)}{(a-b)^2}\times\dfrac{a-b}{a^2+b^2}$

$=\boldsymbol{a+b}$ …答

14 [分数式の除法]
次の分数式を計算せよ。

(1) $\dfrac{a^2-2a+1}{a^2-1}\div\dfrac{a^2-a+1}{a^3+1}$

$=\dfrac{(a-1)^2}{(a+1)(a-1)}\times\dfrac{(a+1)(a^2-a+1)}{a^2-a+1}$

$=\boldsymbol{a-1}$ …答

(2) $\dfrac{x^2+xy}{x^2-3xy+2y^2}\div\dfrac{x^2y+xy^2}{x^2-4xy+4y^2}$

$=\dfrac{x(x+y)}{(x-2y)(x-y)}\times\dfrac{(x-2y)^2}{xy(x+y)}$

$=\boldsymbol{\dfrac{x-2y}{y(x-y)}}$ …答

➡ 問題 *p. 12*

15 ［分数式の加法・減法］ 必修 テスト

次の分数式を計算せよ。

(1) $\dfrac{2}{x^2+4x+3}+\dfrac{2}{x^2+8x+15}$

$=\dfrac{2}{(x+1)(x+3)}+\dfrac{2}{(x+3)(x+5)}$

$=\dfrac{2(x+5)}{(x+1)(x+3)(x+5)}+\dfrac{2(x+1)}{(x+3)(x+5)(x+1)}$

$=\dfrac{4x+12}{(x+1)(x+3)(x+5)}$

$=\dfrac{4(x+3)}{(x+1)(x+3)(x+5)}$

$=\dfrac{\mathbf{4}}{\mathbf{(x+1)(x+5)}}$ …答

(2) $\dfrac{x+5}{x^2-2x-3}-\dfrac{x-1}{x^2-5x+6}$

$=\dfrac{x+5}{(x+1)(x-3)}-\dfrac{x-1}{(x-2)(x-3)}$

$=\dfrac{(x+5)(x-2)}{(x+1)(x-3)(x-2)}-\dfrac{(x-1)(x+1)}{(x-2)(x-3)(x+1)}$

$=\dfrac{x^2+3x-10-(x^2-1)}{(x+1)(x-2)(x-3)}$

$=\dfrac{3(x-3)}{(x+1)(x-2)(x-3)}$

$=\dfrac{\mathbf{3}}{\mathbf{(x+1)(x-2)}}$ …答

16 ［複雑な分数式］

次の分数式を計算せよ。

$\dfrac{x-1}{x}-\dfrac{x}{x+1}-\dfrac{x+1}{x+2}+\dfrac{x+2}{x+3}$

$\dfrac{x-1}{x}=1-\dfrac{1}{x}$　$\dfrac{x}{x+1}=1-\dfrac{1}{x+1}$

$\dfrac{x+1}{x+2}=1-\dfrac{1}{x+2}$　$\dfrac{x+2}{x+3}=1-\dfrac{1}{x+3}$

$=\left(1-\dfrac{1}{x}\right)-\left(1-\dfrac{1}{x+1}\right)-\left(1-\dfrac{1}{x+2}\right)+\left(1-\dfrac{1}{x+3}\right)$

$=-\dfrac{1}{x}+\dfrac{1}{x+1}+\dfrac{1}{x+2}-\dfrac{1}{x+3}=\dfrac{-1}{x(x+1)}+\dfrac{1}{(x+2)(x+3)}$

$=\dfrac{-(x^2+5x+6)+(x^2+x)}{x(x+1)(x+2)(x+3)}$　2つずつ組み合わせて計算する

$=-\dfrac{\mathbf{2(2x+3)}}{\mathbf{x(x+1)(x+2)(x+3)}}$ …答

5 恒等式

17 ［恒等式とは］

次の等式が恒等式なら○を，方程式なら×を（　）内に記入せよ。

(1) $(x+1)(x+2)=x^2+x+2$ …①　（ × ）

(2) $(x+1)(x+2)=x^2+3x+2$ …②　（ ○ ）

(3) $\dfrac{1}{(x+1)(x+2)}=\dfrac{1}{x+1}-\dfrac{1}{x+2}$ …③（ ○ ）

(1) 左辺を展開すると　x^2+3x+2　①は $x=0$ のときしか成立しない。

(2) 左辺を展開すると　x^2+3x+2　②は常に成り立つ。

(3) 右辺$=\dfrac{x+2-(x+1)}{(x+1)(x+2)}=\dfrac{1}{(x+1)(x+2)}$　③は常に成り立つ。

18 ［恒等式の係数決定(1)］ 必修 テスト

次の等式が恒等式となるように，定数 a，b，c，d の値を定めよ。

$x^3=a(x+1)^3+b(x+1)^2+c(x+1)+d$

右辺を展開して整理する。

$x^3=a(x+1)^3+b(x+1)^2+c(x+1)+d$

$\quad=a(x^3+3x^2+3x+1)+b(x^2+2x+1)+c(x+1)+d$

$\quad=ax^3+(3a+b)x^2+(3a+2b+c)x+(a+b+c+d)$

この解法が
係数比較法だ！

両辺の係数を比較して

$a=1 \qquad 3a+b=0 \qquad 3a+2b+c=0 \qquad a+b+c+d=0$

これらを解いて　$\boldsymbol{a=1}$，$\boldsymbol{b=-3}$，$\boldsymbol{c=3}$，$\boldsymbol{d=-1}$　…答

19 ［恒等式の係数決定(2)］ 必修 テスト

次の等式が恒等式となるように，定数 a，b，c，d の値を定めよ。

$x^3=a(x+1)(x+2)(x+3)+b(x+1)(x+2)+c(x+1)+d$

$a(x+1)(x+2)(x+3)+b(x+1)(x+2)+c(x+1)+d=x^3$ の両辺に

$x=-1$，-2，-3，0 を代入する。

$x=-1$ のとき　　$d=-1$　…①

$x=-2$ のとき　　$-c+d=-8$　…②

$x=-3$ のとき　　$2b-2c+d=-27$　…③

$x=0$ のとき　　$6a+2b+c+d=0$　…④

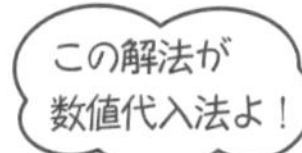
この解法が
数値代入法よ！

①，②，③，④を解いて

$d=-1$，$c=7$，$b=-6$，$a=1$

答　$\boldsymbol{a=1}$，$\boldsymbol{b=-6}$，$\boldsymbol{c=7}$，$\boldsymbol{d=-1}$

20 ［恒等式の係数決定(3)］ 必修 テスト

次の等式が恒等式となるように，定数 a，b の値を定めよ。

$$\frac{4x+6}{(x+1)(x+3)}=\frac{a}{x+1}+\frac{b}{x+3}$$

右辺を通分して

$$\frac{4x+6}{(x+1)(x+3)}=\frac{(a+b)x+(3a+b)}{(x+1)(x+3)}$$

両辺の分子の係数を比較して

$a+b=4$　…①

$3a+b=6$　…②

①，②を解いて　$\boldsymbol{a=1}$，$\boldsymbol{b=3}$　…答

➡ 問題 *p. 14*

21 ［恒等式の係数決定(4)］

次の等式が恒等式となるように，定数 a，b，c の値を定めよ。

$$\frac{1}{(x-1)(x-2)^2}=\frac{a}{x-1}+\frac{b}{x-2}+\frac{c}{(x-2)^2}$$

右辺を通分して

$$\frac{1}{(x-1)(x-2)^2}=\frac{a(x-2)^2+b(x-1)(x-2)+c(x-1)}{(x-1)(x-2)^2}$$

$$\frac{1}{(x-1)(x-2)^2}=\frac{(a+b)x^2-(4a+3b-c)x+(4a+2b-c)}{(x-1)(x-2)^2}$$

両辺の分子の係数を比較して

$$\begin{cases} a+b=0 & \cdots① \\ 4a+3b-c=0 & \cdots② \\ 4a+2b-c=1 & \cdots③ \end{cases}$$

②−③より　$\boldsymbol{b=-1}$　…答

①より　$\boldsymbol{a=1}$　…答

②より　$\boldsymbol{c=1}$　…答

22 ［a の値に関係なく成立する等式］

次の等式が a の値に関係なく成り立つような，x，y の値を求めよ。

(1) $ax-y-2a+1=0$

a で整理して

$a(x-2)-(y-1)=0$

a の値に関係なく成り立つ。
⇕
どんな a に対しても成り立つ。
⇕
a についての恒等式。

a の値に関係なく成り立つから

$$\begin{cases} x-2=0 \\ y-1=0 \end{cases}$$

したがって　$\boldsymbol{x=2,\ y=1}$　…答

(2) $(a+2)x+(2a-1)y-a+3=0$

a で整理して

$(x+2y-1)a+(2x-y+3)=0$

a の値に関係なく成り立つ。
⇕
a についての恒等式。

$$\begin{cases} x+2y-1=0 \\ 2x-y+3=0 \end{cases} \Longrightarrow \begin{cases} x+2y=1 & \cdots① \\ 2x-y=-3 & \cdots② \end{cases}$$

①＋②×2

$$\begin{array}{rl} x+2y&=1 \\ +)\ 4x-2y&=-6 \\ \hline 5x\quad\ &=-5 \end{array}$$

$x=-1$

①に代入して　$y=1$

よって　$\boldsymbol{x=-1,\ y=1}$　…答

6　等式の証明

23　［等式の証明］
次の等式を証明せよ。

$$x^2+y^2+z^2-xy-yz-zx=\frac{1}{2}\{(x-y)^2+(y-z)^2+(z-x)^2\}$$

左辺$=\frac{1}{2}(2x^2+2y^2+2z^2-2xy-2yz-2zx)$

$=\frac{1}{2}\{(x^2-2xy+y^2)+(y^2-2yz+z^2)+(z^2-2zx+x^2)\}$

$=\frac{1}{2}\{(x-y)^2+(y-z)^2+(z-x)^2\}=$ 右辺

したがって　$x^2+y^2+z^2-xy-yz-zx=\frac{1}{2}\{(x-y)^2+(y-z)^2+(z-x)^2\}$　終

24　［条件つきの等式の証明］ 必修 テスト
$a+b+c=0$ のとき，$a^3+b^3+c^3=3abc$ を証明せよ。

$c=-a-b$ を代入して証明する。

左辺$=a^3+b^3+c^3=a^3+b^3+(-a-b)^3=a^3+b^3-(a+b)^3$

$=a^3+b^3-(a^3+3a^2b+3ab^2+b^3)$

$=-3a^2b-3ab^2$

右辺$=3abc=3ab(-a-b)$

$=-3a^2b-3ab^2$

左辺=右辺 より　$a^3+b^3+c^3=3abc$　終

条件式があれば
文字消去。
⇕
条件式の数だけの
文字が減らせる。

25　［条件式が比例式の等式の証明］
$\frac{a}{b}=\frac{c}{d}$ のとき，$\frac{a^2+b^2}{ab}=\frac{c^2+d^2}{cd}$ を証明せよ。

$\frac{a}{b}=\frac{c}{d}=k$ とおくと　$a=bk$，$c=dk$

これらを代入して証明する。

左辺$=\frac{a^2+b^2}{ab}=\frac{b^2k^2+b^2}{b^2k}=\frac{b^2(k^2+1)}{b^2k}=\frac{k^2+1}{k}$

右辺$=\frac{c^2+d^2}{cd}=\frac{d^2k^2+d^2}{d^2k}=\frac{d^2(k^2+1)}{d^2k}=\frac{k^2+1}{k}$

左辺=右辺 より　$\frac{a^2+b^2}{ab}=\frac{c^2+d^2}{cd}$　終

➡ 問題 p. 16

7 不等式の証明

26 ［基本となる不等式の証明］

$a<x<b$，$c<y<d$ のとき，$a-d<x-y<b-c$ を証明せよ。

$a<x<b$ だから　$b-x>0$，$x-a>0$

$c<y<d$ だから　$d-y>0$，$y-c>0$

右辺−中辺$=(b-c)-(x-y)=(b-x)+(y-c)>0$　　よって　$x-y<b-c$　…①

中辺−左辺$=(x-y)-(a-d)=(x-a)+(d-y)>0$　　よって　$a-d<x-y$　…②

①，②より　$a-d<x-y<b-c$　終

「$A>B$」を証明
⇕
「$A-B>0$」を証明

27 ［不等式の証明(1)］ テスト

$a>c$，$b>d$ のとき，$ab+cd>ad+bc$ を証明せよ。

左辺−右辺$=(ab+cd)-(ad+bc)=a(b-d)-c(b-d)$

$=(a-c)(b-d)>0$

$\left.\begin{matrix}a-c>0\\ b-d>0\end{matrix}\right\}$ だから

したがって　$ab+cd>ad+bc$　終

条件を
活用しよう！

平方完成に向かって！
(　　)$^2\geqq 0$ が使える。

28 ［不等式の証明(2)］ 必修 テスト

$x^2+y^2\geqq 2x+4y-5$ を証明せよ。また，等号が成り立つときを調べよ。

左辺−右辺$=x^2+y^2-(2x+4y-5)=x^2-2x+1+y^2-4y+4$

$=(x-1)^2+(y-2)^2\geqq 0$

したがって　$x^2+y^2\geqq 2x+4y-5$　　等号成立は $x=1$，$y=2$ のとき　終

29 ［不等式の証明(3)］

$a>0$，$b>0$ のとき，$\sqrt{5(2a+3b)}\geqq 2\sqrt{a}+3\sqrt{b}$ を証明せよ。また，等号が成り立つときを調べよ。

このことを必ず確認すること

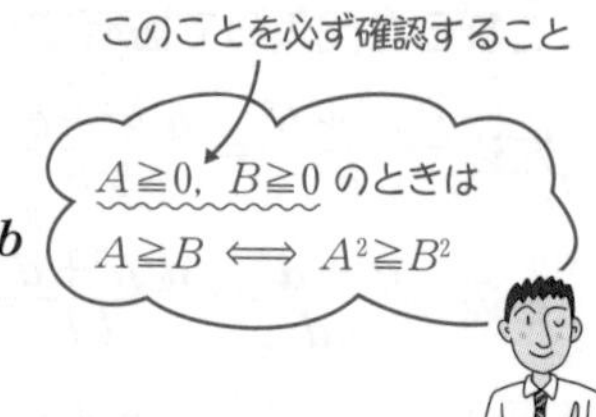
$A\geqq 0$，$B\geqq 0$ のときは
$A\geqq B \iff A^2\geqq B^2$

(左辺)^2−(右辺)$^2=\{\sqrt{5(2a+3b)}\}^2-(2\sqrt{a}+3\sqrt{b})^2$

$=10a+15b-(4a+12\sqrt{ab}+9b)=6a-12\sqrt{ab}+6b$

$=6(\sqrt{a}-\sqrt{b})^2\geqq 0$

よって　$\{\sqrt{5(2a+3b)}\}^2\geqq(2\sqrt{a}+3\sqrt{b})^2$

ここで，$\sqrt{5(2a+3b)}>0$，$2\sqrt{a}+3\sqrt{b}>0$ だから

$\sqrt{5(2a+3b)}\geqq 2\sqrt{a}+3\sqrt{b}$　　等号成立は $a=b$ のとき　終

30 [相加平均≧相乗平均の利用(1)] 必修 テスト

$x>0$ のとき $x+\frac{1}{x}\geqq 2$ を証明せよ。また，等号が成り立つときを調べよ。

$x>0$ のとき $\frac{1}{x}>0$ だから，相加平均≧相乗平均を利用して，

$\frac{x+\frac{1}{x}}{2}\geqq\sqrt{x\cdot\frac{1}{x}}$ より　$x+\frac{1}{x}\geqq 2$　　等号成立は $x=\frac{1}{x}$ のとき。

したがって　$x+\frac{1}{x}\geqq 2$　　等号成立は $x=1$ のとき　終

31 [相加平均≧相乗平均の利用(2)]

$a>0$，$b>0$ のとき $\left(a+\frac{9}{b}\right)\left(b+\frac{1}{a}\right)\geqq 16$ を証明せよ。また，等号が成り立つときを調べよ。

$\left(a+\frac{9}{b}\right)\left(b+\frac{1}{a}\right)=ab+\frac{9}{ab}+10$

$a>0$，$b>0$ のとき $ab>0$，$\frac{9}{ab}>0$ だから，相加平均≧相乗平均を利用して

$ab+\frac{9}{ab}+10\geqq 2\sqrt{ab\cdot\frac{9}{ab}}+10=16$

等号成立は $ab=\frac{9}{ab}$ $(a>0,\ b>0)$ のとき。

したがって　$\left(a+\frac{9}{b}\right)\left(b+\frac{1}{a}\right)\geqq 16$　　等号成立は $ab=3$ のとき　終

32 [絶対値を含む不等式の証明]

$|a+b|\leqq|a|+|b|$ を使って，次の不等式を証明せよ。

$|a+b+c|\leqq|a|+|b|+|c|$

$|a+b|\leqq|a|+|b|$ において，b を $b+c$ とすると

$|a+(b+c)|\leqq|a|+|b+c|$

さらに，$|b+c|\leqq|b|+|c|$ より

$|a+b+c|\leqq|a|+|b+c|\leqq|a|+|b|+|c|$

よって　$|a+b+c|\leqq|a|+|b|+|c|$　終

➡ 問題 *p. 18*

8 複素数

33 [複素数の四則計算] テスト
次の式を計算せよ。

(1) $(1+\sqrt{3}i)^2+(1-\sqrt{3}i)^2$

$=(1+2\sqrt{3}i+3i^2)+(1-2\sqrt{3}i+3i^2)$

$=(1+2\sqrt{3}i-3)+(1-2\sqrt{3}i-3)$

$=\mathbf{-4}$ …答

(2) $\dfrac{2+3i}{1-2i}+\dfrac{2-3i}{1+2i}$

$=\dfrac{(2+3i)(1+2i)}{(1-2i)(1+2i)}+\dfrac{(2-3i)(1-2i)}{(1+2i)(1-2i)}$

$=\dfrac{2+7i+6i^2}{1-4i^2}+\dfrac{2-7i+6i^2}{1-4i^2}$

$=\dfrac{-4+7i}{5}+\dfrac{-4-7i}{5}$

$=\mathbf{-\dfrac{8}{5}}$ …答

34 [負の数の平方根の計算]
次の計算をせよ。

(1) $\sqrt{-2}\times\sqrt{-3}$

$=\sqrt{2}i\cdot\sqrt{3}i$

$=\sqrt{6}i^2$

$=\mathbf{-\sqrt{6}}$ …答

(2) $\dfrac{\sqrt{3}}{\sqrt{-2}}$

$=\dfrac{\sqrt{3}}{\sqrt{2}i}=\dfrac{\sqrt{6}i}{2i^2}$

$=\mathbf{-\dfrac{\sqrt{6}}{2}i}$ …答

35 [複素数の相等] 必修 テスト
次の等式を満たす実数 x, y の値を求めよ。

(1) $(x-y-2)+(x-2y)i=0$

$\begin{cases} x-y-2=0 & \cdots ① \\ x-2y=0 & \cdots ② \end{cases}$

①, ②を解いて

$\boldsymbol{x=4,\ y=2}$ …答

(2) $(1+2i)x+(2-i)y=3-4i$

$(x+2y)+(2x-y)i=3-4i$

$\begin{cases} x+2y=3 & \cdots ① \\ 2x-y=-4 & \cdots ② \end{cases}$

①, ②を解いて　$\boldsymbol{x=-1,\ y=2}$ …答

9 2次方程式

36 ［2次方程式の解法］ テスト

次の2次方程式を解け。

(1) $3x^2-x-2=0$

$(x-1)(3x+2)=0$

$\boldsymbol{x=1,\ -\frac{2}{3}}$ …答

(2) $x^2-3x-2=0$

$x=\frac{3\pm\sqrt{9+8}}{2}$

$=\boldsymbol{\frac{3\pm\sqrt{17}}{2}}$ …答

解の公式

$ax^2+bx+c=0$

$x=\frac{-b\pm\sqrt{b^2-4ac}}{2a}$

$ax^2+2b'x+c=0$

$x=\frac{-b'\pm\sqrt{b'^2-ac}}{a}$

(3) $3x^2+4x-2=0$

$x=\frac{-2\pm\sqrt{4+6}}{3}=\boldsymbol{\frac{-2\pm\sqrt{10}}{3}}$ …答

(4) $x^2+6x+9=0$

$(x+3)^2=0$ $\boldsymbol{x=-3}$ …答

(5) $x^2+3x+4=0$

$x=\frac{-3\pm\sqrt{9-16}}{2}=\boldsymbol{\frac{-3\pm\sqrt{7}i}{2}}$ …答

(6) $3x^2-4x+2=0$

$x=\frac{2\pm\sqrt{4-6}}{3}=\boldsymbol{\frac{2\pm\sqrt{2}i}{3}}$ …答

37 ［2次方程式の解の判別］ テスト

次の2次方程式の解を判別せよ。

(1) $2x^2+3x-1=0$

$D=9+8=17>0$ **異なる2つの実数解** …答

(2) $x^2-4x+4=0$

$\frac{D}{4}=4-4=0$ **重解** …答

(3) $x^2-2x+3=0$

$\frac{D}{4}=1-3=-2<0$ **異なる2つの虚数解** …答

38 ［重解をもつ条件］ 必修 テスト

2次方程式 $x^2-2ax+a+2=0$ が重解をもつように定数 a の値を定めよ。また，そのときの重解を求めよ。

$\frac{D}{4}=a^2-a-2=0$ $(a-2)(a+1)=0$ $a=2,\ -1$

$a=2$ のとき $x^2-4x+4=0$ $(x-2)^2=0$ $x=2$

$a=-1$ のとき $x^2+2x+1=0$ $(x+1)^2=0$ $x=-1$

答 **$a=2$ のとき重解は $x=2$，$a=-1$ のとき重解は $x=-1$**

➡ 問題 *p. 20*

10 解と係数の関係

39 ［解と係数の関係］
次の各2次方程式の2つの解を α，β とするとき，$\alpha+\beta$ と $\alpha\beta$ の値を求めよ。

(1) $3x^2+4x+5=0$

$\boldsymbol{\alpha+\beta=-\frac{4}{3}}$，$\boldsymbol{\alpha\beta=\frac{5}{3}}$ …答

(2) $-2x^2-x=0$

$\boldsymbol{\alpha+\beta=-\frac{1}{2}}$，$\boldsymbol{\alpha\beta=0}$ …答

40 ［2次方程式の解で表される式の値］ 必修 テスト
2次方程式 $2x^2-4x+6=0$ の解を α，β とするとき，次の式の値を求めよ。

(1) $\alpha+\beta=\boldsymbol{2}$ …答

(2) $\alpha\beta=\boldsymbol{3}$ …答

(3) $\alpha^2+\beta^2=(\alpha+\beta)^2-2\alpha\beta=2^2-2\cdot3=4-6=\boldsymbol{-2}$ …答

(4) $\alpha^3+\beta^3=(\alpha+\beta)^3-3\alpha\beta(\alpha+\beta)=2^3-3\cdot3\cdot2=8-18=\boldsymbol{-10}$ …答

41 ［2次式の因数分解］
方程式の解を利用して2次式 $6x^2-17x+12$ を因数分解せよ。

$6x^2-17x+12=0$ を解くと　$x=\dfrac{17\pm\sqrt{17^2-4\cdot6\cdot12}}{2\cdot6}=\dfrac{17\pm1}{12}$

2つの解は　$x=\dfrac{17+1}{12}=\dfrac{3}{2}$，$x=\dfrac{17-1}{12}=\dfrac{4}{3}$

よって　$6x^2-17x+12=6\left(x-\dfrac{3}{2}\right)\left(x-\dfrac{4}{3}\right)=\boldsymbol{(2x-3)(3x-4)}$ …答

2を掛ける　3を掛ける

42 ［2数を解とする方程式］
2数 $3+\sqrt{2}$，$3-\sqrt{2}$ を解とする2次方程式を1つ求めよ。

$\alpha=3+\sqrt{2}$，$\beta=3-\sqrt{2}$ とすると　$\alpha+\beta=(3+\sqrt{2})+(3-\sqrt{2})=6$　　$\alpha\beta=(3+\sqrt{2})(3-\sqrt{2})=7$

α，β を解とする2次方程式 $x^2-(\alpha+\beta)x+\alpha\beta=0$ に代入して　$\boldsymbol{x^2-6x+7=0}$ …答

43 ［2次方程式の解の存在範囲］
2次方程式 $x^2+(a-3)x+a=0$ の2つの解を α，β とするとき，次の条件を満たすように，定数 a の値の範囲を定めよ。

(1) $\alpha>0$，$\beta>0$

$D=(a-3)^2-4a\geqq0$ を解いて

$a^2-10a+9\geqq0$　　$(a-1)(a-9)\geqq0$

$a\leqq1$，$9\leqq a$ …①

$\alpha+\beta=-(a-3)>0$ を解いて

$a<3$ …②

また　$\alpha\beta=a>0$ …③

①，②，③より　$\boldsymbol{0<a\leqq1}$ …答

(2) $\alpha<0$，$\beta<0$

$D\geqq0$ を解いて　$a\leqq1$，$9\leqq a$ …①

$\alpha+\beta=-(a-3)<0$ を解いて　$a>3$ …④

また　$\alpha\beta=a>0$ …③

①，④，③より　$\boldsymbol{a\geqq9}$ …答

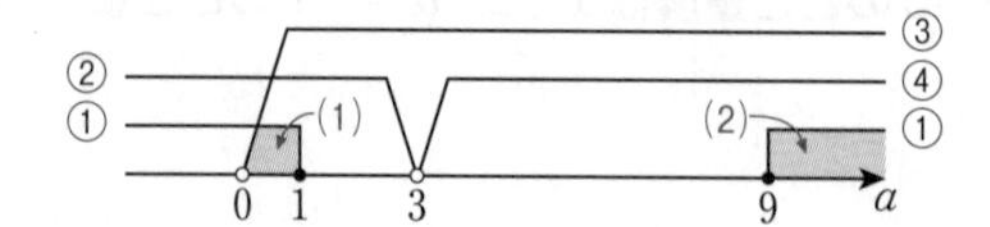

(3) $\alpha<0$，$\beta>0$

$\alpha\beta=a<0$ であるから　$\boldsymbol{a<0}$ …答

11 因数定理

44 [式の値]
多項式 $P(x)=x^3-2x^2+3x-4$ とするとき，次の値を求めよ。

(1) $P(2)=8-8+6-4=\mathbf{2}$ …答

(2) $P(-2)=-8-8-6-4=\mathbf{-26}$ …答

(3) $P\left(\frac{1}{2}\right)=\frac{1}{8}-\frac{1}{2}+\frac{3}{2}-4=\mathbf{-\frac{23}{8}}$ …答

45 [剰余の定理]
多項式 $P(x)=x^3-3x^2+4$ を，次の 1 次式で割ったときの余りを求めよ。

(1) $x+3$

$P(-3)=-27-27+4=\mathbf{-50}$ …答

(2) $x-2$

$P(2)=8-12+4=\mathbf{0}$ …答

← $P(x)$ は $x-2$ で割り切れる

(3) $2x-1$

$P\left(\frac{1}{2}\right)=\frac{1}{8}-\frac{3}{4}+4=\mathbf{\frac{27}{8}}$ …答

46 [因数定理・剰余の定理の利用] 必修 テスト
多項式 $P(x)=x^3+2ax+a-1$ について，次の条件に適する a の値を求めよ。

(1) $P(x)$ が $x+1$ で割り切れる

$P(-1)=-1-2a+a-1=0$ 　よって　$\boldsymbol{a=-2}$ …答

(2) $P(x)$ を $x-2$ で割ったときの余りが -3

$P(2)=8+4a+a-1=-3$ 　$5a=-10$ 　よって　$\boldsymbol{a=-2}$ …答

➡ 問題 p. 22

47 ［2次式で割った余りの決定］ 必修 テスト

多項式 $P(x)$ を $x-2$ で割ったときの余りが1で，$x+3$ で割ったときの余りが6であるとき，$P(x)$ を $(x-2)(x+3)$ で割ったときの余りを求めよ。

$P(x)$ を $x-2$ で割ったときの余りが1だから　$P(2)=1$

$P(x)$ を $x+3$ で割ったときの余りが6だから　$P(-3)=6$

次のようにに考えてもいいよ！

$P(x)$ を $(x-2)(x+3)$ で割ったときの商を $Q(x)$，余りを $ax+b$ とすると

$P(x)=(x-2)(x+3)Q(x)+ax+b$

ここで　$P(2)=2a+b=1$　…①

$P(-3)=-3a+b=6$　…②

$(x-2)(x+3)Q(x)+ax+b=(x-2)S(x)+1$
両辺に $x=2$ を代入。

$(x-2)(x+3)Q(x)+ax+b=(x+3)T(x)+6$
両辺に $x=-3$ を代入。

①，②を解いて　$a=-1$，$b=3$

したがって，余りは　$\boldsymbol{-x+3}$　…答

48 ［因数定理］

多項式 $P(x)=2x^3-7x^2+2x+3$ は次の1次式を因数にもつか。

(1)　$x-1$

$P(1)=2-7+2+3=0$　**$x-1$ を因数にもつ**　…答

(2)　$x+1$

$P(-1)=-2-7-2+3=-8\neq0$　**$x+1$ を因数にもたない**　…答

(3)　$2x+1$

$P\left(-\frac{1}{2}\right)=-\frac{1}{4}-\frac{7}{4}-1+3=0$　**$2x+1$ を因数にもつ**　…答

49 ［3次式の因数分解］ 必修 テスト

多項式 $P(x)=3x^3+x^2-8x+4$ を因数分解せよ。

$P(1)=3+1-8+4=0$ より

$P(x)$ は $x-1$ を因数にもつ。

$P(x)=(x-1)(3x^2+4x-4)$

$\quad=\boldsymbol{(x-1)(3x-2)(x+2)}$　…答

$$
\begin{array}{r}
3x^2+4x-4 \\
x-1\,\overline{)\,3x^3+\ \ x^2-8x+4} \\
\underline{3x^3-3x^2} \\
4x^2-8x \\
\underline{4x^2-4x} \\
-4x+4 \\
\underline{-4x+4} \\
0
\end{array}
$$

12 高次方程式

50 ［高次方程式の解法(1)］

次の方程式を解け。

(1)　$x^3+8=0$

$(x+2)(x^2-2x+4)=0$

$\boldsymbol{x=-2,\ 1\pm\sqrt{3}i}$　…答

(2)　$x^4+3x^2-4=0$

$(x^2-1)(x^2+4)=0$

$(x-1)(x+1)(x^2+4)=0$

$\boldsymbol{x=\pm1,\ \pm2i}$　…答

(3)　$x^4+2x^2+9=0$

$(x^2+3)^2-4x^2=0$

$(x^2-2x+3)(x^2+2x+3)=0$

$\boldsymbol{x=1\pm\sqrt{2}i,\ -1\pm\sqrt{2}i}$　…答

51 ［高次方程式の解法(2)］ 必修 テスト

次の方程式を解け。

(1) $x^3-4x^2+2x+4=0$

$P(x)=x^3-4x^2+2x+4$ とおくと

$P(2)=8-16+4+4=0$ より，

$P(x)$ は $x-2$ を因数にもつ。

$P(x)$ を $x-2$ で割って

$P(x)=(x-2)(x^2-2x-2)$

よって，$(x-2)(x^2-2x-2)=0$ より

$\boldsymbol{x=2,\ 1\pm\sqrt{3}}$ …答

(2) $x^4-3x^3+3x^2+x-6=0$

$P(x)=x^4-3x^3+3x^2+x-6$ とおくと

$P(-1)=1+3+3-1-6=0$

$P(2)=16-24+12+2-6=0$

より，$P(x)$ は $x+1$，$x-2$ を因数にもつ。

$P(x)$ を $(x+1)(x-2)$ で割って

$P(x)=(x+1)(x-2)(x^2-2x+3)$

よって，$(x+1)(x-2)(x^2-2x+3)=0$ より

$\boldsymbol{x=-1,\ 2,\ 1\pm\sqrt{2}i}$ …答

52 ［高次方程式と1つの解］ 必修 テスト

方程式 $x^3+ax-6=0$ の1つの解が $x=3$ であるとき，定数 a の値と他の解を求めよ。

$x^3+ax-6=0$ の解が $x=3$ だから，

$27+3a-6=0$ より　$a=-7$

$P(x)=x^3-7x-6$ とおくと

$P(x)=(x-3)(x^2+3x+2)=(x-3)(x+1)(x+2)$

よって，$(x-3)(x+1)(x+2)=0$ より　$x=3,\ -1,\ -2$

答 **$a=-7$，他の解は　$x=-1,\ -2$**

53 ［ω の計算］

$x^3=1$ の虚数解のうちの1つを ω とするとき，次の式を簡単にせよ。

(1) $\omega^7+\omega^8+\omega^9$

$=(\omega^3)^2\cdot\omega+(\omega^3)^2\cdot\omega^2+(\omega^3)^3$ ←$\omega^3=1$ より

$=\omega+\omega^2+1$ ←$\omega^3=1$ より　$\omega^3-1=0$
$(\omega-1)(\omega^2+\omega+1)=0$
$\omega\neq1$ より　$\omega^2+\omega+1=0$

$=\boldsymbol{0}$ …答

(2) $\dfrac{1}{\omega+1}+\dfrac{1}{\omega^2+1}$

$=\dfrac{\omega^2+1+\omega+1}{(\omega+1)(\omega^2+1)}=\dfrac{\omega^2+\omega+1+1}{\omega^3+\omega^2+\omega+1}$

$=\dfrac{0+1}{1+0}=\boldsymbol{1}$ …答

➡ 問題 p. 24

入試問題にチャレンジ

1 $x>1$ である実数 x に対して $x+\frac{1}{x}=a$ とおくとき，次の式を a を用いて表せ。 （鳥取大）

(1) $x^2+\frac{1}{x^2}$

$=\left(x+\frac{1}{x}\right)^2-2=\boldsymbol{a^2-2}$ …答

(2) $x-\frac{1}{x}$

$\left(x-\frac{1}{x}\right)^2=x^2+\frac{1}{x^2}-2=(a^2-2)-2=a^2-4$

$x>1$ より，$x-\frac{1}{x}>0$ だから　$x-\frac{1}{x}=\boldsymbol{\sqrt{a^2-4}}$ …答

(3) $x^3-\frac{1}{x^3}$

$=\left(x-\frac{1}{x}\right)\left(x^2+1+\frac{1}{x^2}\right)$

$=\sqrt{a^2-4}\{(a^2-2)+1\}=\boldsymbol{(a^2-1)\sqrt{a^2-4}}$ …答

2 a，b を正の実数とする。分数式 $\frac{a}{b}+\frac{b}{a}$ は，$a-b=$□のとき最小値□をとる。

（東洋大）

$a>0$，$b>0$ より　$\frac{a}{b}>0$，$\frac{b}{a}>0$

相加平均≧相乗平均より　$\frac{a}{b}+\frac{b}{a}\geqq 2\sqrt{\frac{a}{b}\cdot\frac{b}{a}}=2$

等号成立は $\frac{a}{b}=\frac{b}{a}$ のときで　$a^2-b^2=0$　　$(a-b)(a+b)=0$

$a+b>0$ であるから，$a-b=\boldsymbol{0}$ のとき，最小値 **2** をとる。 …答

3 等式 $(k+2)x-(1-k)y=k+5$ がすべての実数 k に対して成立するとき，積 xy の値を求めよ。

（摂南大）

与えられた等式を k について整理すると　$(2x-y-5)+k(x+y-1)=0$

これがすべての実数 k について成立するから　$\begin{cases} 2x-y-5=0 & \cdots① \\ x+y-1=0 & \cdots② \end{cases}$

①，②を解くと，$x=2$，$y=-1$ であるから　$\boldsymbol{xy=-2}$ …答

4 $\dfrac{4x+9}{(x+3)(2x+5)}=\dfrac{a}{x+3}-\dfrac{b}{2x+5}$ が x についての恒等式となるように，定数 a，b の値を定めると $a=$□，$b=$□となる。 （北里大・改）

右辺 $=\dfrac{a}{x+3}-\dfrac{b}{2x+5}$

$=\dfrac{a(2x+5)-b(x+3)}{(x+3)(2x+5)}$

$=\dfrac{(2a-b)x+(5a-3b)}{(x+3)(2x+5)}$

両辺の分子の係数を比較して

$2a-b=4$ …①

$5a-3b=9$ …②

①，②を解いて　$a=\mathbf{3}$，$b=\mathbf{2}$ …答

5 n は自然数とする。$(x+y+1)^n$ を展開したとき，xy の項の係数は 90 であった。このときの n の値は□である。 （関西大）

多項定理より，xy の項は

$\dfrac{n!}{1!\cdot1!\cdot(n-2)!}x^1y^1\cdot1^{n-2}=n(n-1)xy$

係数が 90 だから　$n(n-1)=90$

よって　$n^2-n-90=0$　　$(n-10)(n+9)=0$

n は自然数より　$n=\mathbf{10}$ …答

6 a，b を $a\geqq0$，$b\geqq0$，$a+b=4$ を満たす実数とする。ab，$\sqrt{a}+\sqrt{b}$ のとる値の範囲はそれぞれ

[ア] $\leqq ab\leqq$ [イ]，[ウ] $\leqq\sqrt{a}+\sqrt{b}\leqq$ [エ] $\sqrt{\text{[オ]}}$ である。 （近畿大）

$a+b=4$ だから，$b=4-a\geqq0$ より　$a\leqq4$

よって　$0\leqq a\leqq4$

$ab=a(4-a)=-a^2+4a=-(a-2)^2+4$

$y=-(a-2)^2+4$ とおくと，

右のグラフより　$\overset{ア}{\mathbf{0}}\leqq ab\leqq\overset{イ}{\mathbf{4}}$ …答　←グラフより　$0\leqq y\leqq4$　$y=ab$

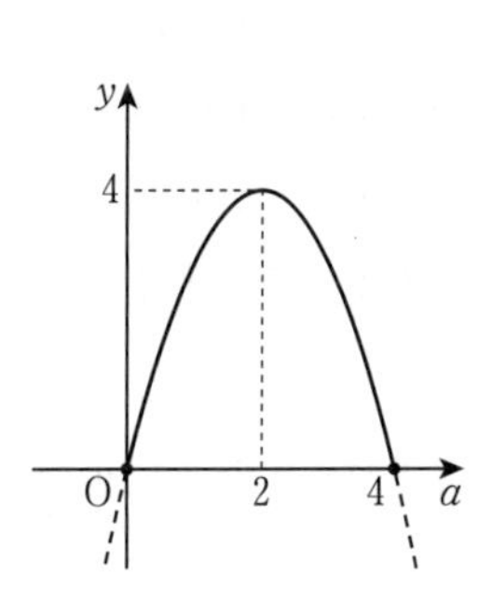

また　$(\sqrt{a}+\sqrt{b})^2=a+b+2\sqrt{ab}=4+2\sqrt{ab}$

$0\leqq\sqrt{ab}\leqq2$ だから　$4\leqq(\sqrt{a}+\sqrt{b})^2\leqq8$

また，$\sqrt{a}+\sqrt{b}>0$ であるから

$\overset{ウ}{\mathbf{2}}\leqq\sqrt{a}+\sqrt{b}\leqq\overset{エ}{\mathbf{2}}\sqrt{\overset{オ}{\mathbf{2}}}$ …答

➡ 問題 *p. 26*

7 $\alpha=\dfrac{\sqrt{6}+\sqrt{2}i}{\sqrt{6}-\sqrt{2}i}$ とし，$\beta=\dfrac{\sqrt{6}-\sqrt{2}i}{\sqrt{6}+\sqrt{2}i}$ とする。ただし，i は虚数単位とする。

このとき，$\alpha^3+\beta^3=$［　　］である。（慶應大）

$$\alpha+\beta=\frac{(\sqrt{6}+\sqrt{2}i)^2+(\sqrt{6}-\sqrt{2}i)^2}{(\sqrt{6}-\sqrt{2}i)(\sqrt{6}+\sqrt{2}i)}$$

$$=\frac{6+4\sqrt{3}i+2i^2+6-4\sqrt{3}i+2i^2}{8}$$

$$=1$$

$$\alpha\beta=\frac{(\sqrt{6}+\sqrt{2}i)(\sqrt{6}-\sqrt{2}i)}{(\sqrt{6}-\sqrt{2}i)(\sqrt{6}+\sqrt{2}i)}$$

$$=1$$

よって

$$\alpha^3+\beta^3=(\alpha+\beta)(\alpha^2-\alpha\beta+\beta^2)$$

$$=(\alpha+\beta)\{(\alpha+\beta)^2-3\alpha\beta\}$$

$$=1\cdot(1^2-3\cdot1)$$

$=\mathbf{-2}$ …答

8 2次方程式 $x^2+2ax-a+2=0$ が実数解をもつような実数 a の値は $a\leqq$［ア］，［イ］$\leqq a$ の範囲にある。この方程式の1つの解を1とすると，$a=$［ウ］であり，他の解は［エ］である。また，2次方程式 $x^2+2ax-a+2=0$ が実数解をもたないような整数 a は全部で［オ］個ある。（関西学院大）

判別式を D とすると

$$\frac{D}{4}=a^2+a-2\geqq0$$

よって　$(a+2)(a-1)\geqq0$

これを解いて　$a\leqq\mathbf{-2}$（ア），$\mathbf{1}$（イ）$\leqq a$ …答

1つの解が1だから，与えられた2次方程式に $x=1$ を代入して　$1+2a-a+2=0$

これより　$a=\mathbf{-3}$（ウ） …答

このとき2次方程式は $x^2-6x+5=0$ となる。

$(x-1)(x-5)=0$ より，他の解は　$\mathbf{5}$（エ） …答

実数解をもたない場合は $\dfrac{D}{4}<0$ だから　$(a+2)(a-1)<0$

よって　$-2<a<1$

これを満たす整数は　$a=-1,\ 0$

したがって，$\mathbf{2}$（オ）個。 …答

9 多項式 $P(x)$ を $(x-1)(x+1)$ で割ると $4x-3$ 余り，$(x-2)(x+2)$ で割ると $3x+5$ 余る。このとき，$P(x)$ を $(x+1)(x+2)$ で割ったときの余りを求めよ。 (慶應大)

$P(x)$ を $(x-1)(x+1)$ で割ったときの商を $Q_1(x)$，$P(x)$ を $(x-2)(x+2)$ で割ったときの商を $Q_2(x)$ とおく。

$P(x)=(x-1)(x+1)Q_1(x)+4x-3$ より　$P(-1)=-7$　…①

$P(x)=(x-2)(x+2)Q_2(x)+3x+5$ より　$P(-2)=-1$　…②

$P(x)$ を $(x+1)(x+2)$ で割ったときの商を $Q(x)$，余りを $ax+b$ とおくと

$P(x)=(x+1)(x+2)Q(x)+ax+b$

と表せるから

$P(-1)=-a+b$　…③

$P(-2)=-2a+b$　…④

①，③より　$-a+b=-7$　…⑤

②，④より　$-2a+b=-1$　…⑥

⑤，⑥より　$a=-6$，$b=-13$

よって，求める余りは　$\boldsymbol{-6x-13}$　…答

10 3次方程式 $x^3+kx^2-4x-12=0$ の解の1つが2のとき，実数 k の値は［　　］である。また，他の2つの解は $x=$［　　］，［　　］である。 (北九州市立大)

$x^3+kx^2-4x-12=0$ の解の1つが2であるから，与えられた方程式に $x=2$ を代入して

$8+4k-8-12=0$ より　$k=3$　…答

このとき，方程式は　$x^3+3x^2-4x-12=0$

左辺を因数分解すると

$(x-2)(x^2+5x+6)=0$　　$(x-2)(x+2)(x+3)=0$

2	1	3	−4	−12
		2	10	12
	1	5	6	0

よって，他の解は　$x=\boldsymbol{-2}$，$\boldsymbol{-3}$　…答

➡ 問題 p. 30

1 直線上の点

54 [直線上の2点間の距離]
2 点 A(-5)，B(-2) について，次の問いに答えよ。

(1) 2 点 A，B 間の距離を求めよ。

$AB=|-2-(-5)|=\mathbf{3}$ …答

(2) 点 B からの距離が 3 である点の座標を求めよ。

求める点の座標を x とすると　$|x-(-2)|=3$　　$x+2=\pm3$ より　$x=\mathbf{1}$，$\mathbf{-5}$ …答

55 [直線上の線分の分点]
2 点 A(-3)，B(5) について，線分 AB を次のように分ける点の座標を求めよ。

(1) 3：1 に内分する点 C

$\dfrac{1\times(-3)+3\times5}{3+1}=3$　　**C(3)** …答

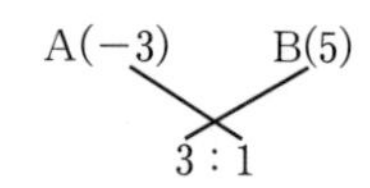

(2) 3：1 に外分する点 D

$\dfrac{-1\times(-3)+3\times5}{3-1}=9$　　**D(9)** …答

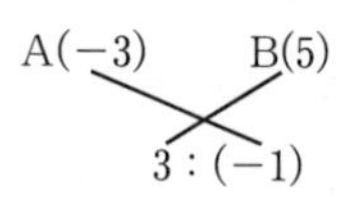

(3) 1：3 に外分する点 E

$\dfrac{-3\times(-3)+1\times5}{1-3}=-7$　　**E(−7)** …答

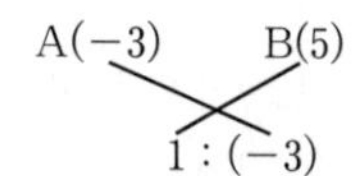

2 平面上の点

56 [2点間の距離] 必修 テスト
3 点 A$(-2,\ 2)$，B$(2,\ 4)$，C$(1,\ c)$ について，次の問いに答えよ。

(1) 線分 AB の長さを求めよ。

$AB=\sqrt{\{2-(-2)\}^2+(4-2)^2}=\sqrt{16+4}=\mathbf{2\sqrt{5}}$ …答

(2) △ABC が AC＝BC の二等辺三角形になるように c の値を定めよ。

AC＝BC より，$AC^2=BC^2$ だから　$\{1-(-2)\}^2+(c-2)^2=(1-2)^2+(c-4)^2$

　$9+c^2-4c+4=1+c^2-8c+16$　　$4c=4$　　よって　$\mathbf{c=1}$ …答

(3) 直線 $y=x-3$ 上にあって，点 A，B から等距離にある点 P の座標を求めよ。

点 P は $y=x-3$ 上の点だから，$(p,\ p-3)$ とおける。

AP＝BP より，$AP^2=BP^2$ だから　$\{p-(-2)\}^2+\{(p-3)-2\}^2=(p-2)^2+\{(p-3)-4\}^2$

　$p^2+4p+4+p^2-10p+25=p^2-4p+4+p^2-14p+49$　　$12p=24$

よって　$p=2$　　$p-3=-1$　　したがって　**P(2, −1)** …答

57 ［平面上の線分の分点］ 必修 テスト

3 点 A(−3, 4), B(2, −1), C(−5, −3) について，次の点の座標を求めよ。

(1) 線分 AB を 2：3 に内分する点 D

$$\frac{3\times(-3)+2\times2}{2+3}=-1,\quad \frac{3\times4+2\times(-1)}{2+3}=2$$

A(−3, 4)　B(2, −1)
2：3

D(−1, 2) …答

(2) 線分 BC を 2：3 に外分する点 E

$$\frac{-3\times2+2\times(-5)}{2-3}=16,\quad \frac{-3\times(-1)+2\times(-3)}{2-3}=3$$

B(2, −1)　C(−5, −3)
2：(−3)

E(16, 3) …答

(3) △ABC の重心 G

$$\frac{-3+2+(-5)}{3}=-2,\quad \frac{4+(-1)+(-3)}{3}=0$$

G(−2, 0) …答

58 ［図形の性質の証明］

△ABC の辺 BC を 1：3 に内分する点を D とするとき，次の等式を証明せよ。

$3AB^2+AC^2=4(AD^2+3BD^2)$

右の図のように △ABC を座標平面上にとり

A(a, b)

B($-c$, 0)

C($3c$, 0)

D(0, 0)

とおく。

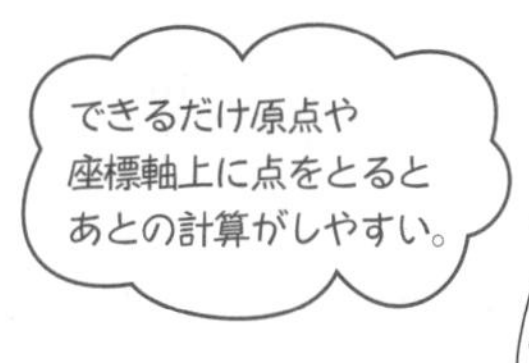

できるだけ原点や
座標軸上に点をとると
あとの計算がしやすい。

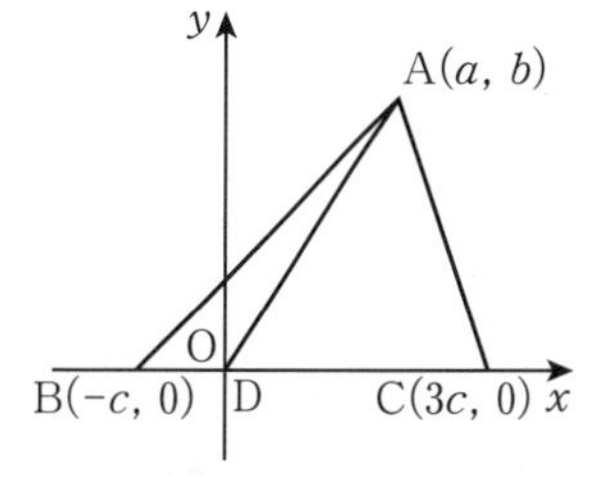

左辺$=3AB^2+AC^2$

$=3\{(a+c)^2+b^2\}+\{(a-3c)^2+b^2\}$

$=3(a^2+2ac+c^2+b^2)+(a^2-6ac+9c^2+b^2)$

$=4a^2+12c^2+4b^2$

$=4(a^2+b^2)+12c^2$

$=4AD^2+12BD^2=4(AD^2+3BD^2)=$**右辺**

したがって　$3AB^2+AC^2=4(AD^2+3BD^2)$　終

➡ 問題 p. 32

3 直線の方程式

59 ［直線の方程式(1)］ テスト
次の直線の方程式を求めよ。

(1) 点 $(2,\ -1)$ を通り，傾きが -3 の直線

$y-(-1)=-3(x-2)$ 　よって　$\boldsymbol{y=-3x+5}$ …答

(2) 2 点 $(-2,\ -3)$，$(1,\ 3)$ を通る直線

$y-(-3)=\dfrac{3-(-3)}{1-(-2)}\{x-(-2)\}$ 　$y+3=\dfrac{6}{3}(x+2)$ 　よって　$\boldsymbol{y=2x+1}$ …答

60 ［直線の方程式(2)］
次の 2 点を通る直線の方程式を求めよ。

(1) 2 点 $(2,\ -1)$，$(2,\ 3)$

$\boldsymbol{x=2}$ …答

(2) 2 点 $(-1,\ 3)$，$(5,\ 3)$

$\boldsymbol{y=3}$ …答

(3) 2 点 $(-3,\ 0)$，$(0,\ 2)$

$\boldsymbol{\dfrac{x}{-3}+\dfrac{y}{2}=1}$ …答

4 2 直線の関係

61 ［平行な直線・垂直な直線］ 必修 テスト
点 $(-1,\ 4)$ を通り，直線 $2x+3y+4=0$ に平行な直線と，垂直な直線の方程式を求めよ。

$2x+3y+4=0$ より，$y=-\dfrac{2}{3}x-\dfrac{4}{3}$ であるから，傾き　$-\dfrac{2}{3}$

（傾きは同じ）
平行な直線：$y-4=-\dfrac{2}{3}(x+1)$ 　よって　$\boldsymbol{y=-\dfrac{2}{3}x+\dfrac{10}{3}}$ …答

（傾き：逆数にマイナスをつける）
垂直な直線：$y-4=\dfrac{3}{2}(x+1)$ 　よって　$\boldsymbol{y=\dfrac{3}{2}x+\dfrac{11}{2}}$ …答

62 ［外　心］ テスト
3 点 $A(4,\ 4)$，$B(0,\ 2)$，$C(6,\ 0)$ を頂点とする △ABC の外心の座標を求めよ。

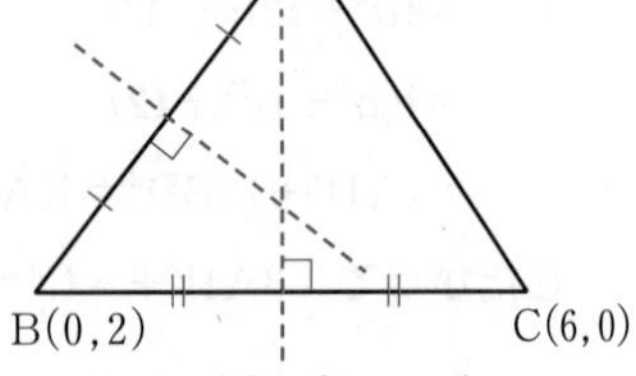

辺 AB の中点の座標は，$\left(\dfrac{4+0}{2},\ \dfrac{4+2}{2}\right)$ より　$(2,\ 3)$

直線 AB の傾きは $\dfrac{2-4}{0-4}=\dfrac{1}{2}$ なので，直線 AB に垂直な直線の

傾きは -2 となり，線分 AB の垂直二等分線の方程式は，

$y-3=-2(x-2)$ より　$y=-2x+7$ …①

辺 BC の中点の座標は，$\left(\dfrac{0+6}{2},\ \dfrac{2+0}{2}\right)$ より　$(3,\ 1)$ 　直線 BC の傾きは　$\dfrac{0-2}{6-0}=-\dfrac{1}{3}$

よって，線分 BC の垂直二等分線の方程式は，$y-1=3(x-3)$ より　$y=3x-8$ …②

①，②より　$-2x+7=3x-8$ 　$5x=15$ 　$x=3$ 　$y=-2\cdot3+7=1$

よって，外心の座標は　$\boldsymbol{(3,\ 1)}$ …答

63 ［垂　心］

△ABC において，A(15, 12)，B(0, 9) とする。垂心の座標を (8, 5) とするとき，点 C の座標を求めよ。

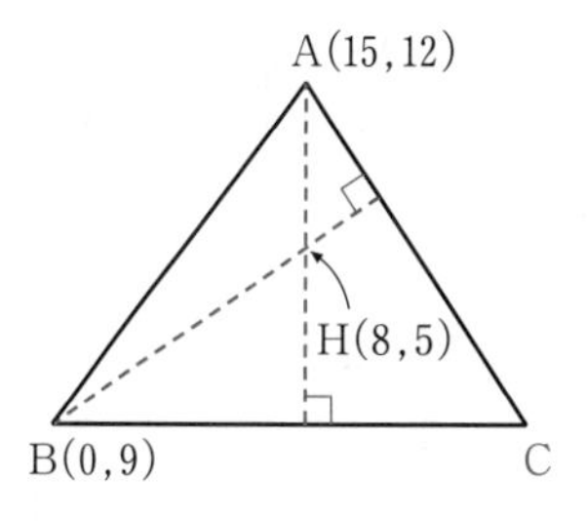

垂心を H とすると，直線 AH の傾きは $\frac{5-12}{8-15}=1$ で $BC\perp AH$ だから

直線 BC の方程式は　$y-9=-1(x-0)$　　$y=-x+9$　…①

直線 BH の傾きは $\frac{5-9}{8-0}=-\frac{1}{2}$ で $AC\perp BH$ だから

直線 AC の方程式は　$y-12=2(x-15)$　　$y=2x-18$　…②

①，②より　$-x+9=2x-18$　　$3x=27$　　$x=9$

　$y=-9+9=0$

よって，点 C の座標は　**(9, 0)**　…答

64 ［対称点の座標］ 必修

直線 l：$3x+2y-5=0$ に関する点 P(4, 3) の対称点 Q の座標を求めよ。

$3x+2y-5=0$ より，$y=-\frac{3}{2}x+\frac{5}{2}$ なので，直線 l の傾きは $-\frac{3}{2}$

Q(a, b) とおく。

直線 PQ の傾きは $\frac{b-3}{a-4}$ なので　$\frac{b-3}{a-4}\cdot\left(-\frac{3}{2}\right)=-1$

これより，$3b-9=2a-8$ となり　$2a-3b=-1$　…①

線分 PQ の中点 $\left(\frac{4+a}{2}, \frac{3+b}{2}\right)$ は直線 l 上にあるので

$3\cdot\frac{4+a}{2}+2\cdot\frac{3+b}{2}-5=0$　　$12+3a+6+2b-10=0$

よって　$3a+2b=-8$　…②

①×2＋②×3 より　$13a=-26$　　$a=-2$

①より　$-4-3b=-1$　　$b=-1$

したがって　**Q(−2, −1)**　…答

➡ 問題 *p. 34*

65 [点と直線の距離] テスト

次の点から直線 $l : 2x+3y=4$ までの距離を求めよ。

(1) 原点 (0, 0)

$$\frac{|2\times0+3\times0-4|}{\sqrt{2^2+3^2}}=\frac{4}{\sqrt{13}}=\frac{\mathbf{4\sqrt{13}}}{\mathbf{13}}\quad\cdots\text{答}$$

(2) 点 (4, 3)

$$\frac{|2\times4+3\times3-4|}{\sqrt{2^2+3^2}}=\frac{13}{\sqrt{13}}=\boldsymbol{\sqrt{13}}\quad\cdots\text{答}$$

66 [三角形の面積] 必修 テスト

3 点 A(3, 7), B(1, 3), C(4, 4) を頂点とする △ABC の面積を求めよ。

点 B が原点に重なるように平行移動すると,

x 軸方向に -1, y 軸方向に -3

だけ移動することになるので，この平行移動で

A(3, 7) → A′(2, 4)　　C(4, 4) → C′(3, 1) に移る。

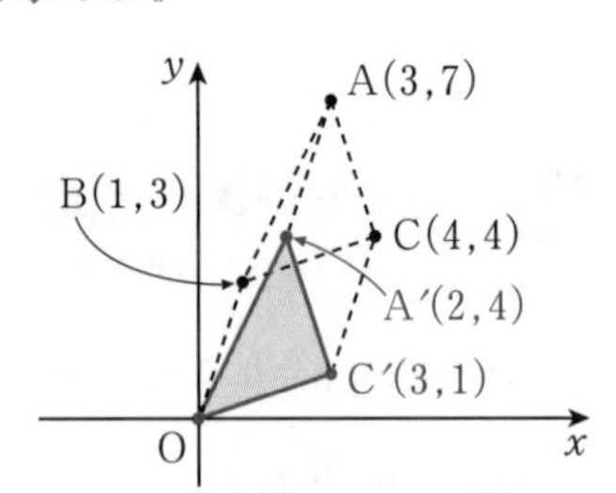

$$\triangle\text{ABC}=\triangle\text{A}'\text{OC}'=\frac{1}{2}|2\times1-3\times4|=\frac{10}{2}=\mathbf{5}\quad\cdots\text{答}$$

67 [2直線の交点を通る直線] 必修 テスト

次の問いに答えよ。

(1) 直線 $(2+k)x-(1+3k)y+7k-1=0$ は k の値によらず定点を通る。その定点の座標を求めよ。

k について整理すると　$(2x-y-1)+k(x-3y+7)=0$

k の値によらず成り立つので，k についての恒等式だから

$2x-y-1=0$　…①　　$x-3y+7=0$　…②

①, ②を解いて　$x=2$, $y=3$　　よって，通る定点の座標は　**(2, 3)**　…答

(2) 2 直線 $l : 2x-y-1=0$, $m : x-3y+7=0$ の交点と点 (4, −1) を通る直線の方程式を求めよ。

2 直線 l, m の交点を通る直線の方程式は　$(2x-y-1)+k(x-3y+7)=0$

これが点 (4, −1) を通るから $x=4$, $y=-1$ を代入して　$8+14k=0$　　$k=-\frac{4}{7}$

したがって　$(2x-y-1)-\frac{4}{7}(x-3y+7)=0$　　⟵ 両辺を7倍して

$14x-7y-7-4x+12y-28=0$　　$10x+5y-35=0$

よって　$\mathbf{2x+y-7=0}$　…答

5 円の方程式

68 [円の方程式]
次の円の方程式を求めよ。

(1) 中心 $(-1,\ 3)$，半径 2 の円

$(x+1)^2+(y-3)^2=4$ …答

(2) 2 点 A$(-1,\ -2)$，B$(3,\ 6)$ を直径の両端とする円

中心：AB の中点 $(1,\ 2)$　半径：$\dfrac{\mathrm{AB}}{2}=\dfrac{\sqrt{4^2+8^2}}{2}=2\sqrt{5}$

$(x-1)^2+(y-2)^2=20$ …答　　$\left(\dfrac{-1+3}{2},\ \dfrac{-2+6}{2}\right)$

69 [円の方程式の一般形(1)]
円 $x^2+y^2-4x+2y+c=0$ について，次の問いに答えよ。

(1) この円の中心の座標を求めよ。

$(x-2)^2+(y+1)^2=5-c$ より　中心 $(2,\ -1)$ …答

(2) この円が点 $(3,\ 2)$ を通るように c の値を定めよ。また，このときの半径を求めよ。

$x=3$，$y=2$ を代入して，$9+4-12+4+c=0$ より　$c=-5$ …答

このとき，$(x-2)^2+(y+1)^2=10$ より，半径は　$\sqrt{10}$ …答

70 [円の方程式の一般形(2)] テスト
3 点 A$(4,\ 2)$，B$(-1,\ 1)$，C$(5,\ -3)$ を頂点とする △ABC の外接円の方程式を求めよ。

外接円の方程式を $x^2+y^2+lx+my+n=0$ とおくと

点 A を通るから，$4^2+2^2+4l+2m+n=0$ より　$4l+2m+n=-20$ …①

点 B を通るから，$(-1)^2+1^2-l+m+n=0$ より　$-l+m+n=-2$ …②

点 C を通るから，$5^2+(-3)^2+5l-3m+n=0$ より　$5l-3m+n=-34$ …③

①－②より　$5l+m=-18$ …④

②－③より　$-6l+4m=32$ ⟶ $3l-2m=-16$ …⑤

④，⑤を解いて　$l=-4$，$m=2$　②より　$n=-8$

よって　$x^2+y^2-4x+2y-8=0$ …答

➡ 問題 *p. 36*

6 円と直線

71 ［円と直線の位置関係(1)］ 必修 テスト

円 $x^2+y^2=4$ と直線 $x+2y+k=0$ との共有点の個数を求めよ。

円の中心 (0, 0) から直線 $x+2y+k=0$ までの距離を d とする。

$$d=\frac{|k|}{\sqrt{1^2+2^2}}=\frac{|k|}{\sqrt{5}}$$

d と円の半径 2 を比較して

$d<2 \longrightarrow |k|<2\sqrt{5}$ より，$\boldsymbol{-2\sqrt{5}<k<2\sqrt{5}}$ **のとき共有点は 2 個**

$d=2 \longrightarrow |k|=2\sqrt{5}$ より，$\boldsymbol{k=\pm 2\sqrt{5}}$ **のとき共有点は 1 個**

$d>2 \longrightarrow |k|>2\sqrt{5}$ より，$\boldsymbol{k<-2\sqrt{5},\ 2\sqrt{5}<k}$ **のとき共有点はない** …答

72 ［円と直線の位置関係(2)］ 必修 テスト

円 $x^2+y^2=9$ と直線 $y=2x+k$ が共有点を 2 つもつように，k の値の範囲を定めよ。

$y=2x+k$ を $x^2+y^2=9$ に代入して　$x^2+(2x+k)^2=9$

$5x^2+4kx+(k^2-9)=0$　　判別式を D とすると　$\frac{D}{4}=(2k)^2-5(k^2-9)>0$　　$k^2-45<0$

よって　$\boldsymbol{-3\sqrt{5}<k<3\sqrt{5}}$ …答

73 ［接線の方程式(1)］ 必修 テスト

次の各場合について，円 $x^2+y^2=4$ の接線の方程式を求めよ。

(1) 円周上の点 $(1,\ \sqrt{3})$ における接線

接点が $(1,\ \sqrt{3})$ だから　$\boldsymbol{x+\sqrt{3}y=4}$ …答

(2) 円外の点 (6, 2) を通る接線

接線の傾きを m とすると，求める接線の方程式は　$y-2=m(x-6)$ より

$mx-y-6m+2=0$

円の中心 (0, 0) から接線までの距離は，半径 2 に等しいから

$$\frac{|-6m+2|}{\sqrt{m^2+1}}=2 \qquad \frac{|3m-1|}{\sqrt{m^2+1}}=1 \qquad (3m-1)^2=m^2+1 \qquad 8m^2-6m=0 \qquad m(4m-3)=0$$

よって　$m=0,\ \frac{3}{4}$

求める接線の方程式は

$y-2=0$ より　$y=2$

$y-2=\frac{3}{4}(x-6)$ より　$y=\frac{3}{4}x-\frac{5}{2}$

答　$\boldsymbol{y=2,\ y=\frac{3}{4}x-\frac{5}{2}}$

74 [接線の方程式(2)]

円 $x^2+y^2=25$ がある。円外の点 (5, 10) を通る接線の方程式と接点の座標を求めよ。

接点の座標を $(x_1,\ y_1)$ とおくと，この点は円周上にあるから

$x_1{}^2+y_1{}^2=25$ …①

接点 $(x_1,\ y_1)$ における接線の方程式は　$x_1x+y_1y=25$ …②

この接線が点 (5, 10) を通るから，$5x_1+10y_1=25$ より

$x_1+2y_1=5$ …③

③より，$x_1=5-2y_1$ を①に代入して

$(5-2y_1)^2+y_1{}^2=25$

$25-20y_1+5y_1{}^2=25$

$5y_1{}^2-20y_1=0$ だから，$y_1{}^2-4y_1=0$ を解いて

$y_1(y_1-4)=0$

$y_1=0,\ 4$

③に代入して　$y_1=0$ のとき　$x_1=5$，$y_1=4$ のとき　$x_1=-3$

したがって，②より **接点 (5, 0) の接線の方程式は　$x=5$**
接点 (−3, 4) の接線の方程式は　$-3x+4y=25$ …答

75 [弦の長さ]

直線 $y=x+k$ が円 $x^2+y^2=9$ と交わって，切りとられる弦の長さが 4 になるように，k の値を定めよ。

原点 O から直線 $x-y+k=0$ に垂線を引き，その交点を H，円と直線の交点の 1 つを P とする。

OP＝3，PH＝2 より　$\mathrm{OH}=\sqrt{3^2-2^2}=\sqrt{5}$

これは O と直線の距離だから

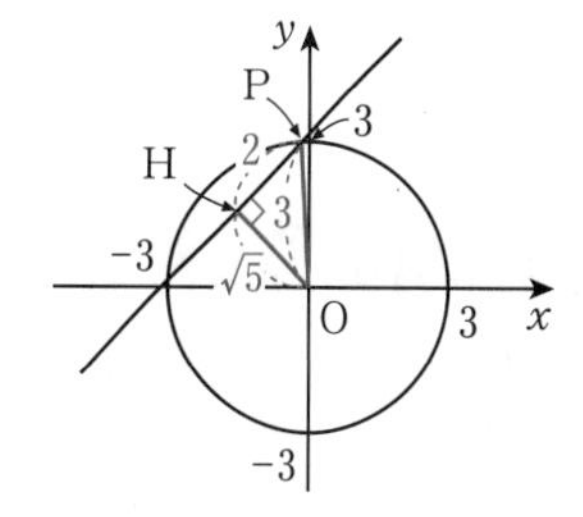

$$\frac{|k|}{\sqrt{1^2+(-1)^2}}=\sqrt{5}$$

$|k|=\sqrt{10}$

したがって　$\boldsymbol{k=\pm\sqrt{10}}$ …答

➡ 問題 *p. 38*

76 ［2円の位置関係］
円O：$x^2+y^2=4$ と円O′：$x^2+y^2-8x-6y-a=0$ が接するように a の値を定めよ。

円Oは中心 $(0,\ 0)$，半径2の円

円O′は $(x-4)^2+(y-3)^2=a+25$ より，中心 $(4,\ 3)$，半径 $\sqrt{a+25}$

外接する場合　（2円の中心間の距離）

$2+\sqrt{a+25}=5$　　$\sqrt{a+25}=3$　　よって　$\boldsymbol{a=-16}$　…答

内接する場合

$\sqrt{a+25}-2=5$　　$\sqrt{a+25}=7$　　よって　$\boldsymbol{a=24}$　…答

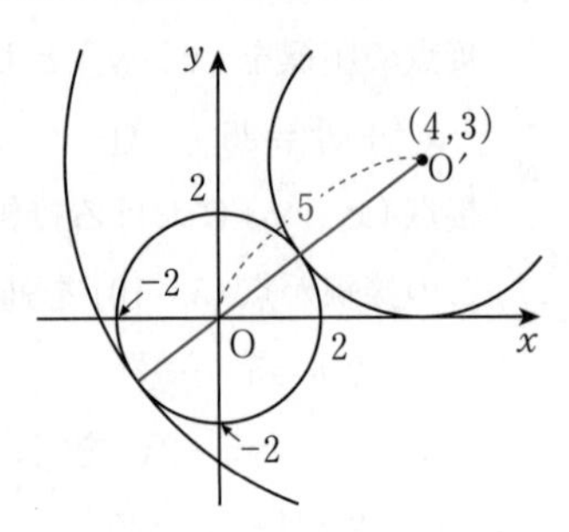

77 ［2円の交点を通る直線と円］ 必修　テスト
2円 $x^2+y^2=9$　…①　$x^2+y^2-4x+4y+3=0$　…②について，次の問いに答えよ。

(1) 2円①，②の交点を通る直線の方程式を求めよ。

k を定数とする。交点を通る図形の方程式は　$x^2+y^2-9+k(x^2+y^2-4x+4y+3)=0$　…③

これは $k=-1$ のとき直線となる。よって　$x^2+y^2-9-(x^2+y^2-4x+4y+3)=0$

$4x-4y-12=0$　　したがって　$\boldsymbol{y=x-3}$　…答

(2) 2円①，②の交点と原点を通る円の方程式を求めよ。　（原点を通るから）

③に $x=0,\ y=0$ を代入すると　$-9+3k=0$　　よって　$k=3$

$x^2+y^2-9+3(x^2+y^2-4x+4y+3)=0$　　$4x^2+4y^2-12x+12y=0$

よって　$\boldsymbol{x^2+y^2-3x+3y=0}$　…答

7　軌　跡

78 ［距離の比が一定な点の軌跡］ 必修　テスト
2点 $\mathrm{A}(1,\ 0)$，$\mathrm{B}(6,\ 0)$ からの距離の比が $3:2$ である点Pの軌跡を求めよ。

$\mathrm{P}(x,\ y)$ とおく。$\mathrm{AP}:\mathrm{BP}=3:2$ より　$2\mathrm{AP}=3\mathrm{BP}$　←軌跡が満たす条件

$2\sqrt{(x-1)^2+y^2}=3\sqrt{(x-6)^2+y^2}$　←軌跡が満たす条件を式で表す

両辺を平方して　$4(x^2+y^2-2x+1)=9(x^2+y^2-12x+36)$

$5x^2+5y^2-100x+320=0$

$x^2+y^2-20x+64=0$

$(x-10)^2+y^2=36$

よって，求める軌跡は**中心 $(10,\ 0)$，半径6の円**　…答

79 ［動点につれて動く点の軌跡］ 必修 テスト

円 $x^2+y^2=9$ と点 P(6, 0) がある。点 Q がこの円周上を動くとき，線分 PQ を 2：1 に内分する点 R の軌跡を求めよ。

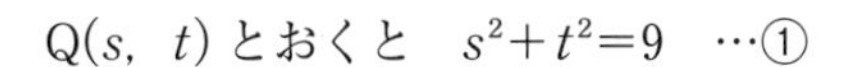

Q$(s,\ t)$ とおくと　$s^2+t^2=9$　…①

次に，R$(x,\ y)$ とおく。

R は線分 PQ を 2：1 に内分する点だから

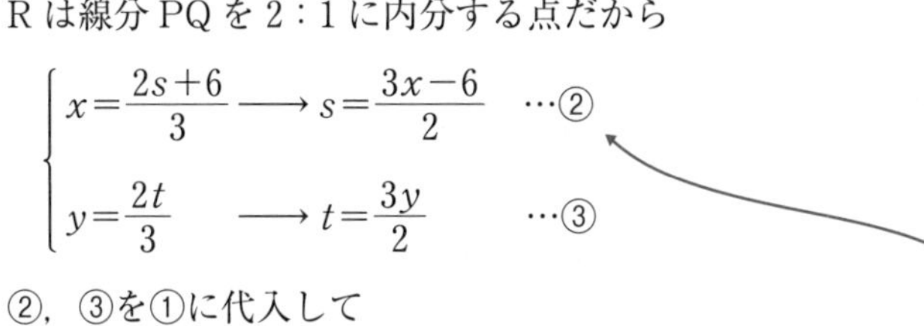

$$\begin{cases} x=\dfrac{2s+6}{3} \longrightarrow s=\dfrac{3x-6}{2} & \cdots② \\ y=\dfrac{2t}{3} \longrightarrow t=\dfrac{3y}{2} & \cdots③ \end{cases}$$

①，②，③から $s,\ t$ を消去して $x,\ y$ の関係式を導く。

②，③を①に代入して

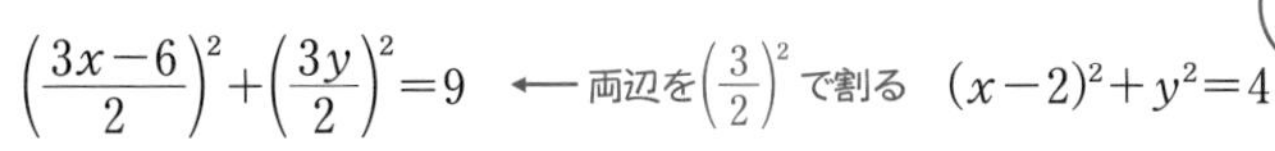

$$\left(\frac{3x-6}{2}\right)^2+\left(\frac{3y}{2}\right)^2=9 \longleftarrow \text{両辺を}\left(\frac{3}{2}\right)^2\text{で割る}\quad (x-2)^2+y^2=4$$

したがって，求める軌跡は**中心 (2, 0)，半径 2 の円**　…答

80 ［係数の変化につれて動く点の軌跡］

2 直線 $y=tx-1$　…①　$y=(t-1)x-t+2$　…②

がある。t がすべての実数値をとって変化するとき，2 直線の交点の軌跡を求めよ。

2 直線の交点の x 座標は，$tx-1=(t-1)x-t+2$ より　$x=-t+3$　…③

③を①に代入して，$y=t(-t+3)-1$ より　$y=-t^2+3t-1$

交点の座標は　$(X,\ Y)=(-t+3,\ -t^2+3t-1)$　　$X=-t+3$ より　$t=-X+3$

$Y=-t^2+3t-1=-(-X+3)^2+3(-X+3)-1=-X^2+6X-9-3X+9-1=-X^2+3X-1$

求める軌跡は**放物線 $y=-x^2+3x-1$**　…答

8 不等式と領域

81 ［直線を境界とする領域］

次の不等式の表す領域を図示せよ。

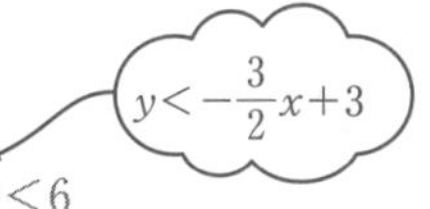

(1)　$y \geqq 2x-1$

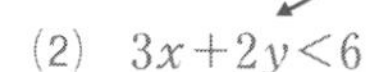

(2)　$3x+2y<6$

(3)　$x>1$

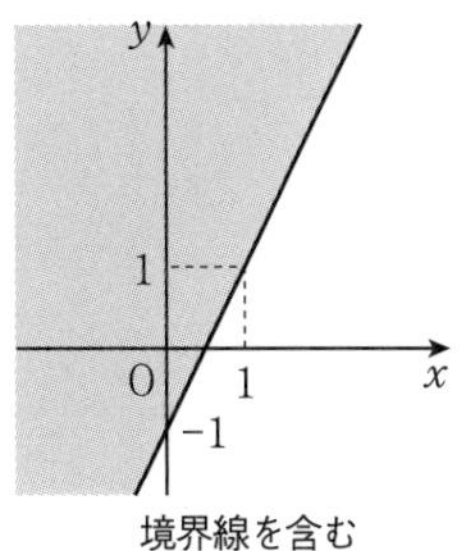

境界線を含む

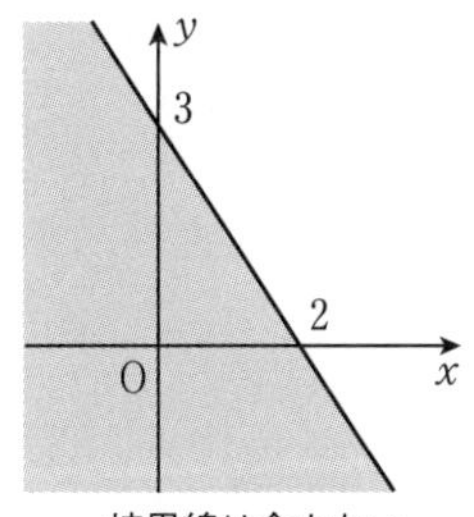

境界線は含まない

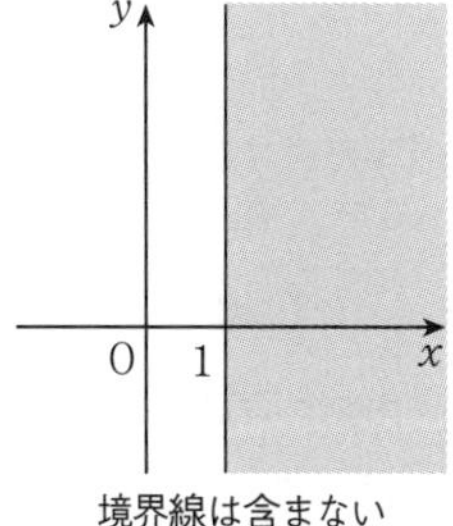

境界線は含まない

境界について必ずコメントしよう！

➡ 問題 *p. 40*

82 ［円を境界とする領域］ 必修 テスト

次の不等式の表す領域を図示せよ。

(1) $x^2+y^2>9$

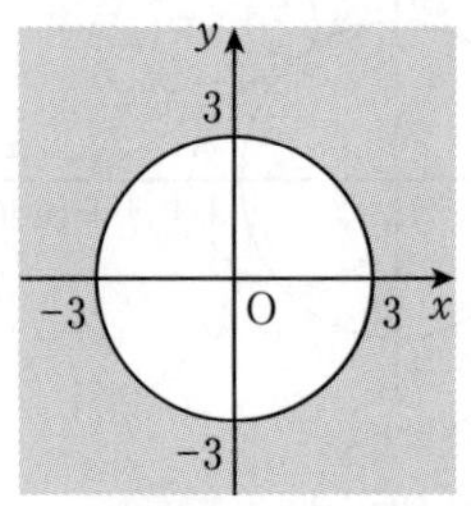

境界線は含まない

(2) $(x+1)^2+(y-1)^2\leqq 4$

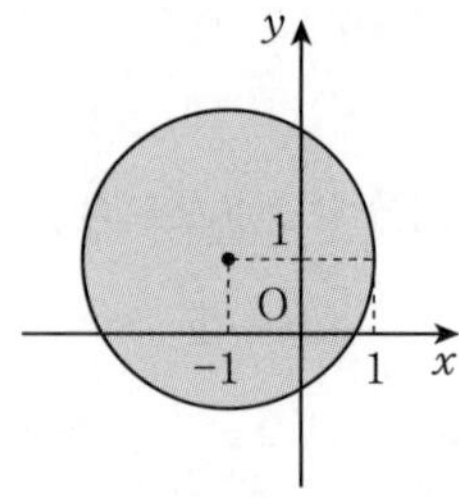

境界線を含む

83 ［放物線を境界とする領域］

次の不等式の表す領域を図示せよ。

(1) $y\leqq(x-2)^2-1$

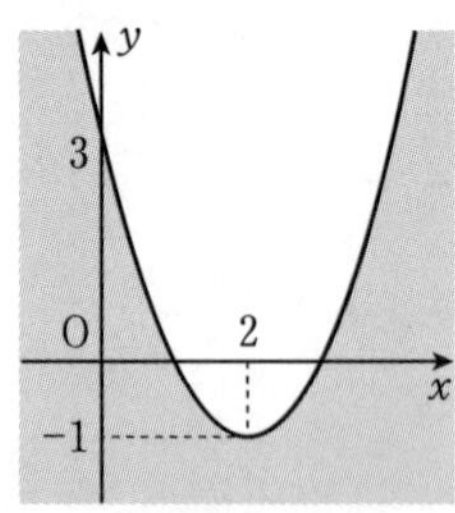

境界線を含む

(2) $y\geqq 2x^2+4x+3$

$2x^2+4x+3$
$=2(x+1)^2+1$

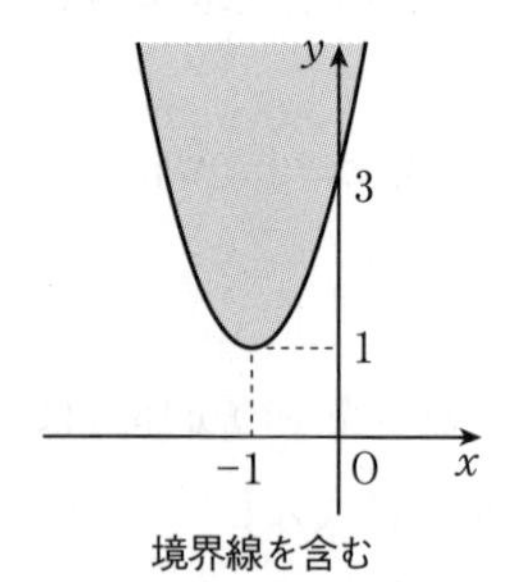

境界線を含む

84 ［連立不等式の表す領域］ テスト

次の連立不等式の表す領域を図示せよ。

(1) $\begin{cases} x+y-1\geqq 0 \\ x^2+y^2-2y\leqq 0 \end{cases}$

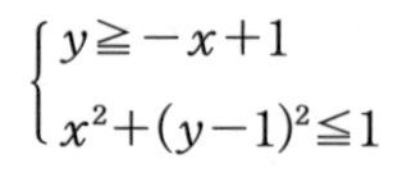

$\begin{cases} y\geqq -x+1 \\ x^2+(y-1)^2\leqq 1 \end{cases}$

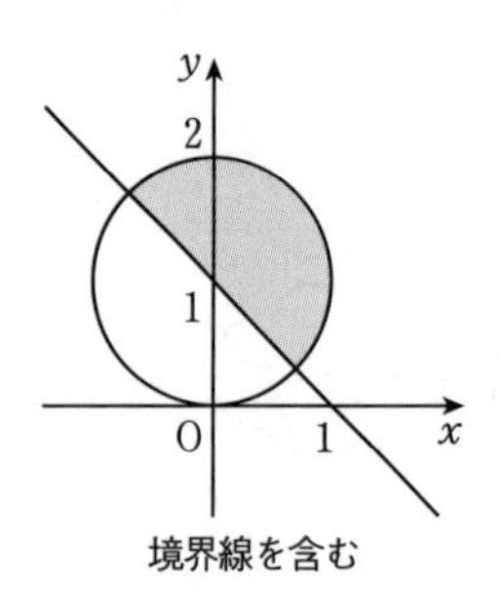

境界線を含む

(2) $\begin{cases} y-x-1\geqq 0 \\ y-x^2+1\leqq 0 \end{cases}$

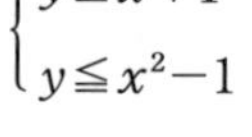

$\begin{cases} y\geqq x+1 \\ y\leqq x^2-1 \end{cases}$

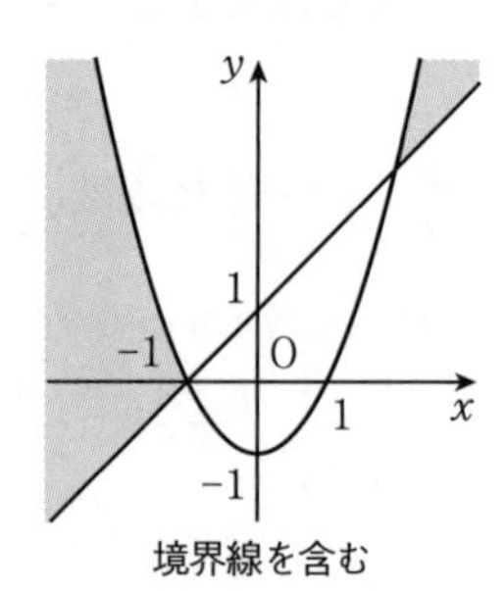

境界線を含む

85 ［不等式 $AB<0$ の表す領域］ テスト

不等式 $(x-y+1)(3x+y-2)<0$ の表す領域を図示せよ。

$\begin{cases} x-y+1>0 & \longrightarrow & y<x+1 \\ 3x+y-2<0 & \longrightarrow & y<-3x+2 \end{cases}$

または

$\begin{cases} x-y+1<0 & \longrightarrow & y>x+1 \\ 3x+y-2>0 & \longrightarrow & y>-3x+2 \end{cases}$

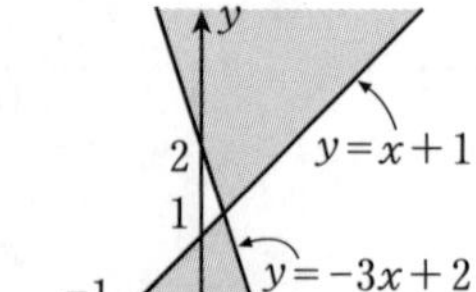

境界線は含まない

86 [命題の真偽の判定]

$x^2+y^2<1$ ならば $x^2+y^2>4x+4y-5$ であることを示せ。

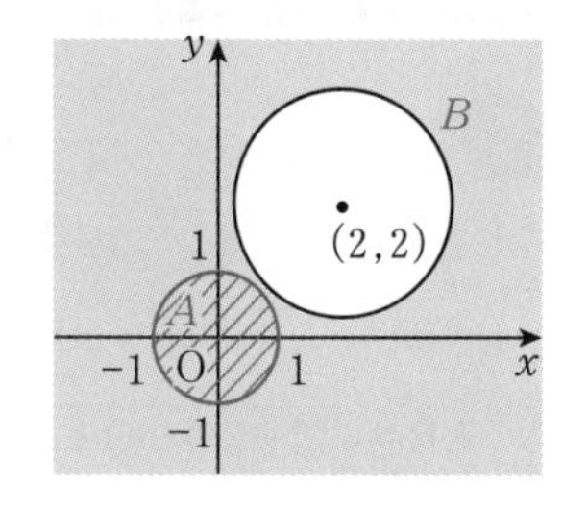

不等式 $x^2+y^2<1$ の表す領域を A，不等式 $x^2+y^2>4x+4y-5$，
すなわち　$x^2-4x+y^2-4y>-5$　　$(x-2)^2+(y-2)^2-8>-5$
$(x-2)^2+(y-2)^2>3$ の表す領域を B として，A，B を図示すると，
右の図の通り（境界線は含まない）。よって，$A\subset B$ が成り立つから，
$x^2+y^2<1$ ならば $x^2+y^2>4x+4y-5$　終

87 [領域における最大・最小] テスト

x，y が不等式 $2x+3y-11\geqq 0$，$4x-y-15\leqq 0$，$x-2y+5\geqq 0$ を満たすとき，$x+y$ の最大値，最小値とそのときの x，y の値を求めよ。

$y\geqq -\dfrac{2}{3}x+\dfrac{11}{3}$，$y\geqq 4x-15$，$y\leqq \dfrac{1}{2}x+\dfrac{5}{2}$ の表す領域は図の影の部分（境界線を含む）。境界の直線を①，②，③とする。$x+y=k$ とおくと　$y=-x+k$　…④

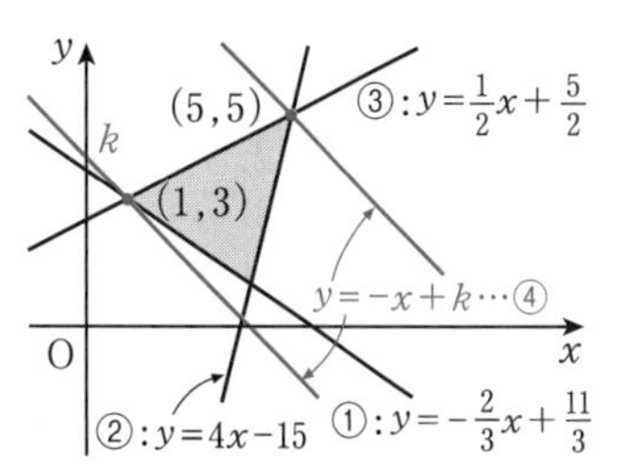

よって，④が②と③の交点を通るとき，k は最大。
④が①と③の交点を通るとき，k は最小。

②，③より　$4x-15=\dfrac{1}{2}x+\dfrac{5}{2}$　　$x=5$　　$y=4\cdot 5-15=5$

①，③より　$-\dfrac{2}{3}x+\dfrac{11}{3}=\dfrac{1}{2}x+\dfrac{5}{2}$　　$x=1$　$y=\dfrac{1}{2}\cdot 1+\dfrac{5}{2}=3$

$x=5$，$y=5$ のとき，最大値は　$5+5=10$，**$x=1$，$y=3$ のとき，最小値は**　$1+3=4$　…答

88 [領域における最大・最小の利用]

ある工場では，2種類の製品A，Bを作っている。製品A，Bをそれぞれ1kg作るとき，原料 α，β の使用量は右の表の通りである。1日に，原料 α は最大2.8kg，原料 β は最大2.7kgの量を手に入れることができる。製品A，B 1kgの価格がそれぞれ4万円，3万円とするとき，A，Bをそれぞれ何kg作れば1日に作った製品の価格の合計が最大となるか。

	原料 α(g)	原料 β(g)
A	700	300
B	400	600

Aを $x$kg，Bを $y$kg作るとすると

$x\geqq 0$，$y\geqq 0$，$7x+4y\leqq 28$，$3x+6y\leqq 27$

この不等式の表す領域は図の影の部分（境界線を含む）。

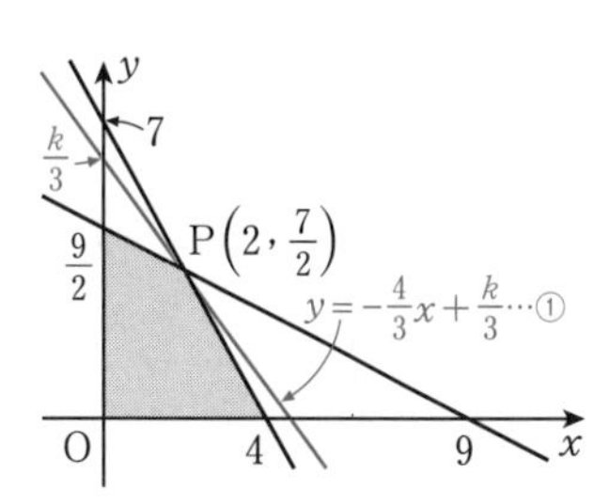

このとき，$4x+3y=k$ とおくと　$y=-\dfrac{4}{3}x+\dfrac{k}{3}$　…①

①が図の点Pを通るとき k は最大で，点Pは $7x+4y=28$ と

$x+2y=9$ の交点。$7(9-2y)+4y=28$ より　$y=\dfrac{7}{2}$　　$x+2\cdot\dfrac{7}{2}=9$ より　$x=2$

（$x+2y=9$ ← $3x+6y=27$）

よって，**Aを2kg，Bを $\dfrac{7}{2}$ kg作れば価格の合計が最大となる。**　…答

➡ 問題 *p. 42*

入試問題にチャレンジ

1 2点A$(-2,\ -1)$, B$(2,\ 9)$と直線l：$y=2x$がある。直線lに関して点Bと対称な点をCとする。また，点Pは直線l上を動くとする。（九州産業大）

(1) 線分ABの長さは［ア］$\sqrt{［イウ］}$である。

$AB=\sqrt{(2+2)^2+(9+1)^2}=\sqrt{116}=\mathbf{2\sqrt{29}}$ …答

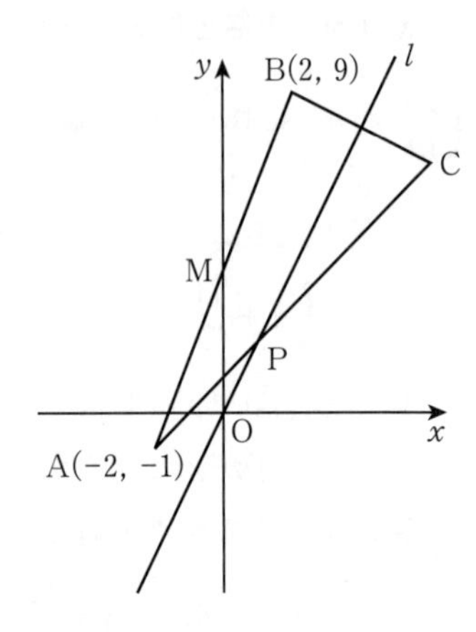

(2) 線分ABの中点の座標は(［エ］, ［オ］)である。

中点M$\left(\dfrac{-2+2}{2},\ \dfrac{-1+9}{2}\right)$より　M$(\mathbf{0},\ \mathbf{4})$ …答

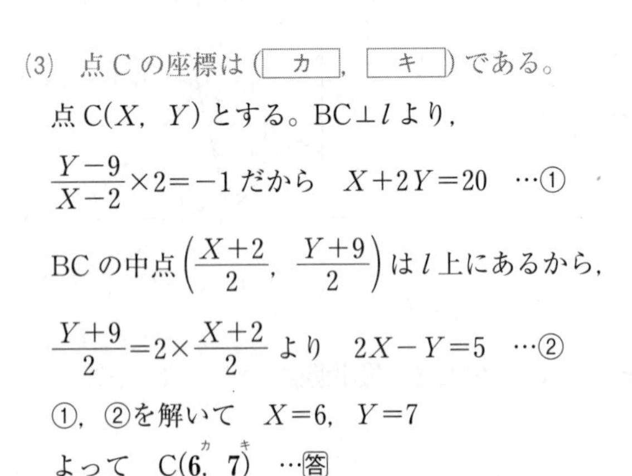

(3) 点Cの座標は(［カ］, ［キ］)である。

点C$(X,\ Y)$とする。BC⊥lより，

$\dfrac{Y-9}{X-2}\times 2=-1$だから　$X+2Y=20$　…①

BCの中点$\left(\dfrac{X+2}{2},\ \dfrac{Y+9}{2}\right)$は$l$上にあるから，

$\dfrac{Y+9}{2}=2\times\dfrac{X+2}{2}$より　$2X-Y=5$　…②

①，②を解いて　$X=6$，$Y=7$

よって　C$(\mathbf{6},\ \mathbf{7})$ …答

(4) AP+BPが最小になるような点Pの座標は(［ク］, ［ケ］)である。

AP+BPが最小になるのは点Pが直線ACと直線lとの交点になるとき。←AP+BP=AP+PC 3点A，P，Cが一直線上にあるとき

直線ACの方程式は$y+1=\dfrac{7+1}{6+2}(x+2)$より　$y=x+1$　…③

③とl：$y=2x$の交点を求めて　P$(\mathbf{1},\ \mathbf{2})$ …答

(5) ∠APB=90°となるような点Pのx座標は$\dfrac{［コ］\pm\sqrt{［サシス］}}{［セ］}$である。

P$(t,\ 2t)$とおく。

$t=\pm2$のとき，P$(\pm2,\ \pm4)$（複号同順）で，AP⊥BPとならないので不適。←直線APと直線BPの傾きを考えたとき，分母が0となる場合

$t\neq\pm2$のとき，AP⊥BPだから，$\dfrac{2t+1}{t+2}\times\dfrac{2t-9}{t-2}=-1$より　$5t^2-16t-13=0$

よって　$t=\dfrac{\mathbf{8\pm\sqrt{129}}}{\mathbf{5}}$ …答

2 平面上の 2 直線 $ax-3y=-a+3$…㋐，$x+(a-4)y=4a-12$…㋑を考える。ただし，a は定数である。 (日本大)

(1) 直線㋐と㋑が垂直であるのは $a=$［　］のときである。このとき，直線㋐を l，直線㋑を m とすると，l と m の交点 A の座標は (［　］，［　］) である。

㋐，㋑が垂直となる a の条件を考える。

$a=4$ のとき，㋐は $y=\frac{4}{3}x+\frac{1}{3}$，㋑は $x=4$ となり，垂直にならない。

$a \neq 4$ のとき，㋐の傾きは $\frac{a}{3}$　　㋑の傾きは $\frac{-1}{a-4}$

$\frac{a}{3}\times\frac{-1}{a-4}=-1$　　$a=3(a-4)$ より　$a=\mathbf{6}$ …答

このとき　$l:2x-y=-1$，$m:x+2y=12$

これを解いて　A(**2**，**5**) …答

(2) 直線㋐と㋑が一致するのは $a=$［　］のときである。この直線を n とすると，n と(1)の点 A の距離は［　］である。

㋐，㋑が一致するのは

傾きが等しいから，$\frac{a}{3}=\frac{-1}{a-4}$ より，$a^2-4a+3=0$ を解いて　$a=1,\ 3$

切片が等しいから，$\frac{a-3}{3}=\frac{4a-12}{a-4}$ より

$a^2-19a+48=0$　　$(a-3)(a-16)=0$　　$a=3,\ 16$

したがって，一致するのは　$a=\mathbf{3}$ …答

このとき　$n:x-y=0$

点 A(2，5) から n までの距離は

$\frac{|2-5|}{\sqrt{1^2+(-1)^2}}=\frac{3}{\sqrt{2}}=\mathbf{\frac{3\sqrt{2}}{2}}$ …答

(3) (1)の l，m と(2)の n で囲まれた図形の面積は［　］である。

l と n の交点 B の座標は　B$(-1,\ -1)$

m と n の交点 C の座標は　C$(4,\ 4)$

よって　$\mathrm{BC}=\sqrt{5^2+5^2}=5\sqrt{2}$ (底辺)

(2)の結果より，点 A と直線 BC の距離は $\frac{3\sqrt{2}}{2}$ (高さ)

したがって，求める面積は

$\frac{1}{2}\cdot5\sqrt{2}\cdot\frac{3\sqrt{2}}{2}=\mathbf{\frac{15}{2}}$ …答

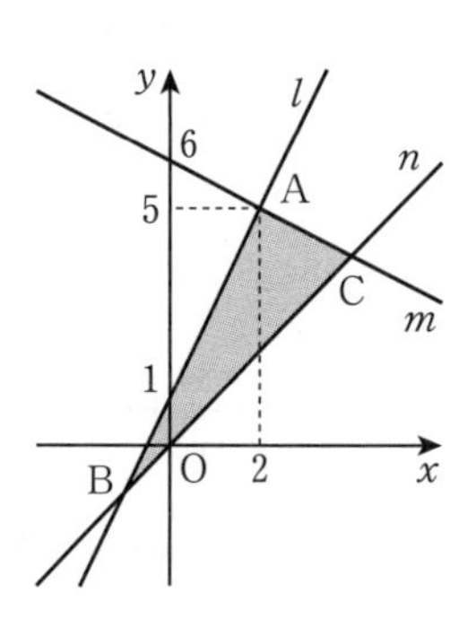

➡ 問題 *p. 44*

3 点 $(2,\ -4)$ を通り，円 $x^2+y^2=10$ に接する直線は 2 本ある。この 2 本の直線のうち，傾きが正である方の直線の方程式は $y=$ ☐ である。 （慶應大）

接点の座標を $(x_1,\ y_1)$ とおく。この点は円周上の点だから

$x_1{}^2+y_1{}^2=10$ …①

また，接線の方程式は

$x_1x+y_1y=10$ …②

これが点 $(2,\ -4)$ を通るから，$2x_1-4y_1=10$ より

$x_1=2y_1+5$ …③

③を①に代入して　$(2y_1+5)^2+y_1{}^2=10$　　$5y_1{}^2+20y_1+15=0$

$(y_1+3)(y_1+1)=0$　　$y_1=-3,\ -1$

よって　$(x_1,\ y_1)=(-1,\ -3),\ (3,\ -1)$

②に代入して　$-x-3y=10,\ 3x-y=10$

傾きが正のものは

$\boldsymbol{y=3x-10}$ …答

4 中心が点 $(1,\ 2)$，半径が 3 の円がある。点 P がこの円上を動くとき，点 $\mathrm{A}(-3,\ 6)$ と点 P を結ぶ線分 AP を 2 : 1 に内分する点 Q の軌跡を求めよ。 （佐賀大）

点 $\mathrm{P}(s,\ t)$ とおく。点 P は円 $(x-1)^2+(y-2)^2=9$ 上にあるから

$(s-1)^2+(t-2)^2=9$ …①

また，$\mathrm{Q}(x,\ y)$ とおく。点 Q は線分 AP を 2 : 1 に内分する点だから

$$x=\frac{2s-3}{3},\quad y=\frac{2t+6}{3}$$

より

$$s=\frac{3x+3}{2} \quad \cdots②$$

$$t=\frac{3y-6}{2} \quad \cdots③$$

②，③を①に代入して

$$\left(\frac{3x+3}{2}-1\right)^2+\left(\frac{3y-6}{2}-2\right)^2=9$$

両辺に $\frac{4}{9}$ を掛けて

$$\left(x+\frac{1}{3}\right)^2+\left(y-\frac{10}{3}\right)^2=4$$

よって，求める軌跡は，**中心 $\left(-\frac{1}{3},\ \frac{10}{3}\right)$，半径 2 の円** …答

5 連立不等式 $x-2y+3\leqq 0$, $x+y-9\leqq 0$, $2x-y\geqq 0$ で表される領域を D とする。点 $(x,\ y)$ が領域 D を動くとき, x^2-2x+y^2 の最大値と最小値を求めよ。また, そのときの x, y の値を求めよ。 (甲南大)

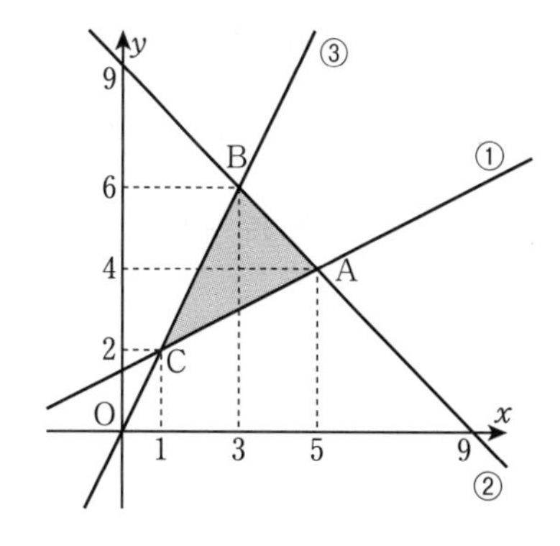

$$\begin{cases} y\geqq \dfrac{1}{2}x+\dfrac{3}{2} \\ y\leqq -x+9 \\ y\leqq 2x \end{cases} \to \begin{cases} y=\dfrac{1}{2}x+\dfrac{3}{2} & \cdots ① \\ y=-x+9 & \cdots ② \\ y=2x & \cdots ③ \end{cases}$$

より, 領域 D は右の図の色の部分で境界線を含む。

①, ②より $\dfrac{1}{2}x+\dfrac{3}{2}=-x+9$

$x+3=-2x+18$　　$3x=15$　　$x=5$

よって, 交点の座標は A(5, 4)

②, ③より $-x+9=2x$　　$-3x=-9$　　$x=3$

よって, 交点の座標は B(3, 6)

③, ①より $2x=\dfrac{1}{2}x+\dfrac{3}{2}$

$4x=x+3$　　$3x=3$　　$x=1$

よって, 交点の座標は C(1, 2)

$x^2-2x+y^2=k$ とおくと

$(x-1)^2+y^2=k+1$ …④

で, 中心 (1, 0), 半径 $\sqrt{k+1}$ の円を表す。

④が点 B(3, 6) を通るとき, k は最大となり,

最大値 39 ($x=3$, $y=6$ のとき) …答

④が点 C(1, 2) を通るとき, k は最小となり,

最小値 3 ($x=1$, $y=2$ のとき) …答

➡ 問題 p. 48

1 一般角

89 [一般角]
次の角を表す動径は第何象限にあるか。

(1) 850°　　$850°=130°+360°\times 2$ より　**第2象限**　…答

(2) −400°　　$-400°=-40°+360°\times(-1)$ より　**第4象限**　…答

(3) 2000°　　$2000°=200°+360°\times 5$ より　**第3象限**　…答

90 [一般角を読みとる]
次の動径 OP の表す一般角 θ を $\alpha°+360°\times n$ の形で表せ。

(1)
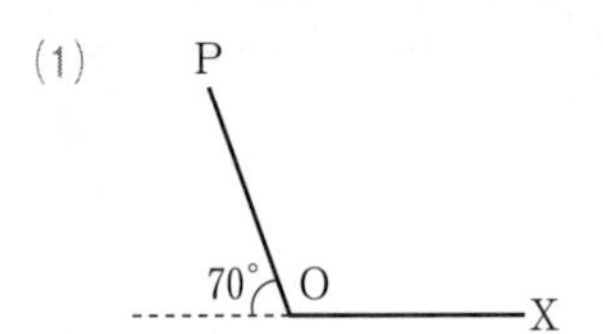

$\boldsymbol{\theta=110°+360°\times n}$　…答

(2)
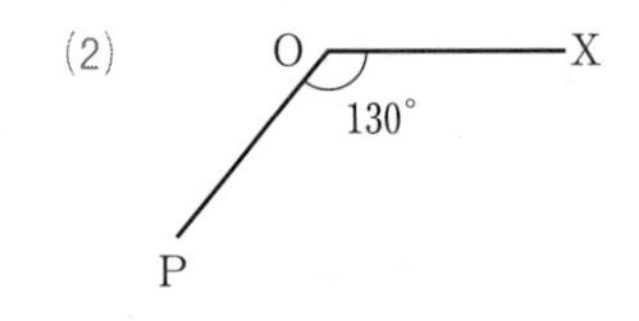

$\boldsymbol{\theta=230°+360°\times n}$　…答
または　$\theta=-130°+360°\times n$

(3)
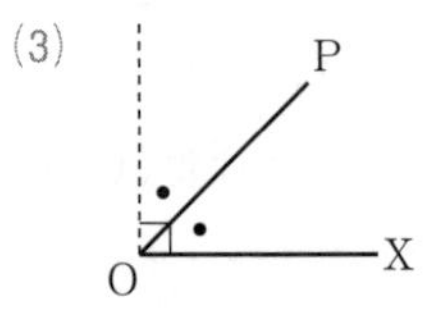

$\boldsymbol{\theta=45°+360°\times n}$　…答

2 弧度法

91 [弧度法と度数法]
次の角を，弧度は度数に，度数は弧度になおせ。

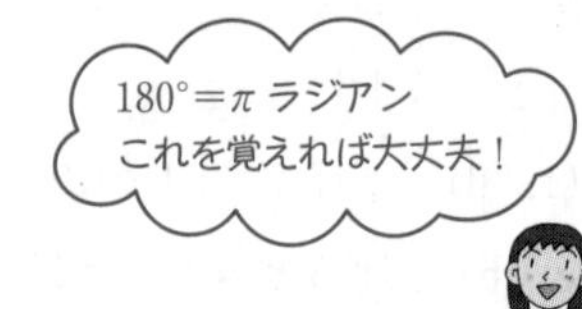

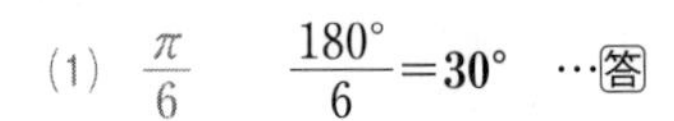

(1) $\dfrac{\pi}{6}$　　$\dfrac{180°}{6}=\boldsymbol{30°}$　…答

(2) $\dfrac{5}{3}\pi$　　$\dfrac{5\times 180°}{3}=\boldsymbol{300°}$　…答

(3) 240°　　$240°\times\dfrac{\pi}{180°}=\boldsymbol{\dfrac{4}{3}\pi}$　…答

(4) 72°　　$72°\times\dfrac{\pi}{180°}=\boldsymbol{\dfrac{2}{5}\pi}$　…答

92 [扇形の弧と面積]　必修　テスト
次の扇形の弧の長さ l と面積 S を求めよ。

(1) 半径 3，中心角 $\dfrac{2}{3}\pi$

$l=3\cdot\dfrac{2}{3}\pi=\boldsymbol{2\pi}$　…答　　$S=\dfrac{1}{2}\cdot 3^2\cdot\dfrac{2}{3}\pi=\boldsymbol{3\pi}$　…答

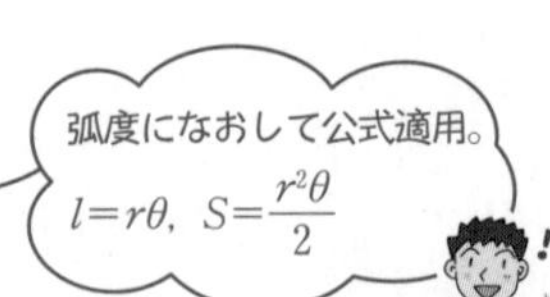

(2) 半径 r，中心角 135°

$135°=\dfrac{3}{4}\pi$ より　$l=r\cdot\dfrac{3}{4}\pi=\boldsymbol{\dfrac{3}{4}\pi r}$　…答　　$S=\dfrac{1}{2}\cdot r^2\cdot\dfrac{3}{4}\pi=\boldsymbol{\dfrac{3}{8}\pi r^2}$　…答

3 三角関数

93 ［三角関数の値(1)］

次の角 θ に対応する $\sin\theta$, $\cos\theta$, $\tan\theta$ の値を求めよ。

(1) $\dfrac{4}{3}\pi$

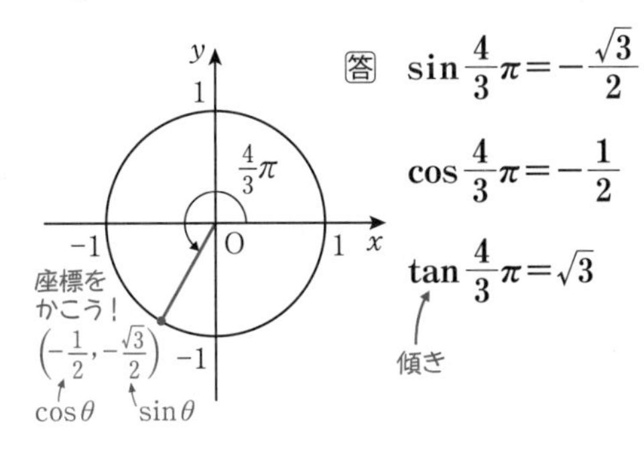

答 $\sin\dfrac{4}{3}\pi=-\dfrac{\sqrt{3}}{2}$

$\cos\dfrac{4}{3}\pi=-\dfrac{1}{2}$

$\tan\dfrac{4}{3}\pi=\sqrt{3}$

(2) $-\dfrac{5}{4}\pi$

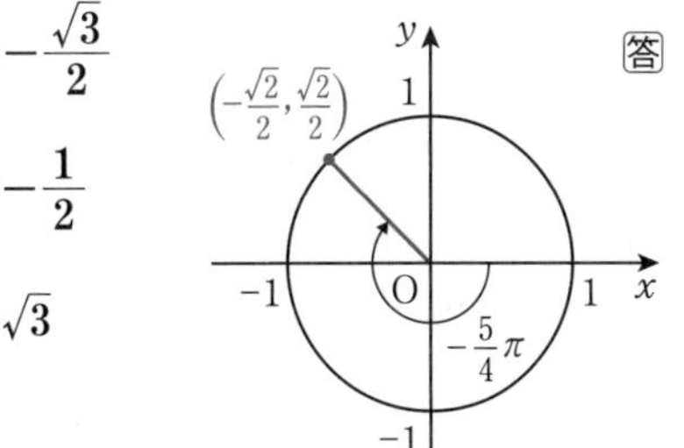

答 $\sin\left(-\dfrac{5}{4}\pi\right)=\dfrac{\sqrt{2}}{2}$

$\cos\left(-\dfrac{5}{4}\pi\right)=-\dfrac{\sqrt{2}}{2}$

$\tan\left(-\dfrac{5}{4}\pi\right)=-1$

94 ［等式を満たす角］ 必修 テスト

$0\leqq\theta<2\pi$ のとき，次の式を満たす θ を求めよ。

(1) $\sin\theta=-\dfrac{\sqrt{3}}{2}$ （y 座標）

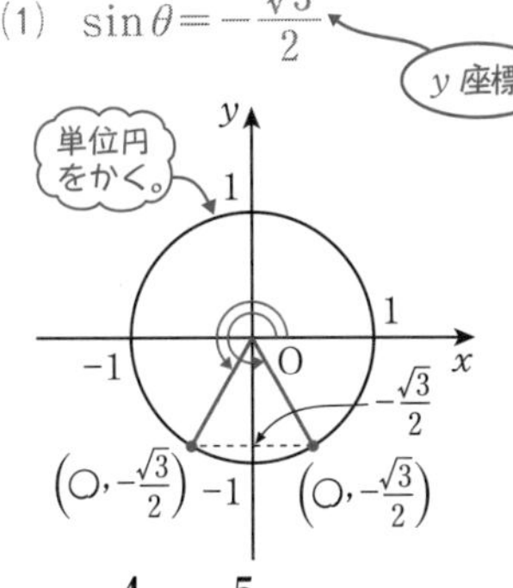

$\boldsymbol{\theta=\dfrac{4}{3}\pi,\ \dfrac{5}{3}\pi}$ …答

(2) $\cos\theta=-\dfrac{\sqrt{3}}{2}$ （x 座標）

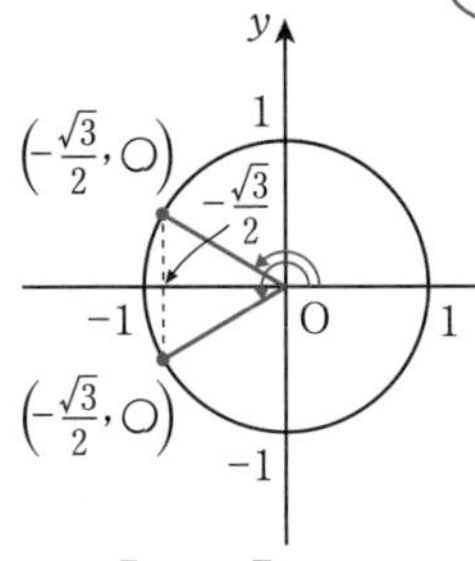

$\boldsymbol{\theta=\dfrac{5}{6}\pi,\ \dfrac{7}{6}\pi}$ …答

(3) $\tan\theta=1$ （傾き）

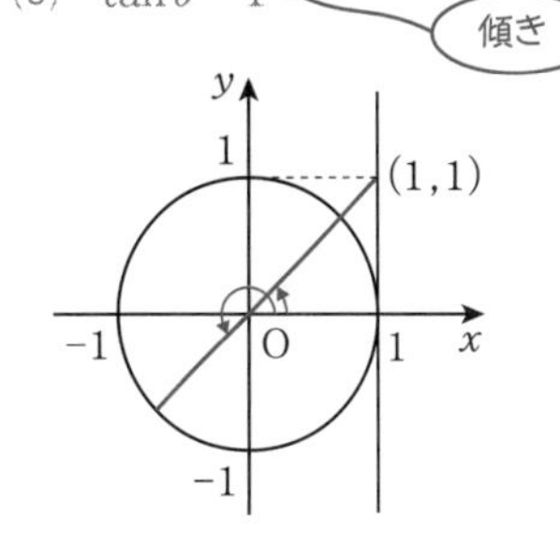

$\boldsymbol{\theta=\dfrac{\pi}{4},\ \dfrac{5}{4}\pi}$ …答

95 ［三角関数の相互関係］ 必修 テスト

θ は第4象限の角で，$\cos\theta=\dfrac{1}{\sqrt{3}}$ のとき，$\sin\theta$, $\tan\theta$ の値を求めよ。

$\sin^2\theta+\cos^2\theta=1$ に代入して　$\sin^2\theta+\left(\dfrac{1}{\sqrt{3}}\right)^2=1$　　$\sin^2\theta=\dfrac{2}{3}$　　$\sin\theta=\pm\dfrac{\sqrt{2}}{\sqrt{3}}$

θ は第4象限の角だから　$\sin\theta<0$

よって　$\sin\theta=-\dfrac{\sqrt{2}}{\sqrt{3}}=-\dfrac{\sqrt{6}}{3}$ …答　　$\tan\theta=\dfrac{\sin\theta}{\cos\theta}=-\sqrt{2}$ …答

➡ 問題 *p. 50*

96 ［三角関数の式の変形(1)］

$\tan\theta+\dfrac{\cos\theta}{1+\sin\theta}$ を簡単にせよ。

$$与式=\frac{\sin\theta}{\cos\theta}+\frac{\cos\theta}{1+\sin\theta}=\frac{\sin\theta+\sin^2\theta+\cos^2\theta}{\cos\theta(1+\sin\theta)}=\frac{1+\sin\theta}{\cos\theta(1+\sin\theta)}=\boldsymbol{\frac{1}{\cos\theta}}$$ …答

97 ［等式の証明］ テスト

$\tan\theta+\dfrac{1}{\tan\theta}=\dfrac{1}{\sin\theta\cos\theta}$ を証明せよ。

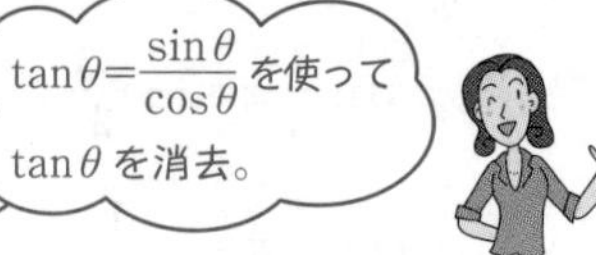
$\tan\theta=\dfrac{\sin\theta}{\cos\theta}$ を使って
$\tan\theta$ を消去。

$$\textbf{左辺}=\tan\theta+\frac{1}{\tan\theta}=\frac{\sin\theta}{\cos\theta}+\frac{\cos\theta}{\sin\theta}=\frac{\sin^2\theta+\cos^2\theta}{\sin\theta\cos\theta}=\frac{1}{\sin\theta\cos\theta}=\textbf{右辺}$$

よって $\boldsymbol{\tan\theta+\dfrac{1}{\tan\theta}=\dfrac{1}{\sin\theta\cos\theta}}$ 終

98 ［三角関数を含む式］ テスト

$\sin\theta-\cos\theta=t$ のとき，次の式を t で表せ。

(1) $\sin\theta\cos\theta$

$(\sin\theta-\cos\theta)^2=t^2$

$\sin^2\theta-2\sin\theta\cos\theta+\cos^2\theta=t^2$

$1-2\sin\theta\cos\theta=t^2$

よって　$\sin\theta\cos\theta=\boldsymbol{\dfrac{1-t^2}{2}}$ …答

(2) $\sin^3\theta-\cos^3\theta$

$=(\sin\theta-\cos\theta)(\sin^2\theta+\sin\theta\cos\theta+\cos^2\theta)$

$=t\left(1+\dfrac{1-t^2}{2}\right)$

$=\boldsymbol{\dfrac{3t-t^3}{2}}$ …答

99 ［三角関数と2次方程式］

2 次方程式 $3x^2-2x+k=0$ の 2 つの解が $\sin\theta$，$\cos\theta$ であるとき，定数 k の値を求めよ。また，$\sin\theta-\cos\theta$ の値を求めよ。

解と係数の関係により $\begin{cases}\sin\theta+\cos\theta=\dfrac{2}{3} & \cdots① \\ \sin\theta\cos\theta=\dfrac{k}{3} & \cdots②\end{cases}$

①の両辺を平方して　$1+2\sin\theta\cos\theta=\dfrac{4}{9}$

②を代入して　$1+2\cdot\dfrac{k}{3}=\dfrac{4}{9}$　　$\boldsymbol{k}=-\dfrac{5}{9}\cdot\dfrac{3}{2}=\boldsymbol{-\dfrac{5}{6}}$ …答

$k=-\dfrac{5}{6}$ より　$\sin\theta\cos\theta=-\dfrac{5}{18}$

$(\sin\theta-\cos\theta)^2=1-2\sin\theta\cos\theta=1-2\cdot\left(-\dfrac{5}{18}\right)=\dfrac{14}{9}$

したがって　$\boldsymbol{\sin\theta-\cos\theta=\pm\dfrac{\sqrt{14}}{3}}$ …答

4 三角関数の性質

100 [三角関数の式の変形(2)]
次の式を簡単にせよ。

$\sin\left(\theta-\frac{\pi}{2}\right)+\sin\left(\frac{\pi}{2}+\theta\right)+\sin(\pi-\theta)+\sin(\pi+\theta)$

$=-\sin\left(\frac{\pi}{2}-\theta\right)+\sin\left(\frac{\pi}{2}+\theta\right)+\sin(\pi-\theta)+\sin(\pi+\theta)$

$=-\cos\theta+\cos\theta+\sin\theta-\sin\theta=\mathbf{0}$ …答

101 [三角関数の値(2)]
次の三角関数を $0\leqq\theta\leqq\frac{\pi}{4}$ の三角関数で表し，その値を求めよ。

(1) $\sin\frac{5}{4}\pi$

$=\sin\left(\pi+\frac{\pi}{4}\right)$

$=\mathbf{-\sin\frac{\pi}{4}}$

$=\mathbf{-\frac{\sqrt{2}}{2}}$ …答

(2) $\cos\left(-\frac{7}{6}\pi\right)$

$=\cos\frac{7}{6}\pi$

$=\cos\left(\pi+\frac{\pi}{6}\right)$

$=\mathbf{-\cos\frac{\pi}{6}=-\frac{\sqrt{3}}{2}}$ …答

(3) $\tan\frac{5}{3}\pi$

$=\tan\left(\pi+\frac{2}{3}\pi\right)$

$=\tan\frac{2}{3}\pi=\tan\left(\frac{\pi}{2}+\frac{\pi}{6}\right)$

$=\mathbf{-\frac{1}{\tan\frac{\pi}{6}}=-\sqrt{3}}$ …答

5 三角関数のグラフ

102 [sin のグラフをかく]
$y=2\sin\left(x-\frac{\pi}{6}\right)$ のグラフをかけ。

$y=2\sin x$ のグラフを x 軸方向に $\frac{\pi}{6}$ だけ平行移動。

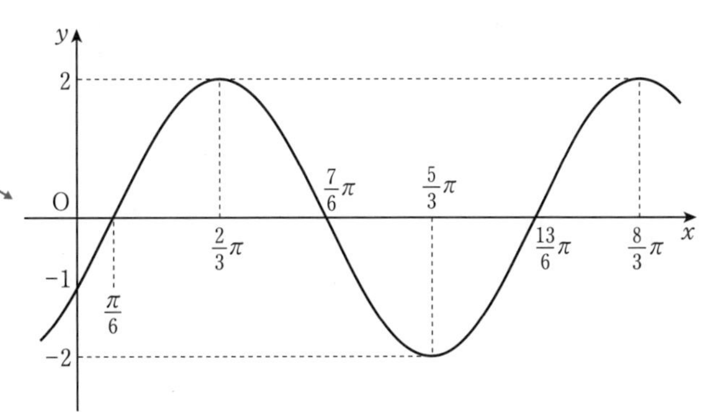

103 [cos のグラフをかく] 必修
$y=\cos 2\left(x-\frac{\pi}{3}\right)$ のグラフをかけ。

周期 π
$y=\cos 2x$ のグラフを x 軸方向に $\frac{\pi}{3}$ だけ平行移動。

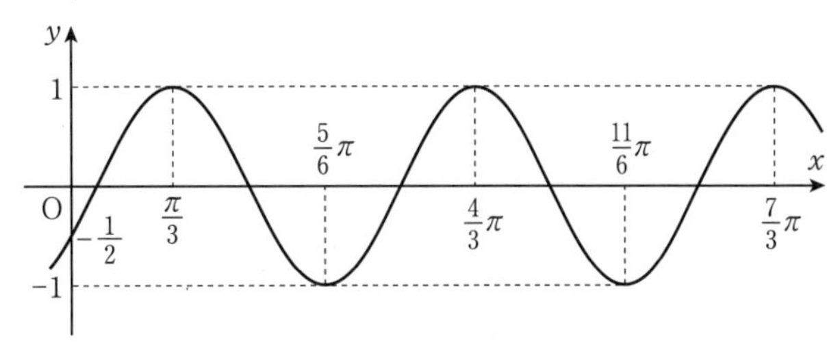

➡ 問題 p. 52

104 ［tan のグラフをかく］

$y=\tan\frac{1}{2}x$ のグラフをかけ。

←周期 2π

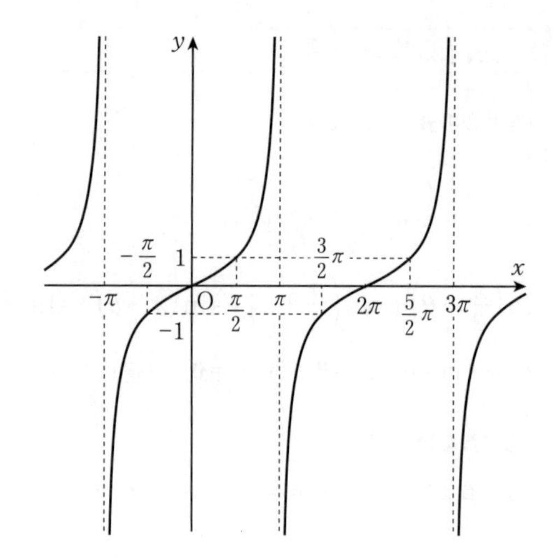

6 三角方程式・不等式

105 ［三角方程式を解く(1)］

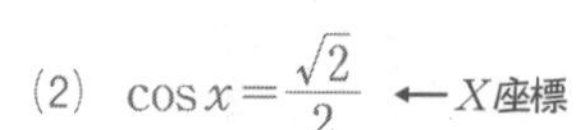

次の方程式を解け。ただし，$0 \leqq x < 2\pi$ とする。

(1) $\sin x=\frac{1}{2}$ ←Y座標

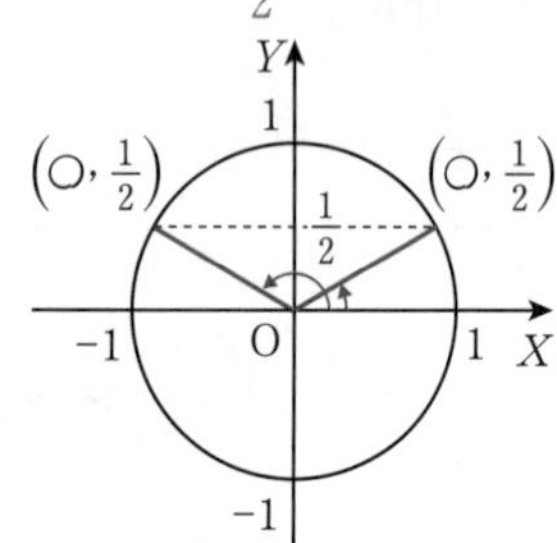

$x=\frac{\pi}{6}, \ \frac{5}{6}\pi$ …答

(2) $\cos x=\frac{\sqrt{2}}{2}$ ←X座標

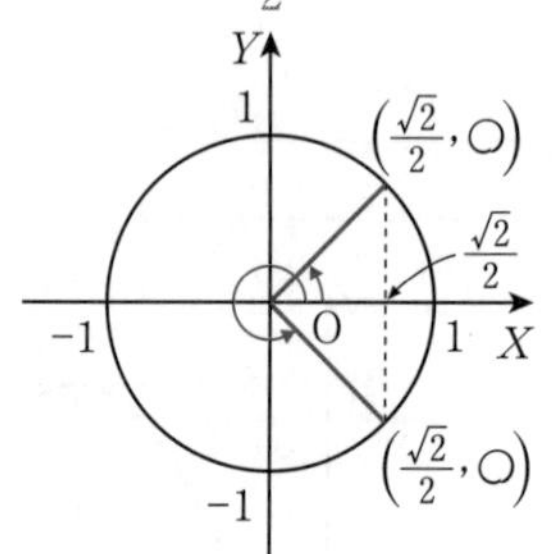

$x=\frac{\pi}{4}, \ \frac{7}{4}\pi$ …答

(3) $\tan x=-\frac{1}{\sqrt{3}}$ ←傾き

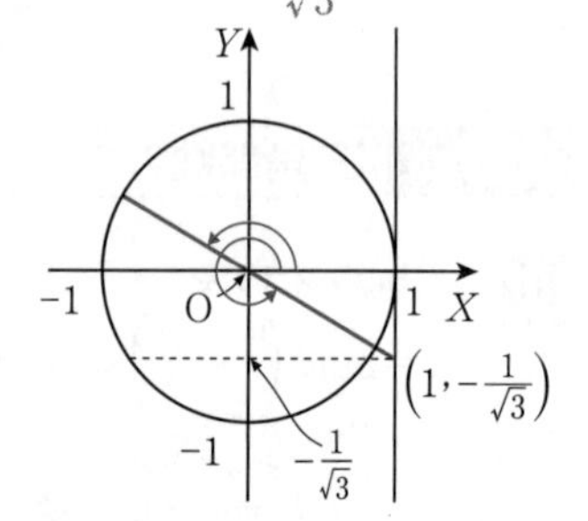

$x=\frac{5}{6}\pi, \ \frac{11}{6}\pi$ …答

106 ［三角方程式を解く(2)］

$0 \leqq x < 2\pi$ のとき，$\cos\left(2x-\frac{\pi}{3}\right)=-\frac{1}{2}$ を解け。

$2x-\frac{\pi}{3}=\theta$ とおくと　$\cos\theta=-\frac{1}{2}$

$0 \leqq x < 2\pi$ だから　$-\frac{\pi}{3} \leqq \theta < \frac{11}{3}\pi$

よって　$\theta=\frac{2}{3}\pi, \ \frac{4}{3}\pi, \ \frac{8}{3}\pi, \ \frac{10}{3}\pi$

$x=\frac{1}{2}\left(\theta+\frac{\pi}{3}\right)$ に代入して　$x=\frac{\pi}{2}, \ \frac{5}{6}\pi, \ \frac{3}{2}\pi, \ \frac{11}{6}\pi$ …答

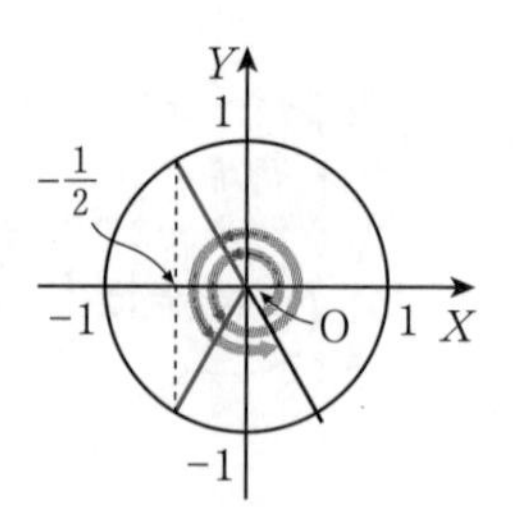

107 ［三角不等式を解く(1)］ 必修 テスト

次の不等式を解け。ただし，$0 \leqq x < 2\pi$ とする。

(1) $\sin x \leqq \dfrac{\sqrt{3}}{2}$

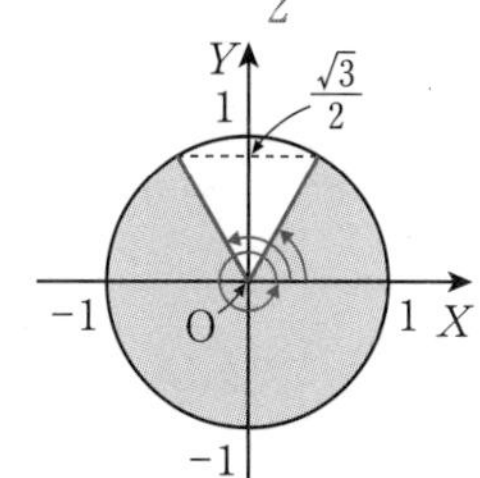

$0 \leqq x \leqq \dfrac{\pi}{3}$，$\dfrac{2}{3}\pi \leqq x < 2\pi$ …答

(2) $\cos x \geqq -\dfrac{\sqrt{3}}{2}$

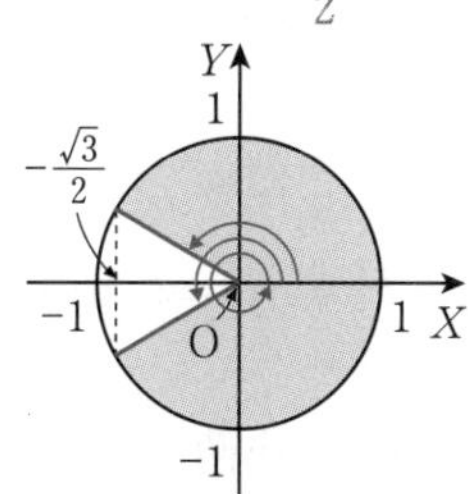

$0 \leqq x \leqq \dfrac{5}{6}\pi$，$\dfrac{7}{6}\pi \leqq x < 2\pi$ …答

(3) $\tan x \leqq \dfrac{1}{\sqrt{3}}$

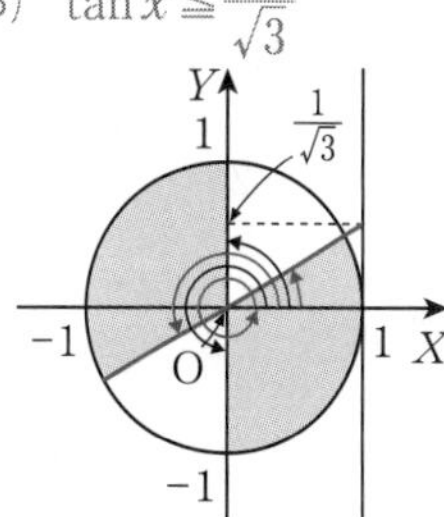

$0 \leqq x \leqq \dfrac{\pi}{6}$，$\dfrac{\pi}{2} < x \leqq \dfrac{7}{6}\pi$，

$\dfrac{3}{2}\pi < x < 2\pi$ …答

108 ［三角不等式を解く(2)］

次の不等式を解け。ただし，$0 \leqq x < 2\pi$ とする。

(1) $\sin\left(x + \dfrac{\pi}{3}\right) > \dfrac{1}{2}$

$x + \dfrac{\pi}{3} = \theta$ とおくと　$\dfrac{\pi}{3} \leqq \theta < \dfrac{7}{3}\pi$

$\sin\theta > \dfrac{1}{2}$ より

$\dfrac{\pi}{3} \leqq \theta < \dfrac{5}{6}\pi$,

$\dfrac{13}{6}\pi < \theta < \dfrac{7}{3}\pi$

$0 \leqq x < \dfrac{\pi}{2}$，$\dfrac{11}{6}\pi < x < 2\pi$ …答

(2) $2\sin^2 x > 1 - \cos x$

$2(1 - \cos^2 x) > 1 - \cos x$

$2\cos^2 x - \cos x - 1 < 0$

$(2\cos x + 1)(\cos x - 1) < 0$ ← $\cos x - 1 \leqq 0$ より $2\cos x + 1 > 0$

$-\dfrac{1}{2} < \cos x < 1$

$0 < x < \dfrac{2}{3}\pi$,

$\dfrac{4}{3}\pi < x < 2\pi$ …答

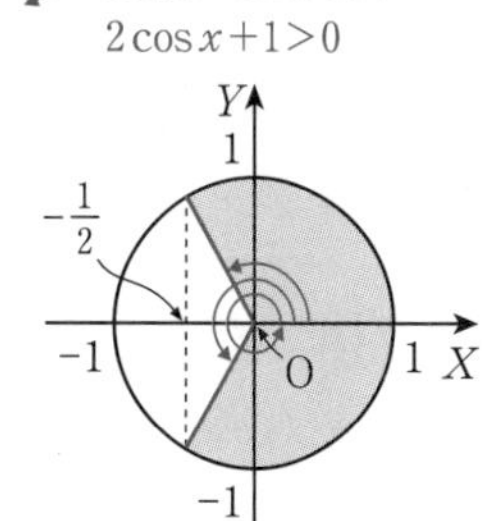

109 ［三角関数の最大・最小(1)］ テスト

次の関数の最大値，最小値およびそのときの x の値を求めよ。

$y = 3\sin\left(x + \dfrac{\pi}{3}\right)$　$\left(0 \leqq x \leqq \dfrac{\pi}{2}\right)$

$x + \dfrac{\pi}{3} = \theta$ とおくと　$\dfrac{\pi}{3} \leqq \theta \leqq \dfrac{5}{6}\pi$　　$y = 3\sin\theta$

右の図より，$\theta = \dfrac{\pi}{2}$，すなわち $x = \dfrac{\pi}{6}$ のとき，**最大値　3**

$\theta = \dfrac{5}{6}\pi$，すなわち $x = \dfrac{\pi}{2}$ のとき，**最小値　$\dfrac{3}{2}$**　…答

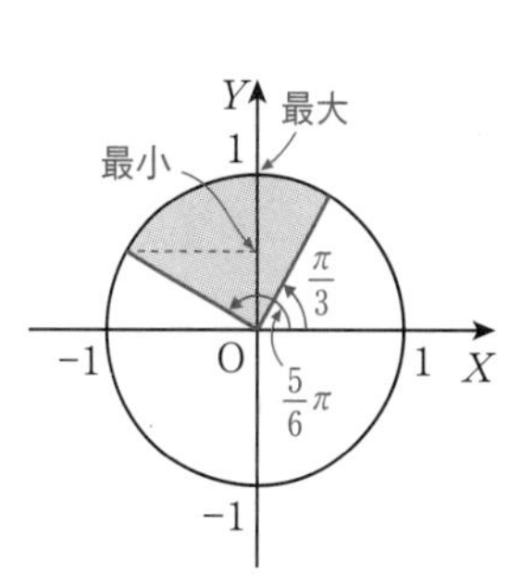

➡ 問題 *p. 54*

110 ［三角関数の最大・最小(2)］ 必修 テスト

$0 \leqq x < 2\pi$ のとき，$y=\cos^2 x-\sin x+1$ の最大値，最小値およびそのときの x の値を求めよ。

$y=1-\sin^2 x-\sin x+1=-\sin^2 x-\sin x+2$

$\sin x=t$ とおくと，$0 \leqq x < 2\pi$ だから　$-1 \leqq t \leqq 1$

$y=-t^2-t+2=-\left(t+\dfrac{1}{2}\right)^2+\dfrac{9}{4}$

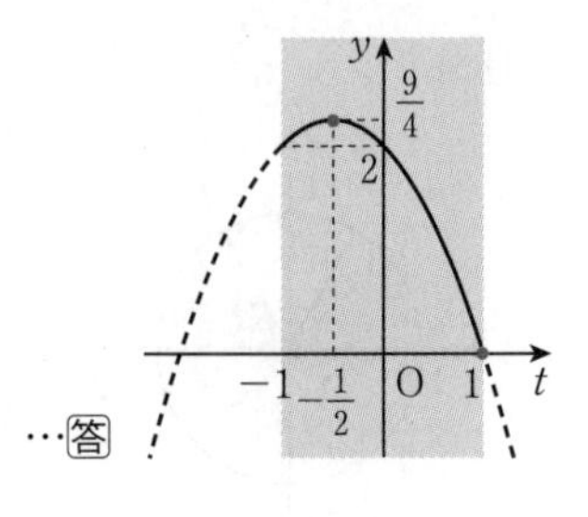

右の図より，$t=-\dfrac{1}{2}$，すなわち $x=\dfrac{7}{6}\pi$，$\dfrac{11}{6}\pi$ **のとき，最大値**　$\dfrac{9}{4}$

$t=1$，すなわち $x=\dfrac{\pi}{2}$ **のとき，最小値**　**0**　…答

7　加法定理

111 ［三角関数の値(3)］ テスト

次の値を求めよ。

(1) $\sin 105^\circ=\sin(60^\circ+45^\circ)=\sin 60^\circ \cos 45^\circ+\cos 60^\circ \sin 45^\circ$

$=\dfrac{\sqrt{3}}{2}\cdot\dfrac{\sqrt{2}}{2}+\dfrac{1}{2}\cdot\dfrac{\sqrt{2}}{2}=\dfrac{\sqrt{6}+\sqrt{2}}{4}$　…答

(2) $\cos 75^\circ=\cos(45^\circ+30^\circ)=\cos 45^\circ \cos 30^\circ-\sin 45^\circ \sin 30^\circ$

$=\dfrac{\sqrt{2}}{2}\cdot\dfrac{\sqrt{3}}{2}-\dfrac{\sqrt{2}}{2}\cdot\dfrac{1}{2}=\dfrac{\sqrt{6}-\sqrt{2}}{4}$　…答

112 ［加法定理］ 必修 テスト

α は鋭角，β は鈍角で，$\cos\alpha=\dfrac{2}{3}$，$\sin\beta=\dfrac{1}{3}$ のとき，$\cos(\alpha-\beta)$ の値を求めよ。

α は鋭角だから　$\sin\alpha>0$　　$\sin\alpha=\sqrt{1-\left(\dfrac{2}{3}\right)^2}=\dfrac{\sqrt{5}}{3}$

β は鈍角だから　$\cos\beta<0$　　$\cos\beta=-\sqrt{1-\left(\dfrac{1}{3}\right)^2}=-\dfrac{2\sqrt{2}}{3}$

$\cos(\alpha-\beta)=\cos\alpha\cos\beta+\sin\alpha\sin\beta$

$=\dfrac{2}{3}\cdot\left(-\dfrac{2\sqrt{2}}{3}\right)+\dfrac{\sqrt{5}}{3}\cdot\dfrac{1}{3}=\dfrac{\sqrt{5}-4\sqrt{2}}{9}$　…答

113 ［三角関数の等式の証明(1)］

$\tan\alpha-\tan\beta=\dfrac{\sin(\alpha-\beta)}{\cos\alpha\cos\beta}$ を証明せよ。

右辺$=\dfrac{\sin\alpha\cos\beta-\cos\alpha\sin\beta}{\cos\alpha\cos\beta}=\dfrac{\sin\alpha}{\cos\alpha}-\dfrac{\sin\beta}{\cos\beta}=\tan\alpha-\tan\beta=$**左辺**

ゆえに　$\tan\alpha-\tan\beta=\dfrac{\sin(\alpha-\beta)}{\cos\alpha\cos\beta}$　終

114 [2直線のなす角] テスト

2 直線 $x-2y+3=0$, $3x-y-1=0$ のなす角を求めよ。

2 直線と x 軸の正の向きとのなす角を，それぞれ θ_1, θ_2 とすると

$y=\frac{1}{2}x+\frac{3}{2}$ より　$\tan\theta_1=\frac{1}{2}$　　$y=3x-1$ より　$\tan\theta_2=3$

$$\tan(\theta_2-\theta_1)=\frac{\tan\theta_2-\tan\theta_1}{1+\tan\theta_2\tan\theta_1}=\frac{3-\frac{1}{2}}{1+3\cdot\frac{1}{2}}=\frac{5}{5}=1 \qquad \theta_2-\theta_1=45^\circ$$

したがって，**2 直線のなす角は 45°**　…答

115 [加法定理の応用]

$\sin x-\sin y=\frac{1}{4}$, $\cos x+\cos y=\frac{1}{2}$ のとき，$\cos(x+y)$ の値を求めよ。

平方して　$\sin^2 x-2\sin x\sin y+\sin^2 y=\frac{1}{16}$　…①

$\cos^2 x+2\cos x\cos y+\cos^2 y=\frac{1}{4}$　…②

①+②より　$2+2\cos(x+y)=\frac{5}{16}$　　よって　$\cos(x+y)=-\frac{27}{32}$　…答

8 いろいろな公式

116 [2倍角の公式の利用] 必修 テスト

α が第 1 象限の角で $\cos\alpha=\frac{1}{4}$ のとき，次の値を求めよ。

(1) $\sin 2\alpha$

$=2\sin\alpha\cos\alpha=2\cdot\frac{\sqrt{15}}{4}\cdot\frac{1}{4}=\frac{\sqrt{15}}{8}$　…答

$\sin\alpha=\sqrt{1-\left(\frac{1}{4}\right)^2}=\frac{\sqrt{15}}{4}$ だから。

(2) $\cos 2\alpha$

$=2\cos^2\alpha-1=2\cdot\left(\frac{1}{4}\right)^2-1=-\frac{7}{8}$　…答

117 [半角の公式の利用]

$0\leqq\alpha<\pi$ で $\cos\alpha=\frac{1}{3}$ のとき，$\sin\frac{\alpha}{2}$, $\cos\frac{\alpha}{2}$ の値を求めよ。

$$\sin^2\frac{\alpha}{2}=\frac{1-\cos\alpha}{2}=\frac{1-\frac{1}{3}}{2}=\frac{1}{3} \qquad \cos^2\frac{\alpha}{2}=\frac{1+\cos\alpha}{2}=\frac{1+\frac{1}{3}}{2}=\frac{2}{3}$$

したがって　$\sin\frac{\alpha}{2}=\frac{\sqrt{3}}{3}$, $\cos\frac{\alpha}{2}=\frac{\sqrt{6}}{3}$　…答　←条件より $\frac{\alpha}{2}$ は鋭角だから $\sin\frac{\alpha}{2}$, $\cos\frac{\alpha}{2}$ は正

➡ 問題 p. 56

118 ［三角関数の値(4)］

tan 22.5° の値を求めよ。

$$\tan^2 22.5° = \frac{1-\cos 45°}{1+\cos 45°} = \frac{1-\frac{\sqrt{2}}{2}}{1+\frac{\sqrt{2}}{2}} = \frac{\sqrt{2}-1}{\sqrt{2}+1} = \frac{(\sqrt{2}-1)^2}{(\sqrt{2}+1)(\sqrt{2}-1)} = (\sqrt{2}-1)^2$$

したがって　$\tan 22.5° = \sqrt{2}-1$　…答　← $\tan 22.5°$ は正

119 ［三角関数の等式の証明(2)］

次の等式を証明せよ。

(1) $\dfrac{1-\cos 2\theta}{\sin 2\theta} = \tan\theta$

左辺 $= \dfrac{1-\cos 2\theta}{\sin 2\theta} = \dfrac{1-(1-2\sin^2\theta)}{2\sin\theta\cos\theta} = \dfrac{2\sin^2\theta}{2\sin\theta\cos\theta} = \dfrac{\sin\theta}{\cos\theta} = \tan\theta =$ **右辺**

したがって　$\dfrac{1-\cos 2\theta}{\sin 2\theta} = \tan\theta$　終

(2) $\sin 3\theta = 3\sin\theta - 4\sin^3\theta$

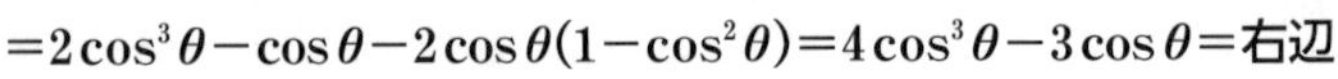

左辺 $= \sin(2\theta+\theta) = \sin 2\theta\cos\theta + \cos 2\theta\sin\theta = (2\sin\theta\cos\theta)\cos\theta + (1-2\sin^2\theta)\sin\theta$

$= 2\sin\theta(1-\sin^2\theta) + \sin\theta - 2\sin^3\theta = 3\sin\theta - 4\sin^3\theta =$ **右辺**

したがって　$\sin 3\theta = 3\sin\theta - 4\sin^3\theta$　終

(2)と(3)は
3 倍角の公式といいます。

(3) $\cos 3\theta = 4\cos^3\theta - 3\cos\theta$

cos θ のみで表すように変形していく

左辺 $= \cos(2\theta+\theta) = \cos 2\theta\cos\theta - \sin 2\theta\sin\theta = (2\cos^2\theta-1)\cos\theta - (2\sin\theta\cos\theta)\sin\theta$

$= 2\cos^3\theta - \cos\theta - 2\cos\theta(1-\cos^2\theta) = 4\cos^3\theta - 3\cos\theta =$ **右辺**

したがって　$\cos 3\theta = 4\cos^3\theta - 3\cos\theta$　終

120 ［三角方程式・不等式を解く(1)］ 必修 テスト

次の方程式，不等式を解け。ただし，$0 \leqq x < 2\pi$ とする。

(1) $\sin 2x - \cos x = 0$

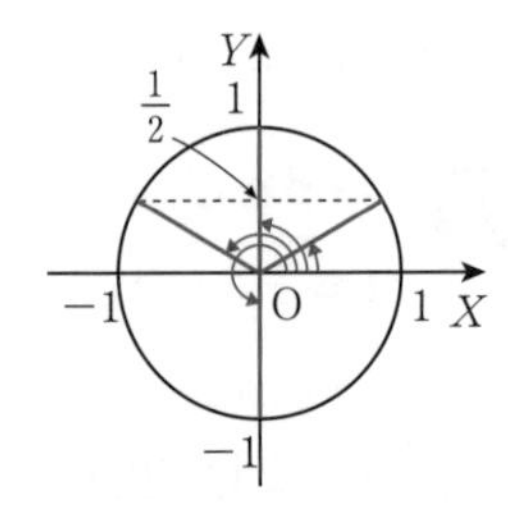

$2\sin x\cos x - \cos x = 0$　　$\cos x(2\sin x - 1) = 0$

よって　$\cos x = 0$，$\sin x = \dfrac{1}{2}$

$\boldsymbol{x = \dfrac{\pi}{6},\ \dfrac{\pi}{2},\ \dfrac{5}{6}\pi,\ \dfrac{3}{2}\pi}$　…答

（$\cos x = 0$ より：$\dfrac{\pi}{2}$，$\dfrac{3}{2}\pi$　$\sin x = \dfrac{1}{2}$ より：$\dfrac{\pi}{6}$，$\dfrac{5}{6}\pi$）

(2) $\cos 2x \geqq \sin x + 1$

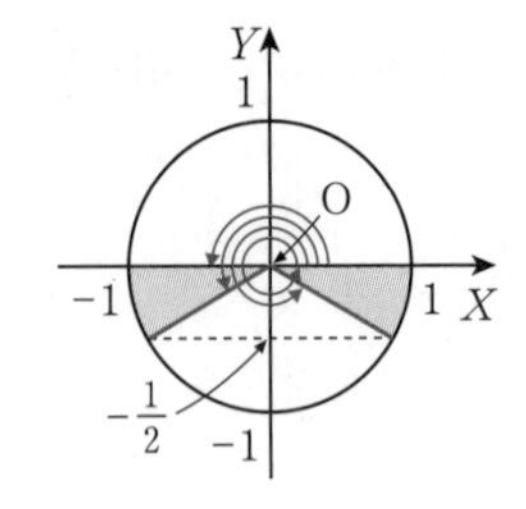

$1-2\sin^2 x \geqq \sin x + 1$　　$2\sin^2 x + \sin x \leqq 0$　　$\sin x(2\sin x + 1) \leqq 0$

ゆえに　$-\dfrac{1}{2} \leqq \sin x \leqq 0$

$\boldsymbol{x = 0,\ \pi \leqq x \leqq \dfrac{7}{6}\pi,\ \dfrac{11}{6}\pi \leqq x < 2\pi}$　…答

9 三角関数の合成

121 ［三角関数を合成する］ 必修 テスト

次の式を $r\sin(\theta+\alpha)$ の形にせよ。ただし，$r>0$，$-\pi<\alpha\leqq\pi$ とする。

(1) $3\sin\theta+\sqrt{3}\cos\theta$

$=2\sqrt{3}\left(\dfrac{\sqrt{3}}{2}\sin\theta+\dfrac{1}{2}\cos\theta\right)$

$=2\sqrt{3}\left(\sin\theta\cos\dfrac{\pi}{6}+\cos\theta\sin\dfrac{\pi}{6}\right)$

$=\boldsymbol{2\sqrt{3}\sin\left(\theta+\dfrac{\pi}{6}\right)}$ …答

$\cos\alpha=\dfrac{\sqrt{3}}{2}$，$\sin\alpha=\dfrac{1}{2}$ を満たすαは $\alpha=\dfrac{\pi}{6}$

(2) $-2\sin\theta+2\cos\theta$

$=2\sqrt{2}\left(-\dfrac{1}{\sqrt{2}}\sin\theta+\dfrac{1}{\sqrt{2}}\cos\theta\right)$

$=2\sqrt{2}\left(\sin\theta\cos\dfrac{3}{4}\pi+\cos\theta\sin\dfrac{3}{4}\pi\right)$

$=\boldsymbol{2\sqrt{2}\sin\left(\theta+\dfrac{3}{4}\pi\right)}$ …答

122 ［三角方程式・不等式を解く(2)］ テスト

$0\leqq x<2\pi$ のとき，次の方程式，不等式を解け。

(1) $\sqrt{3}\sin x-\cos x=\sqrt{2}$

$2\left(\dfrac{\sqrt{3}}{2}\sin x-\dfrac{1}{2}\cos x\right)=\sqrt{2}$ $\quad 2\left\{\sin x\cos\left(-\dfrac{\pi}{6}\right)+\cos x\sin\left(-\dfrac{\pi}{6}\right)\right\}=\sqrt{2}$

$\sin\left(x-\dfrac{\pi}{6}\right)=\dfrac{\sqrt{2}}{2}$ $\quad x-\dfrac{\pi}{6}=\theta$ とおくと $-\dfrac{\pi}{6}\leqq\theta<\dfrac{11}{6}\pi$ $\quad \sin\theta=\dfrac{\sqrt{2}}{2}$

$\theta=\dfrac{\pi}{4}$，$\dfrac{3}{4}\pi$ より $\boldsymbol{x=\dfrac{5}{12}\pi,\ \dfrac{11}{12}\pi}$ …答

$x=\theta+\dfrac{\pi}{6}$ を計算。

(2) $\sqrt{2}\sin x+\sqrt{2}\cos x>1$

$2\left(\dfrac{\sqrt{2}}{2}\sin x+\dfrac{\sqrt{2}}{2}\cos x\right)>1$ $\quad 2\left(\sin x\cos\dfrac{\pi}{4}+\cos x\sin\dfrac{\pi}{4}\right)>1$

$\sin\left(x+\dfrac{\pi}{4}\right)>\dfrac{1}{2}$ $\quad x+\dfrac{\pi}{4}=\theta$ とおくと $\dfrac{\pi}{4}\leqq\theta<\dfrac{9}{4}\pi$ $\quad \sin\theta>\dfrac{1}{2}$

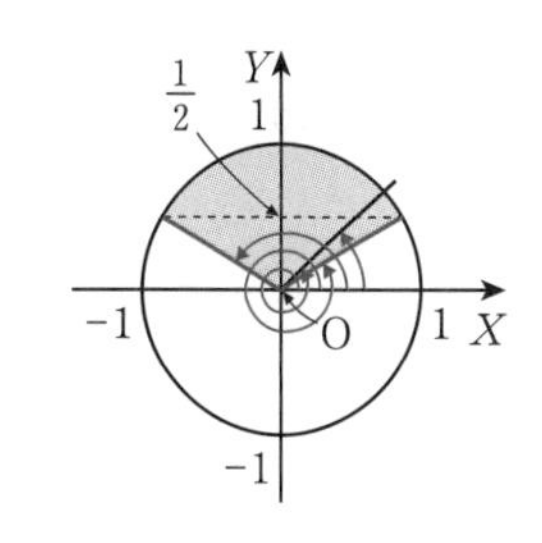

$\dfrac{\pi}{4}\leqq\theta<\dfrac{5}{6}\pi$，$\dfrac{13}{6}\pi<\theta<\dfrac{9}{4}\pi$ より $\boldsymbol{0\leqq x<\dfrac{7}{12}\pi,\ \dfrac{23}{12}\pi<x<2\pi}$ …答

123 ［三角関数の最大・最小(3)］ 難

$0\leqq\theta<2\pi$ のとき，$f(\theta)=3\sin^2\theta+2\sin\theta\cos\theta+\cos^2\theta$ の最大値，最小値と，そのときの θ の値を求めよ。

$f(\theta)=3\cdot\dfrac{1-\cos 2\theta}{2}+\sin 2\theta+\dfrac{1+\cos 2\theta}{2}=\sin 2\theta-\cos 2\theta+2=\sqrt{2}\left(\dfrac{1}{\sqrt{2}}\sin 2\theta-\dfrac{1}{\sqrt{2}}\cos 2\theta\right)+2$

$=\sqrt{2}\sin\left(2\theta-\dfrac{\pi}{4}\right)+2$ $\quad 2\theta-\dfrac{\pi}{4}=x$ とおくと $f(\theta)=\sqrt{2}\sin x+2$ $\left(-\dfrac{\pi}{4}\leqq x<\dfrac{15}{4}\pi\right)$

よって，$x=\dfrac{\pi}{2}$，$\dfrac{5}{2}\pi$，すなわち $\boldsymbol{\theta=\dfrac{3}{8}\pi,\ \dfrac{11}{8}\pi}$ **のとき，最大値** $\boldsymbol{\sqrt{2}+2}$

$x=\dfrac{3}{2}\pi$，$\dfrac{7}{2}\pi$，すなわち $\boldsymbol{\theta=\dfrac{7}{8}\pi,\ \dfrac{15}{8}\pi}$ **のとき，最小値** $\boldsymbol{-\sqrt{2}+2}$ …答

➡ 問題 p. 58

入試問題にチャレンジ

1 $\tan\alpha=\dfrac{5}{12}$，$\tan\beta=\dfrac{3}{4}$ $\left(0<\alpha<\dfrac{\pi}{2},\ 0<\beta<\dfrac{\pi}{2}\right)$ とする。このとき，$\sin\alpha=$□，$\cos\alpha=$□，$\sin 2\alpha=$□，$\tan(\alpha+\beta)=$□である。　（関東学院大）

$1+\tan^2\alpha=\dfrac{1}{\cos^2\alpha}$ より　$\cos^2\alpha=\dfrac{1}{1+\left(\dfrac{5}{12}\right)^2}=\dfrac{144}{144+25}=\dfrac{144}{169}$

$0<\alpha<\dfrac{\pi}{2}$ より　$\cos\alpha=\boldsymbol{\dfrac{12}{13}}$　…答　　$\tan\alpha=\dfrac{\sin\alpha}{\cos\alpha}$ より　$\sin\alpha=\dfrac{5}{12}\cdot\dfrac{12}{13}=\boldsymbol{\dfrac{5}{13}}$　…答

$\sin 2\alpha=2\sin\alpha\cos\alpha=2\cdot\dfrac{5}{13}\cdot\dfrac{12}{13}=\boldsymbol{\dfrac{120}{169}}$　…答

$\tan(\alpha+\beta)=\dfrac{\tan\alpha+\tan\beta}{1-\tan\alpha\tan\beta}=\dfrac{\dfrac{5}{12}+\dfrac{3}{4}}{1-\dfrac{5}{12}\cdot\dfrac{3}{4}}=\dfrac{20+36}{48-15}=\boldsymbol{\dfrac{56}{33}}$　…答

2 $0\leqq x<2\pi$ のとき，方程式 $6\sin^2 x+5\cos x-2=0$ を満たす x の値を求めよ。　（山形大）

$6(1-\cos^2 x)+5\cos x-2=0$　　$6\cos^2 x-5\cos x-4=0$

$(2\cos x+1)(3\cos x-4)=0$

$-1\leqq\cos x\leqq 1$ より　$\cos x=-\dfrac{1}{2}$

$0\leqq x<2\pi$ だから　$\boldsymbol{x=\dfrac{2}{3}\pi,\ \dfrac{4}{3}\pi}$　…答

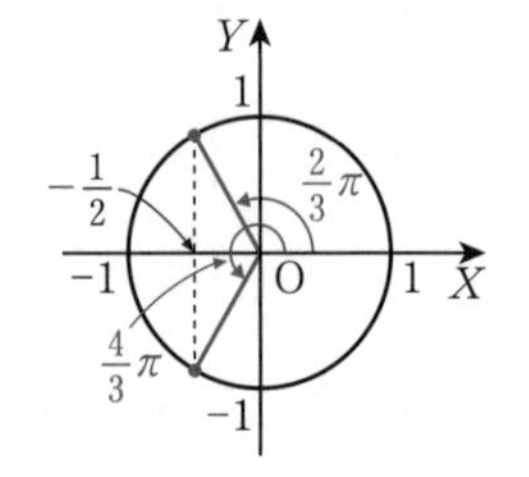

3 $0\leqq\theta<2\pi$ のとき，方程式 $2\sin 2\theta=\tan\theta+\dfrac{1}{\cos\theta}$ を解け。　（弘前大）

$4\sin\theta\cos\theta=\dfrac{\sin\theta}{\cos\theta}+\dfrac{1}{\cos\theta}$

両辺に $\cos\theta$ を掛けて

$4\sin\theta\cos^2\theta=\sin\theta+1$　　$4\sin\theta(1-\sin^2\theta)=\sin\theta+1$　　$4\sin^3\theta-3\sin\theta+1=0$

$\sin\theta=t$ とおくと　$4t^3-3t+1=0$

$f(t)=4t^3-3t+1$ とおくと，

$f(-1)=-4+3+1=0$ より，

$f(t)$ は $t+1$ で割り切れる。よって

−1	4	0	−3	1
		−4	4	−1
	4	−4	1	0

$f(t)=(t+1)(4t^2-4t+1)=(t+1)(2t-1)^2$

$(t+1)(2t-1)^2=0$ を解いて　$t=-1,\ \dfrac{1}{2}$　　$\sin\theta=-1,\ \dfrac{1}{2}$

$0\leqq\theta<2\pi$ のとき　$\theta=\dfrac{\pi}{6},\ \dfrac{5}{6}\pi,\ \dfrac{3}{2}\pi$

$\cos\theta\neq 0$ なので，$\theta=\dfrac{3}{2}\pi$ は適さないから　$\boldsymbol{\theta=\dfrac{\pi}{6},\ \dfrac{5}{6}\pi}$　…答

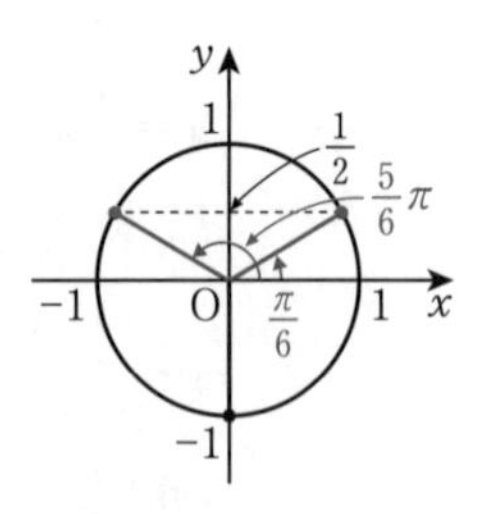

4 $0 \leqq \theta \leqq \pi$ の範囲で $5\sin^2\theta + 14\cos\theta - 13 \geqq 0$ を満たす θ の中で最大のものを α とするとき，$\cos\alpha$ と $\tan 2\alpha$ の値を求めよ。 （鹿児島大）

$5(1-\cos^2\theta)+14\cos\theta-13 \geqq 0$　　$5\cos^2\theta - 14\cos\theta + 8 \leqq 0$　　$(5\cos\theta-4)(\cos\theta-2) \leqq 0$

よって，$\frac{4}{5} \leqq \cos\theta \leqq 2$ となる。$0 \leqq \theta \leqq \pi$ より，$-1 \leqq \cos\theta \leqq 1$ であるから　$\frac{4}{5} \leqq \cos\theta \leqq 1$

これを満たす θ の中で最大のものを α とするから　$\boldsymbol{\cos\alpha = \frac{4}{5}}$　…答

このとき，$\tan\alpha = \frac{3}{4}$ だから　$\boldsymbol{\tan 2\alpha} = \frac{2\tan\alpha}{1-\tan^2\alpha} = 2 \cdot \frac{3}{4} \div \left\{1 - \left(\frac{3}{4}\right)^2\right\} = \frac{3}{2} \cdot \frac{16}{7} \boldsymbol{= \frac{24}{7}}$　…答

5 関数 $f(\theta) = \sin\theta\cos\theta - \cos\theta - \sin\theta + 2$ を考える。ただし，$0 \leqq \theta \leqq \pi$ とする。$\sin\theta + \cos\theta = x$ とおいて $f(\theta)$ を x で表現し直した関数を $g(x)$ とすると，$g(x) =$ ☐ である。このとき，$g(x)$ の値の範囲は ☐ $\leqq g(x) \leqq$ ☐ である。 （明治学院大）

$x^2 = \sin^2\theta + 2\sin\theta\cos\theta + \cos^2\theta = 1 + 2\sin\theta\cos\theta$ より　$\sin\theta\cos\theta = \frac{x^2-1}{2}$

ゆえに　$g(x) = \frac{x^2-1}{2} - x + 2 = \boldsymbol{\frac{x^2}{2} - x + \frac{3}{2}}$　…答

$g(x) = \frac{1}{2}(x-1)^2 + 1$，$x = \sin\theta + \cos\theta = \sqrt{2}\sin\left(\theta + \frac{\pi}{4}\right)$

$0 \leqq \theta \leqq \pi$ だから　$\frac{\pi}{4} \leqq \theta + \frac{\pi}{4} \leqq \frac{5}{4}\pi$

$-\frac{1}{\sqrt{2}} \leqq \sin\left(\theta + \frac{\pi}{4}\right) \leqq 1$ より　$-1 \leqq x \leqq \sqrt{2}$

グラフより　$\boldsymbol{1 \leqq g(x) \leqq 3}$　…答

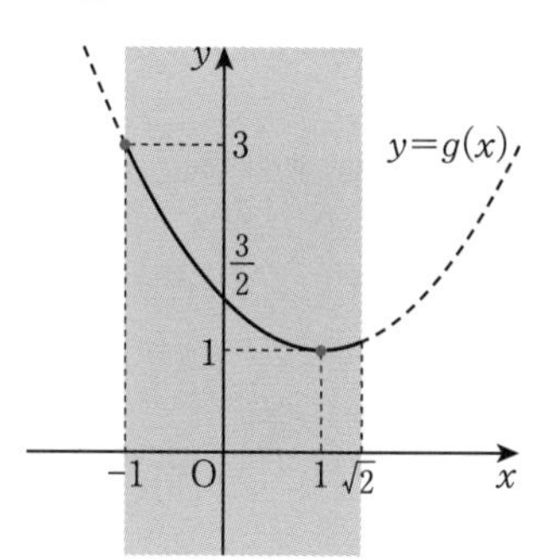

6 $0 \leqq \theta \leqq \frac{\pi}{2}$ であるとき，$2\cos^2\theta + (\sin\theta + 3\cos\theta)^2$ の最小値は ☐ で，最大値は ☐ である。 （早稲田大）

$2\cos^2\theta + (\sin\theta + 3\cos\theta)^2 = 2\cos^2\theta + \sin^2\theta + 6\sin\theta\cos\theta + 9\cos^2\theta$

$= \sin^2\theta + 11\cos^2\theta + 6\sin\theta\cos\theta = \frac{1-\cos 2\theta}{2} + 11 \cdot \frac{1+\cos 2\theta}{2} + 3\sin 2\theta$

$= 3\sin 2\theta + 5\cos 2\theta + 6 = \sqrt{34}\sin(2\theta + \alpha) + 6$ $\left(\text{ただし}\ \ 0 < \alpha < \frac{\pi}{2},\ \cos\alpha = \frac{3}{\sqrt{34}},\ \sin\alpha = \frac{5}{\sqrt{34}}\right)$

$0 \leqq \theta \leqq \frac{\pi}{2}$ だから　$\alpha \leqq 2\theta + \alpha \leqq \pi + \alpha$

最小となるのは $\sin(2\theta + \alpha) = -\frac{5}{\sqrt{34}}$ のときで，最小値 **1**　…答

最大となるのは $\sin(2\theta + \alpha) = 1$ のときで，最大値 $\boldsymbol{\sqrt{34} + 6}$　…答

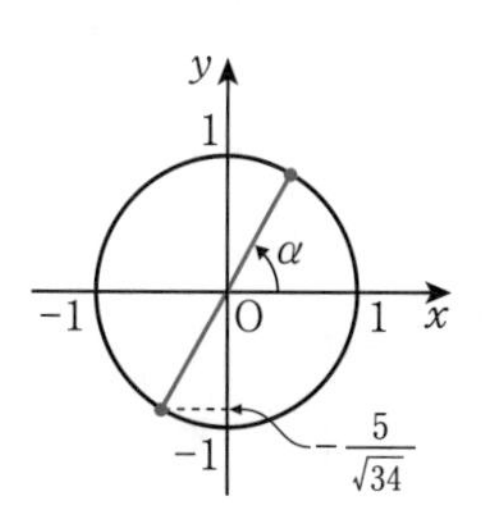

➡ 問題 *p. 62*

1 累乗根

124 ［累乗根を計算する］
次の式を簡単にせよ。

(1) $\sqrt[3]{-27}\sqrt[3]{16}$

$=-3\cdot 2\sqrt[3]{2}$

$=\boldsymbol{-6\sqrt[3]{2}}$ …答

(2) $\sqrt{\sqrt[4]{256}}$

$=\sqrt[2\times 4]{2^8}$

$=\boldsymbol{2}$ …答

(3) $\sqrt[3]{-0.064}$

$=-\sqrt[3]{0.4^3}$

$=\boldsymbol{-0.4}$ …答

2 指数の拡張

125 ［負の指数の計算］
次の計算をせよ。ただし，$a\neq 0$，$b\neq 0$ とする。

(1) $a^2\times a^{-3}\div a$

$=a^{2-3-1}$

$=a^{-2}$

$=\boldsymbol{\dfrac{1}{a^2}}$ …答

(2) $(2a)^3\div a^6$

$=2^3\cdot a^3\div a^6$

$=8\cdot a^{3-6}$

$=8a^{-3}$

$=\boldsymbol{\dfrac{8}{a^3}}$ …答

(3) $(a^{-2}b)^{-3}$

$=a^6\cdot b^{-3}$

$=\boldsymbol{\dfrac{a^6}{b^3}}$ …答

126 ［有理数の指数にする］
$a>0$ のとき，次の(1)，(2)は a^r の形で，(3)，(4)は根号の形で表せ。

(1) $\sqrt[4]{a^3}$

$=\boldsymbol{a^{\frac{3}{4}}}$ …答

(2) $\left(\dfrac{1}{\sqrt[3]{a}}\right)^2$

$=\left(a^{-\frac{1}{3}}\right)^2$

$=\boldsymbol{a^{-\frac{2}{3}}}$ …答

(3) $a^{-\frac{5}{3}}$

$=\dfrac{1}{a^{\frac{5}{3}}}$

$=\boldsymbol{\dfrac{1}{\sqrt[3]{a^5}}}$ …答

(4) $a^{0.4}$

$=a^{\frac{2}{5}}$

$=\boldsymbol{\sqrt[5]{a^2}}$ …答

127 ［指数法則の適用(1)］ テスト
次の計算をせよ。

(1) $(27^{\frac{4}{3}})^{-\frac{1}{4}}$

$=3^{3\times\frac{4}{3}\times\left(-\frac{1}{4}\right)}$

$=3^{-1}$

$=\boldsymbol{\dfrac{1}{3}}$ …答

(2) $(2^{\frac{1}{3}}\times 2^{-2})^{-3}$

$=(2^{\frac{1}{3}-2})^{-3}$

$=(2^{-\frac{5}{3}})^{-3}$

$=2^5$

$=\boldsymbol{32}$ …答

(3) $\left\{\left(\dfrac{64}{125}\right)^{-\frac{2}{3}}\right\}^{\frac{1}{2}}$

$=\left(\dfrac{4^3}{5^3}\right)^{-\frac{1}{3}}=\left(\dfrac{4}{5}\right)^{-1}$

$=\boldsymbol{\dfrac{5}{4}}$ …答

128 ［指数法則の適用(2)］
次の式を簡単にせよ。

(1) $\sqrt[3]{5^4}\times\sqrt[6]{5}\div\sqrt{5}$

$=5^{\frac{4}{3}+\frac{1}{6}-\frac{1}{2}}$

$=5^1$

$=\boldsymbol{5}$ …答

(2) $\sqrt[3]{-12}\times\sqrt[3]{18^2}\div\sqrt[3]{2}\div\sqrt[3]{9}$

$=-(2^2\cdot 3)^{\frac{1}{3}}\times(2\cdot 3^2)^{\frac{2}{3}}\div 2^{\frac{1}{3}}\div 3^{\frac{2}{3}}$

$=-2^{\frac{2}{3}+\frac{2}{3}-\frac{1}{3}}\times 3^{\frac{1}{3}+\frac{4}{3}-\frac{2}{3}}$

$=-2\cdot 3=\boldsymbol{-6}$ …答

129 ［式の値を求める］ テスト

$2^x+2^{-x}=5$ のとき，次の式の値を求めよ。

(1) 4^x+4^{-x}

$=2^{2x}+2^{-2x}$

$=(2^x+2^{-x})^2-2\cdot2^x\cdot2^{-x}$

$=5^2-2$

$=\mathbf{23}$ …答

(2) 8^x+8^{-x} ← $8^x=(2^3)^x=2^{3x}=(2^x)^3$

$=2^{3x}+2^{-3x}$

$=(2^x+2^{-x})(2^{2x}-1+2^{-2x})$ ← $2^x\cdot2^{-x}$

$=5\cdot(23-1)$

$=\mathbf{110}$ …答

$x^3+y^3=(x+y)(x^2-xy+y^2)$

3 指数関数とそのグラフ

130 ［指数関数のグラフをかく(1)］

次の関数について，下の表の x の値に対する y の値を四捨五入して小数第 2 位まで求め，同じ座標軸上にグラフをかけ。

(1) $y=3^{x-1}$ (2) $y=3^{-x-1}$

	x	-2	-1	0	1	2
(1)	y	**0.04**	**0.11**	**0.33**	**1**	**3**
(2)	y	**3**	**1**	**0.33**	**0.11**	**0.04**

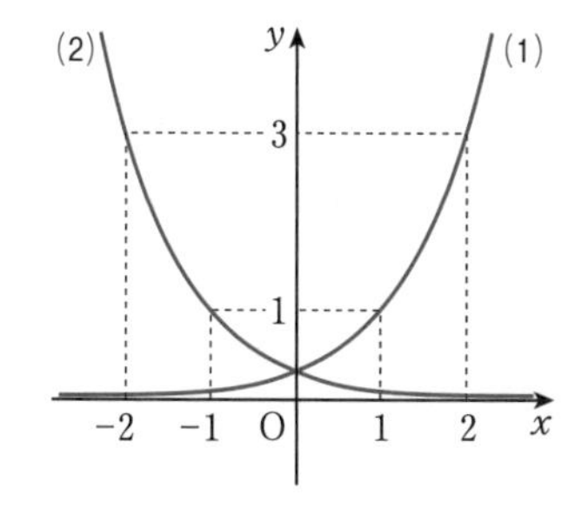

131 ［指数関数のグラフをかく(2)］ 難

関数 $y=3^x$ のグラフをもとにして，次の関数のグラフをかけ。

(1) $y=3^{x-2}$

x 軸方向に 2 だけ平行移動する。

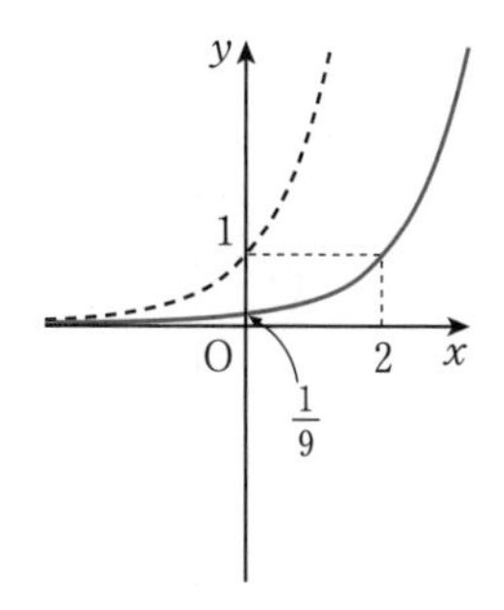

(2) $y=-\dfrac{1}{3^x}$

$y=-3^{-x}$ だから原点に関して対称移動する。

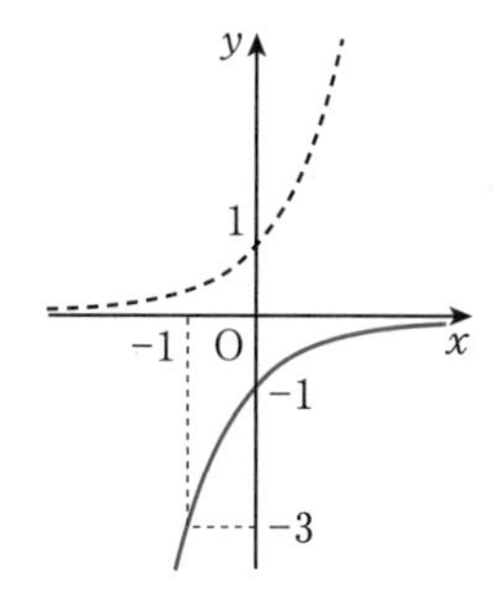

(3) $y=\dfrac{3^x}{3}+2$

$y=3^{x-1}+2$ だから x 軸方向に 1，y 軸方向に 2 だけ平行移動する。

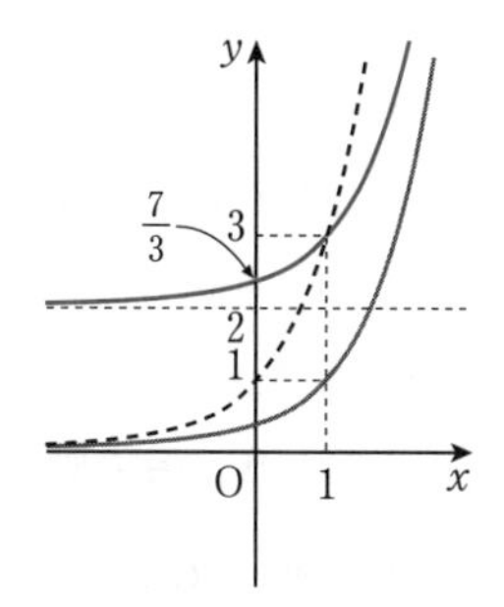

➡ 問題 *p. 64*

132 ［数の大小を比較する］ テスト

次の各組の数を小さい方から順に並べよ。

(1) $\sqrt{2}$，$\sqrt[5]{4}$，$\sqrt[9]{8}$

底がそろうことに注目。

底を 2 にそろえて比較する。

$$\sqrt{2}=2^{\frac{1}{2}},\ \sqrt[5]{4}=\sqrt[5]{2^2}=2^{\frac{2}{5}},\ \sqrt[9]{8}=\sqrt[9]{2^3}=2^{\frac{3}{9}}=2^{\frac{1}{3}}$$

$\dfrac{1}{3}<\dfrac{2}{5}<\dfrac{1}{2}$ より　$\boldsymbol{\sqrt[9]{8}<\sqrt[5]{4}<\sqrt{2}}$　…答

(2) $\sqrt{3}$，$\sqrt[3]{4}$，$\sqrt[4]{5}$

指数を $\dfrac{1}{12}$ にそろえて比較する。

$$\sqrt{3}=3^{\frac{1}{2}}=3^{\frac{6}{12}}=(3^6)^{\frac{1}{12}}=729^{\frac{1}{12}}$$

$$\sqrt[3]{4}=4^{\frac{1}{3}}=4^{\frac{4}{12}}=(4^4)^{\frac{1}{12}}=256^{\frac{1}{12}}$$

$$\sqrt[4]{5}=5^{\frac{1}{4}}=5^{\frac{3}{12}}=(5^3)^{\frac{1}{12}}=125^{\frac{1}{12}}$$

$125<256<729$ より　$\boldsymbol{\sqrt[4]{5}<\sqrt[3]{4}<\sqrt{3}}$　…答

133 ［指数式の大小を比較する］ 難

$0<a<b<1$ のとき，a^b，b^a，a^{-b}，b^{-a} を小さい方から順に並べよ。

$\left.\begin{array}{l} y=a^x \\ y=b^x \end{array}\right\}$ のグラフをかいて比較する。

$\boldsymbol{a^b<b^a<b^{-a}<a^{-b}}$　…答

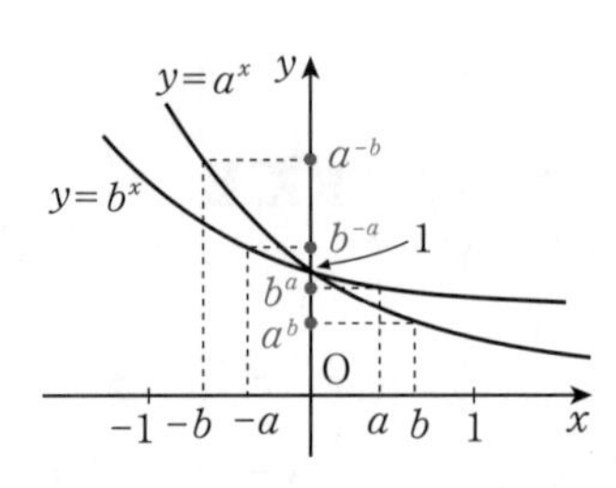

134 ［指数関数の最大・最小］ 必修 テスト

次の関数の最大値，最小値を求めよ。

(1) $y=3^{-x-1}+2$ $(-2\leqq x\leqq 1)$

$y=3^{-(x+1)}+2$ だから，グラフは $y=3^{-x}$ のグラフを，

x 軸方向に -1，y 軸方向に 2

だけ平行移動したもの。グラフより

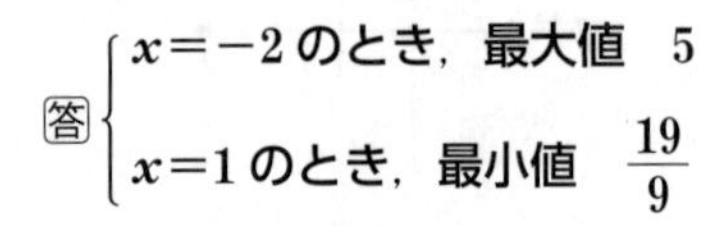

答 $\begin{cases} \boldsymbol{x=-2} \textbf{ のとき，最大値 } \boldsymbol{5} \\ \boldsymbol{x=1} \textbf{ のとき，最小値 } \boldsymbol{\dfrac{19}{9}} \end{cases}$

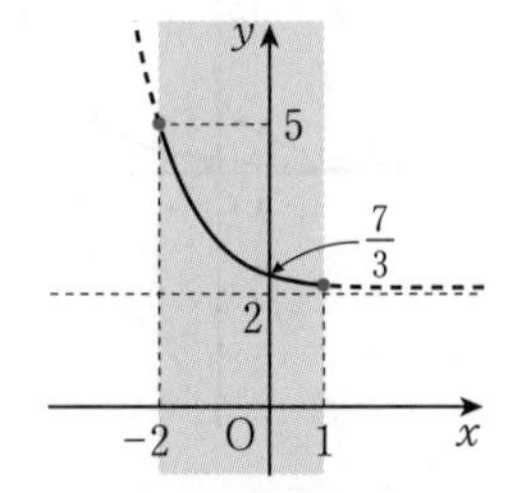

(2) $y=4^x-2^{x+2}+5$ $(0\leqq x\leqq 2)$

$y=(2^x)^2-4\cdot2^x+5$　　$2^x=t$ とおくと

$y=t^2-4t+5$

$\quad=(t-2)^2+1$ $(1\leqq t\leqq 4)$

答 $\begin{cases} t=4 \text{ より } \boldsymbol{x=2} \textbf{ のとき，最大値 } \boldsymbol{5} \\ t=2 \text{ より } \boldsymbol{x=1} \textbf{ のとき，最小値 } \boldsymbol{1} \end{cases}$

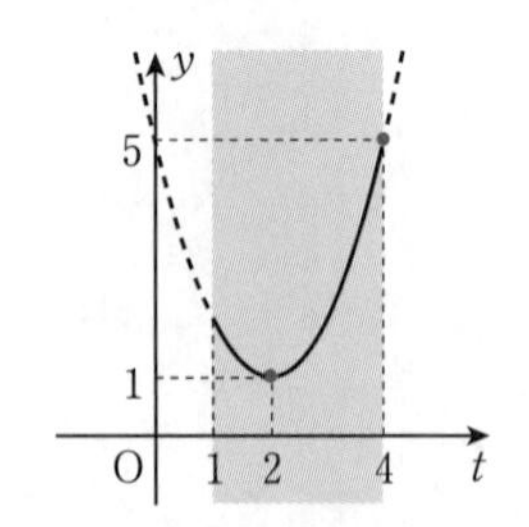

4 指数方程式・不等式

135 ［指数方程式を解く(1)］

次の方程式を解け。

(1) $3^x=3\sqrt[3]{3}=3^{1+\frac{1}{3}}$

$3^x=3^{\frac{4}{3}}$

よって　$\boldsymbol{x=\frac{4}{3}}$　…答

(2) $27\cdot9^x=1$

$3^3\cdot3^{2x}=1$　　$3^{2x+3}=3^0$ より　$2x+3=0$

よって　$\boldsymbol{x=-\frac{3}{2}}$　…答

136 ［指数方程式を解く(2)］ テスト

次の方程式を解け。

(1) $9^x-2\cdot3^{x+1}-27=0$　　←$9^x=3^{2x}=(3^x)^2$

$(3^x)^2-6\cdot3^x-27=0$

$3^x=t$ $(t>0)$ とおくと　←忘れずに！

$t^2-6t-27=0$

$(t-9)(t+3)=0$

$t>0$ だから　$t=9$

よって，$3^x=9$ より　$\boldsymbol{x=2}$　…答

(2) $2^x+8\cdot2^{-x}=9$

$2^x=t$ $(t>0)$ とおくと

$t+\frac{8}{t}=9$ より　$t^2-9t+8=0$

$(t-1)(t-8)=0$

$t>0$ だから　$t=1,\ 8$

よって，$2^x=1,\ 8$ より　$\boldsymbol{x=0,\ 3}$　…答

137 ［指数不等式を解く(1)］

次の不等式を解け。

(1) $5^{2x+1}<\frac{1}{25}$

$5^{2x+1}<5^{-2}$

底は5で，$5>1$ だから

$2x+1<-2$

$2x<-3$

よって　$\boldsymbol{x<-\frac{3}{2}}$　…答

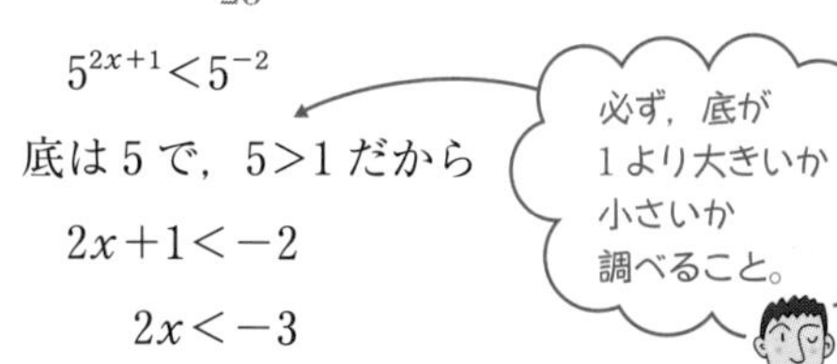

必ず，底が
1より大きいか
小さいか
調べること。

(2) $\left(\frac{1}{4}\right)^x\geqq0.5^{x-1}$

$\left(\frac{1}{2}\right)^{2x}\geqq\left(\frac{1}{2}\right)^{x-1}$

底は $\frac{1}{2}$ で，$0<\frac{1}{2}<1$ だから

$2x\leqq x-1$

よって　$\boldsymbol{x\leqq-1}$　…答

138 ［指数不等式を解く(2)］ テスト

不等式 $4^{2x}-7\cdot4^x-8\leqq0$ を解け。

$4^x=t$ $(t>0)$ とおくと　$t^2-7t-8\leqq0$　　$(t-8)(t+1)\leqq0$

よって　$-1\leqq t\leqq8$　　$t>0$ より　$0<t\leqq8$

ここで，$0<4^x\leqq8$　　$0<2^{2x}\leqq2^3$　　底は2で，$2>1$ だから　$2x\leqq3$

よって　$\boldsymbol{x\leqq\frac{3}{2}}$　…答

➡ 問題 *p. 66*

5 対数とその性質

139 [指数と対数]
次の等式を，指数は対数を使って，対数は指数を使って表せ。

(1) $2^4=16$

$\mathbf{4=\log_2 16}$ …答

(2) $3^{-3}=\frac{1}{27}$

$\mathbf{-3=\log_3\frac{1}{27}}$ …答

(3) $\log_5\sqrt{125}=\frac{3}{2}$

$\mathbf{5^{\frac{3}{2}}=\sqrt{125}}$ …答

140 [対数の計算をする] 必修 テスト
次の式を簡単にせよ。

(1) $2\log_3\frac{3}{2}-\log_3\frac{\sqrt{3}}{4}$

$=\log_3\frac{9}{4}-\log_3\frac{\sqrt{3}}{4}=\log_3\frac{9\times4}{4\times\sqrt{3}}=\log_3 3^{\frac{3}{2}}=\frac{3}{2}\log_3 3=\mathbf{\frac{3}{2}}$ …答

（$9 \to 3^2$，$\sqrt{3} \to 3^{\frac{1}{2}}$）

(2) $\log_2\sqrt{\frac{3}{2}}-\frac{1}{2}\log_2 3+\frac{1}{2}\log_2 4$

$=\log_2\frac{\sqrt{3}}{\sqrt{2}}-\log_2\sqrt{3}+\log_2 2$

$=\log_2\frac{\sqrt{3}\times2}{\sqrt{2}\times\sqrt{3}}=\log_2\sqrt{2}=\frac{1}{2}\log_2 2=\mathbf{\frac{1}{2}}$ …答

141 [対数を別の対数で表す] 必修 テスト
$\log_{10}2=a$，$\log_{10}3=b$ とするとき，次の式の値を a，b で表せ。

(1) $\log_{10}432$

$=\log_{10}(2^4\cdot3^3)=4\log_{10}2+3\log_{10}3=\mathbf{4a+3b}$ …答

(2) $\log_{10}0.072$

$=\log_{10}\frac{2^3\cdot3^2}{10^3}=3\log_{10}2+2\log_{10}3-3\log_{10}10=\mathbf{3a+2b-3}$ …答

142 [底が異なる対数の計算]
次の式を簡単にせよ。

(1) $\log_2 3+\log_4 81$

底を2にそろえる。

$=\log_2 3+\frac{\log_2 81}{\log_2 4}$ （$\log_2 81 \to 4\log_2 3$，$\log_2 4 \to 2\log_2 2$）

$=\log_2 3+2\log_2 3$

$=\mathbf{3\log_2 3}$ …答

(2) $\log_3 4\cdot\log_4 5\cdot\log_5 3$

$=\frac{\log_{10}4}{\log_{10}3}\times\frac{\log_{10}5}{\log_{10}4}\times\frac{\log_{10}3}{\log_{10}5}$

$=\mathbf{1}$ …答

6 対数関数とそのグラフ

143 [対数関数のグラフ] 難

関数 $y=\log_3 x$ のグラフをもとにして，次の関数のグラフをかけ。

(1) $y=\log_3(-x)+1$

y 軸に関して対称移動し，

y 軸方向に 1 だけ平行移動する。

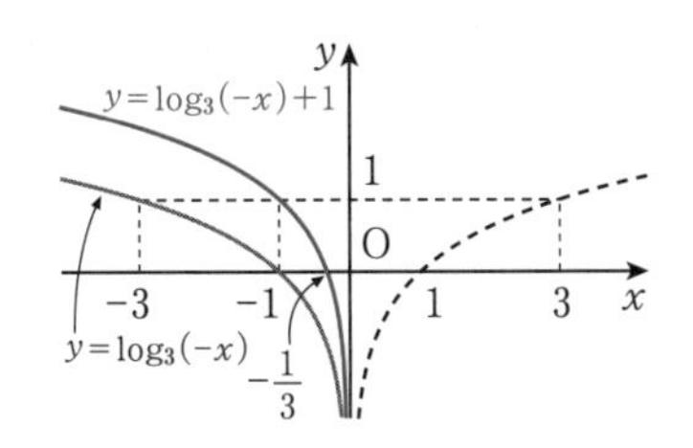

(2) $y=\log_{\frac{1}{3}}(x-2)$

$$y=\frac{\log_3(x-2)}{\log_3\frac{1}{3}}=-\log_3(x-2)$$

x 軸に関して対称移動し，

x 軸方向に 2 だけ平行移動する。

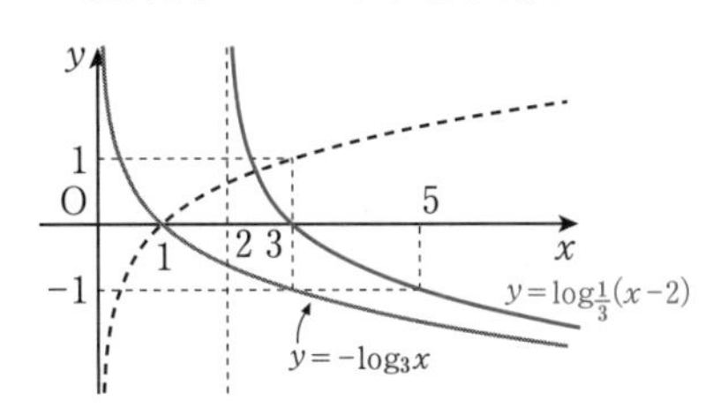

144 [対数の大小を比較する]

3 つの数 $\log_2 6$，$\log_4 26$，$\log_8 125$ の大小関係を調べよ。

$$\log_4 26=\frac{\log_2 26}{\log_2 4}=\frac{1}{2}\log_2 26=\log_2\sqrt{26}$$

$$\log_8 125=\frac{\log_2 125}{\log_2 8}=\frac{1}{3}\log_2 125=\log_2\sqrt[3]{125}=\log_2 5$$

$5<\sqrt{26}<6$ だから　$\mathbf{\log_8 125<\log_4 26<\log_2 6}$　…答

145 [対数関数の最大・最小] 必修 テスト

次の問いに答えよ。

(1) $f(x)=\log_2(x-1)+\log_2(3-x)$ の最大値を求めよ。

真数は正だから　$x-1>0$，$3-x>0$　　よって　$1<x<3$

$f(x)=\log_2(x-1)(3-x)=\log_2(-x^2+4x-3)$

$=\log_2\{-(x-2)^2+1\}$　　よって，**$x=2$ のとき，最大値**　$\log_2 1=\mathbf{0}$　…答

(2) $1\leqq x\leqq 27$ のとき，$y=(\log_3 x)^2-4\log_3 x+7$ の最大値，最小値を求めよ。

$\log_3 x=t$ とおくと，$1\leqq x\leqq 27$ より　$0\leqq t\leqq 3$

$y=t^2-4t+7=(t-2)^2+3$

グラフをかくと，右の図のようになるので

$t=0$，すなわち **$x=1$ のとき，最大値　7**

$t=2$，すなわち **$x=9$ のとき，最小値　3**　…答

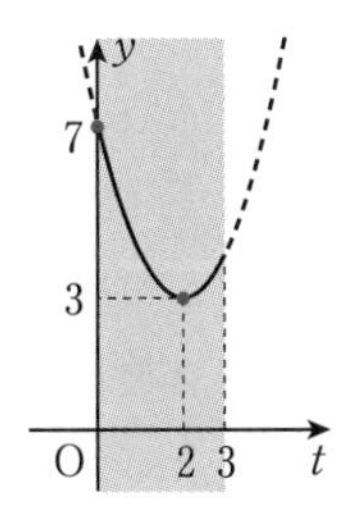

➡ 問題 *p. 68*

7 対数方程式・不等式

146 [対数方程式・不等式(1)]
次の方程式，不等式を解け。

(1) $\log_3(x+1)=2$

真数は正だから　$x>-1$　…①

$\log_3(x+1)=2\log_3 3=\log_3 3^2$

よって　$x+1=9$　　$x=8$

これは①を満たすから解である。

ゆえに　$\boldsymbol{x=8}$　…答

(2) $\log_{\frac{1}{3}}2(x-1)>\log_{\frac{1}{3}}(x+3)$

真数は正だから　$x-1>0$，$x+3>0$

よって　$x>1$　…①

底が1より小さいので　$2(x-1)<x+3$

$2x-2<x+3$ を解いて　$x<5$

①とあわせて　$\boldsymbol{1<x<5}$　…答

147 [対数方程式・不等式(2)] 必修 テスト
次の方程式，不等式を解け。

(1) $\log_2(x-2)=2-\log_2(x+1)$

真数は正だから　$x-2>0$，$x+1>0$　　よって　$x>2$　…①

$\log_2(x-2)+\log_2(x+1)=2\log_2 2$ より　$\log_2(x-2)(x+1)=\log_2 4$

これより，$(x-2)(x+1)=4$ だから　$x^2-x-6=0$　　$(x-3)(x+2)=0$　　$x=3,\ -2$

①を満たすのは　$\boldsymbol{x=3}$　…答

(2) $\log_{\frac{1}{2}}x>\log_{\frac{1}{2}}\dfrac{4}{x-3}$

真数は正だから　$x>0$，$x-3>0$　　よって　$x>3$　…①

$\log_{\frac{1}{2}}x>\log_{\frac{1}{2}}4-\log_{\frac{1}{2}}(x-3)$　　$\log_{\frac{1}{2}}x+\log_{\frac{1}{2}}(x-3)>\log_{\frac{1}{2}}4$　　$\log_{\frac{1}{2}}x(x-3)>\log_{\frac{1}{2}}4$

底が1より小さいので　$x(x-3)<4$　　$x^2-3x-4<0$

$(x+1)(x-4)<0$ より　$-1<x<4$　…②

①，②より　$\boldsymbol{3<x<4}$　…答

148 [対数方程式・不等式(3)] テスト
次の方程式，不等式を解け。

(1) $(\log_3 x)^2=\log_9 x^2$

真数は正だから　$x>0$　…①　　$\log_9 x^2=\dfrac{\log_3 x^2}{\log_3 9}=\dfrac{2\log_3 x}{2}=\log_3 x$

$\log_3 x=t$ とおくと　$t^2=t$　　$t(t-1)=0$　　よって　$t=0,\ 1$

$t=0$ のとき　$\log_3 x=0$　　$x=1$　　$t=1$ のとき　$\log_3 x=1$　　$x=3$　　いずれも①を満たす。

よって　$\boldsymbol{x=1,\ 3}$　…答

(2) $(\log_3 x)^2-\log_3 x^2-3\geqq 0$

真数は正だから　$x>0$　…①

$\log_3 x=t$ とおくと　$t^2-2t-3\geqq 0$　　$(t-3)(t+1)\geqq 0$

よって　$t\leqq -1,\ 3\leqq t$

$t\leqq -1$ より　$\log_3 x\leqq -1$　　$\log_3 x\leqq -\log_3 3$ を解いて　$x\leqq \frac{1}{3}$　…②

$t\geqq 3$ より　$\log_3 x\geqq 3$　　$\log_3 x\geqq 3\log_3 3$ を解いて　$x\geqq 27$　…③

①，②，③より　$\boldsymbol{0<x\leqq \frac{1}{3},\ 27\leqq x}$　…答

8　常用対数

149 ［桁数と小数の位］ テスト

$\log_{10}2=0.3010$，$\log_{10}3=0.4771$ とするとき，次の問いに答えよ。

(1) 6^{20} は何桁の数か。

$x=6^{20}$ とおいて両辺の常用対数をとると

$\log_{10}x=\log_{10}6^{20}=20\log_{10}6=20(\log_{10}2+\log_{10}3)$

$=20(0.3010+0.4771)=15.562$

ゆえに　$x=10^{15.562}$　　$10^{15}<6^{20}<10^{16}$

よって，**16 桁の数**。…答

(2) $\left(\frac{1}{6}\right)^{20}$ を小数で表したとき，小数第何位に初めて 0 でない数が現れるか。

$x=\left(\frac{1}{6}\right)^{20}$ とおくと　$\log_{10}x=-20\log_{10}6=-15.562$

ゆえに　$x=10^{-15.562}$　　$10^{-16}<\left(\frac{1}{6}\right)^{20}<10^{-15}$

よって，**小数第 16 位**に初めて 0 でない数が現れる。…答

150 ［常用対数と指数不等式］

不等式 $0.9^n>0.0001$ を満たす最大の整数 n を求めよ。ただし，$\log_{10}3=0.4771$ とする。

$0.9^n>10^{-4}$ より　$\log_{10}0.9^n>\log_{10}10^{-4}$

ゆえに　$n\log_{10}0.9>-4$

ここで　$\log_{10}0.9=\log_{10}\frac{3^2}{10}=2\log_{10}3-1=-0.0458$

$-0.0458n>-4$ より　$n<\frac{4}{0.0458}=87.3\cdots$

よって　$\boldsymbol{n=87}$　…答

➡ 問題 *p. 70*

入試問題にチャレンジ

1 $\log_{10}2=a$，$\log_{10}3=b$ とするとき，次の問いに答えよ。 （北海道工大）

(1) $\log_{10}\dfrac{9}{16}$ を a，b で表すと□となる。

$\log_{10}\dfrac{9}{16}=\log_{10}9-\log_{10}16=2\log_{10}3-4\log_{10}2=\boldsymbol{-4a+2b}$ …答

(2) $\log_2 27$ を a，b で表すと□となる。

$\log_2 27=\dfrac{\log_{10}27}{\log_{10}2}=\dfrac{3\log_{10}3}{\log_{10}2}=\boldsymbol{\dfrac{3b}{a}}$ …答

2 次の方程式・不等式を解け。

(1) $2^{x+1}+2^{2-x}=9$ （広島工大）

$2\cdot2^x+4\cdot2^{-x}=9$ だから，$2^x=t\,(t>0)$ とおくと

$2t+\dfrac{4}{t}=9$　　$2t^2-9t+4=0$　　$(2t-1)(t-4)=0$

$t=\dfrac{1}{2}$，4 だから　$2^x=\dfrac{1}{2}$，4

したがって　$\boldsymbol{x=-1}$，**2** …答

(2) $4^x+3\cdot2^x-4\leqq0$ （東京都市大）

$2^x=t\,(t>0)$ とおくと　$t^2+3t-4\leqq0$　　$(t+4)(t-1)\leqq0$　　$-4\leqq t\leqq1$

$t>0$ だから，$0<t\leqq1$ より　$0<2^x\leqq1$

底 2 は 1 より大きいから　$\boldsymbol{x\leqq0}$ …答

(3) $\left(\dfrac{1}{2}\right)^{2x+2}<\left(\dfrac{1}{16}\right)^{x-1}$ （大阪経大）

$\left(\dfrac{1}{2}\right)^{2x+2}<\left(\dfrac{1}{2}\right)^{4(x-1)}$

底 $\dfrac{1}{2}$ は 1 より小さいから　$2x+2>4(x-1)$　　$-2x>-6$　　$\boldsymbol{x<3}$ …答

3

方程式$\log_3(x-2)+\log_3(2x-7)=2$の解は[　　]である。
不等式$\log_2(x+1)+\log_2(x-2)<2$を満たす$x$の値の範囲は[　　]である。 （同志社大）

真数は正であるから　$x>2$，$2x-7>0$　　よって　$x>\dfrac{7}{2}$　…①

$\log_3(x-2)(2x-7)=2$だから　$(x-2)(2x-7)=3^2$

$2x^2-11x+5=0$　　$(2x-1)(x-5)=0$　　$x=\dfrac{1}{2}$，5

①より　$\boldsymbol{x=5}$　…答

真数は正であるから　$x>-1$，$x>2$　　よって　$x>2$　…②
$\log_2(x+1)(x-2)<2$で，底2は1より大きいから　$(x+1)(x-2)<2^2$
$x^2-x-6<0$　　$(x+2)(x-3)<0$　　$-2<x<3$　…③
②，③より　$\boldsymbol{2<x<3}$　…答

4

次の問いに答えよ。 （新潟大）

(1) 不等式$4\log_4 x \leqq \log_2(4-x)+1$を解け。

真数は正であるから　$x>0$，$4-x>0$　　よって　$0<x<4$　…①

$4\log_4 x \leqq \log_2(4-x)+1$より　$4\cdot\dfrac{\log_2 x}{\log_2 4} \leqq \log_2(4-x)+\log_2 2$　　$\log_2 x^2 \leqq \log_2 2(4-x)$

底2は1より大きいから　$x^2 \leqq 2(4-x)$
$x^2+2x-8 \leqq 0$　　$(x+4)(x-2) \leqq 0$　　$-4 \leqq x \leqq 2$　…②
①，②より　$\boldsymbol{0<x \leqq 2}$　…答

(2) (1)で求めたxの値の範囲において，関数$y=9^x-4\cdot3^x+10$の最大値，最小値とそのときのxの値をそれぞれ求めよ。

$3^x=t$とおくと，(1)の結果より　$1<t \leqq 9$
$y=t^2-4t+10$
$=(t-2)^2+6$
よって，
$t=9$，すなわち $\boldsymbol{x=2}$ **のとき，最大値　55**　…答
$t=2$，すなわち $\boldsymbol{x=\log_3 2}$ **のとき，最小値　6**　…答

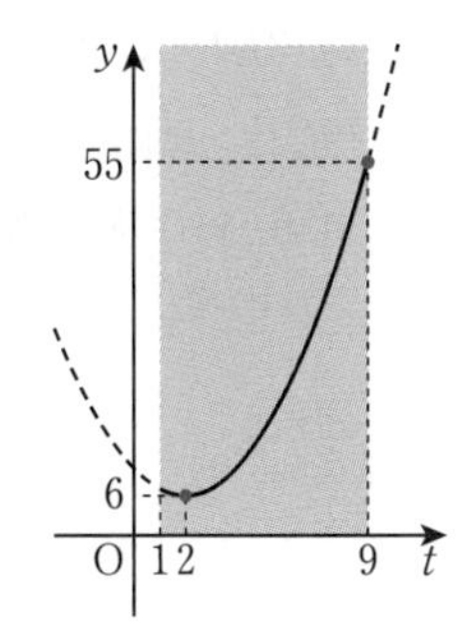

➡ 問題 p. 72

5 連立方程式

$$(※)\begin{cases} xy=128 & \cdots① \\ \dfrac{1}{\log_2 x}+\dfrac{1}{\log_2 y}=\dfrac{7}{12} & \cdots② \end{cases}$$

を満たす正の実数 x, y を求めよう。ただし，$x \neq 1$, $y \neq 1$ とする。

①の両辺で 2 を底とする対数をとると

$\log_2 x+\log_2 y=$ [ア]

が成り立つ。これと②より

$(\log_2 x)(\log_2 y)=$ [イウ]

である。

したがって，$\log_2 x$, $\log_2 y$ は 2 次方程式

t^2- [エ] $t+$ [オカ] $=0$ …③

の解である。③の解は

$t=$ [キ], [ク]

である。ただし，[キ] < [ク] とする。

よって，連立方程式（※）の解は

$(x,\ y)=($[ケ], [コサ]$)$, $($[シス], [セ]$)$

である。（センター試験・改）

①から $\log_2 xy=\log_2 128$

よって $\log_2 x+\log_2 y=\mathbf{7}$ (ア) …答

②から $\dfrac{\log_2 y+\log_2 x}{(\log_2 x)(\log_2 y)}=\dfrac{7}{12}$

よって $(\log_2 x)(\log_2 y)=\mathbf{12}$ (イウ) …答

したがって，解と係数の関係により，$\log_2 x$, $\log_2 y$ は

$t^2-\mathbf{7}t+\mathbf{12}=0$ (エ, オカ) …答

の解である。

$(t-3)(t-4)=0$ より $t=\mathbf{3}$, $\mathbf{4}$ (キ, ク) …答

$(\log_2 x,\ \log_2 y)=(3,\ 4)$, $(4,\ 3)$ だから

$(x,\ y)=(\mathbf{8},\ \mathbf{16})$, $(\mathbf{16},\ \mathbf{8})$ (ケ, コサ, シス, セ) …答

6 $\log_{10}2=0.3010$, $\log_{10}3=0.4771$ とするとき，次の問いに答えよ。

(1) 15^{10} は何桁の整数であるか。 (法政大・改)

$x=15^{10}$ とおく。

$$
\begin{aligned}
\log_{10}x &= 10\log_{10}15 \\
&= 10\log_{10}\frac{10\cdot 3}{2} \\
&= 10(\log_{10}10+\log_{10}3-\log_{10}2) \\
&= 10\times 1.1761 \\
&= 11.761
\end{aligned}
$$

$10^{11}<x<10^{12}$ より，15^{10} は**12 桁**の整数である。 …答

(2) $\left(\frac{5}{8}\right)^8$ を小数で表したとき，小数第何位に初めて 0 でない数が現れるか。 (北里大・改)

$y=\left(\frac{5}{8}\right)^8$ とおく。

$$
\begin{aligned}
\log_{10}y &= 8\log_{10}\frac{5}{8} \\
&= 8\log_{10}\frac{10}{16} \\
&= 8(\log_{10}10-4\log_{10}2) \\
&= 8\times(-0.2040) \\
&= -1.6320
\end{aligned}
$$

$10^{-2}<y<10^{-1}$ より，$\left(\frac{5}{8}\right)^8$ は**小数第 2 位**に初めて 0 でない数が現れる。 …答

➡ 問題 *p. 76*

1 極限値

151 ［極限値を求める］
次の極限値を求めよ。

(1) $\lim_{x \to 2}(x^2-3x+1)$

$=2^2-3\cdot2+1=\mathbf{-1}$ …答

(2) $\lim_{x \to 1}\frac{x^3+8}{x+2}$

$=\frac{1^3+8}{1+2}=\frac{9}{3}=\mathbf{3}$ …答

152 ［不定形の極限値を求める］ テスト
次の極限値を求めよ。

(1) $\lim_{x \to 1}\frac{x^3-1}{x-1}$

$=\lim_{x \to 1}\frac{(x-1)(x^2+x+1)}{x-1}=\lim_{x \to 1}(x^2+x+1)=1^2+1+1=\mathbf{3}$ …答

(2) $\lim_{h \to 0}\frac{(3+h)^3-27}{h}$

$=\lim_{h \to 0}\frac{27+27h+9h^2+h^3-27}{h}=\lim_{h \to 0}\frac{27h+9h^2+h^3}{h}=\lim_{h \to 0}(27+9h+h^2)=\mathbf{27}$ …答

(3) $\lim_{x \to -2}\frac{1}{x+2}\left(\frac{12}{x-2}+3\right)$

$=\lim_{x \to -2}\frac{1}{x+2}\left(\frac{3x+6}{x-2}\right)=\lim_{x \to -2}\frac{1}{x+2}\cdot\frac{3(x+2)}{x-2}=\lim_{x \to -2}\frac{3}{x-2}=\mathbf{-\frac{3}{4}}$ …答

153 ［極限と定数の決定］ 難
等式 $\lim_{x \to 3}\frac{x^2+ax+b}{x-3}=2$ が成り立つように，定数 a，b の値を定めよ。

$x\to3$ のとき分母$\to0$ だから，極限値をもつとき分子$\to0$ である。

したがって　$\lim_{x \to 3}(x^2+ax+b)=9+3a+b=0$

このとき $b=-3a-9$ となり，分子は

$x^2+ax+b=x^2+ax-3a-9=(x-3)(x+a+3)$

ゆえに　$\lim_{x \to 3}\frac{x^2+ax+b}{x-3}=\lim_{x \to 3}\frac{(x-3)(x+a+3)}{x-3}=\lim_{x \to 3}(x+a+3)=a+6$

極限値が 2 となることから　$a+6=2$　　よって　$a=-4$

$a=-4$ のとき　$b=3$　　したがって　$\mathbf{a=-4}$，$\mathbf{b=3}$ …答

2 平均変化率と微分係数

154 ［平均変化率と微分係数］
関数 $f(x)=x^3-3x^2+2$ について，次の問いに答えよ。

(1) x が a から b まで変化するときの平均変化率を求めよ。

$$\frac{(b^3-3b^2+2)-(a^3-3a^2+2)}{b-a}=\frac{(b-a)(b^2+ab+a^2)-3(b-a)(b+a)}{b-a}$$
$$=\boldsymbol{a^2+ab+b^2-3(a+b)} \quad \cdots \text{答}$$

(2) 定義にしたがって $x=3$ における微分係数 $f'(3)$ を求めよ。

$$f'(3)=\lim_{h\to 0}\frac{\{(3+h)^3-3(3+h)^2+2\}-(3^3-3\cdot 3^2+2)}{h}$$
$$=\lim_{h\to 0}\frac{27+27h+9h^2+h^3-27-18h-3h^2+2-(27-27+2)}{h}=\lim_{h\to 0}\frac{9h+6h^2+h^3}{h}$$
$$=\lim_{h\to 0}(9+6h+h^2)=\boldsymbol{9} \quad \cdots \text{答}$$

155 ［微分係数の計算］
定義にしたがって，次の関数の $x=a$ における微分係数を求めよ。

(1) $f(x)=x^2-2x+3$

$$f'(a)=\lim_{h\to 0}\frac{\{(a+h)^2-2(a+h)+3\}-(a^2-2a+3)}{h}$$
$$=\lim_{h\to 0}\frac{a^2+2ah+h^2-2a-2h+3-a^2+2a-3}{h}=\lim_{h\to 0}\frac{(2a-2)h+h^2}{h}$$
$$=\lim_{h\to 0}(2a-2+h)=\boldsymbol{2a-2} \quad \cdots \text{答}$$

(2) $f(x)=-x^3+2x$

$$f'(a)=\lim_{h\to 0}\frac{\{-(a+h)^3+2(a+h)\}-(-a^3+2a)}{h}$$
$$=\lim_{h\to 0}\frac{-a^3-3a^2h-3ah^2-h^3+2a+2h+a^3-2a}{h}=\lim_{h\to 0}\frac{(-3a^2+2)h-3ah^2-h^3}{h}$$
$$=\lim_{h\to 0}(-3a^2+2-3ah-h^2)=\boldsymbol{-3a^2+2} \quad \cdots \text{答}$$

156 ［微分係数と接線の方程式］ 必修 テスト
曲線 $y=x^3+2x$ 上の点 (1, 3) における接線の方程式を求めよ。

$f(x)=x^3+2x$ とおくと

$$f'(1)=\lim_{h\to 0}\frac{\{(1+h)^3+2(1+h)\}-(1^3+2\cdot 1)}{h}=\lim_{h\to 0}\frac{1+3h+3h^2+h^3+2+2h-1-2}{h}$$
$$=\lim_{h\to 0}\frac{5h+3h^2+h^3}{h}=\lim_{h\to 0}(5+3h+h^2)=5$$

点 (1, 3) における接線の傾き。

$y-3=5(x-1)$ より　$\boldsymbol{y=5x-2}$ $\cdots$ 答

➡ 問題 *p. 78*

3 導関数

157 **[微分の計算(1)]**
次の関数を微分せよ。

(1) $y=2x^3-3x^2+4x+5$

$y'=(2x^3)'-(3x^2)'+(4x)'+(5)'=\boldsymbol{6x^2-6x+4}$ …答

公式にあてはめるだけ。
(2), (3)は, まず右辺を
展開する。

(2) $y=(x^2-1)(x+2)$

$y=x^3+2x^2-x-2$

$y'=(x^3)'+(2x^2)'-(x)'-(2)'=\boldsymbol{3x^2+4x-1}$ …答

(3) $y=(2x-1)^3$

$y=8x^3-12x^2+6x-1$

$y'=(8x^3)'-(12x^2)'+(6x)'-(1)'=\boldsymbol{24x^2-24x+6}$ …答

158 **[微分の計算(2)]**
次の関数を〔 〕内に示された文字について微分せよ。

(1) $S=6a^2$ 〔a〕

$\dfrac{dS}{da}=(6a^2)'=\boldsymbol{12a}$ …答

(2) $V=\dfrac{4}{3}\pi r^3$ 〔r〕

$\dfrac{dV}{dr}=\left(\dfrac{4}{3}\pi r^3\right)'=\dfrac{4\pi}{3}\cdot 3r^2=\boldsymbol{4\pi r^2}$ …答

159 **[関数を決定する]** 必修 テスト
次の問いに答えよ。

(1) 3 つの条件 $f(-1)=2$, $f'(0)=-2$, $f'(1)=4$ を満たす 2 次関数 $f(x)$ を求めよ。

$f(x)=ax^2+bx+c\ (a\neq 0)$ とおくと $f(-1)=a-b+c=2$ …①

$f'(x)=2ax+b$ だから $f'(0)=b=-2$ …② $f'(1)=2a+b=4$ …③

②を①, ③に代入して $a+c=0$ …①′ $2a=6$ …③′

①′, ③′を解いて $a=3$, $c=-3$

したがって $\boldsymbol{f(x)=3x^2-2x-3}$ …答

(2) 4つの条件 $f(0)=1$, $f(1)=3$, $f'(0)=4$, $f'(1)=1$ を満たす3次関数 $f(x)$ を求めよ。

$f(x)=ax^3+bx^2+cx+d$ $(a\neq0)$ とおくと

$f(0)=d=1$ …① $f(1)=a+b+c+d=3$ …②

$f'(x)=3ax^2+2bx+c$ だから

$f'(0)=c=4$ …③ $f'(1)=3a+2b+c=1$ …④

①，③を②，④に代入して

$a+b=-2$ …②′ $3a+2b=-3$ …④′

②′，④′を解いて $a=1$, $b=-3$

したがって $\boldsymbol{f(x)=x^3-3x^2+4x+1}$ …答

4 接線の方程式

160 [接線の方程式(1)]
曲線 $y=x^3+3x^2+3$ の上の点 $(-1,\ 5)$ における接線の方程式を求めよ。

$f(x)=x^3+3x^2+3$ とおくとき

$f'(x)=3x^2+6x$ $f'(-1)=-3$

接線の傾きが -3 だから，接線の方程式は $y-5=-3(x+1)$

よって $\boldsymbol{y=-3x+2}$ …答

161 [接線の方程式(2)]
曲線 $y=-x^3+4x+1$ の接線のうち，傾きが -8 である接線の方程式と接点の座標を求めよ。

$f(x)=-x^3+4x+1$ とおくとき $f'(x)=-3x^2+4$

接点の座標を $(a,\ -a^3+4a+1)$ とすると，接線の傾きは $f'(a)=-3a^2+4$

よって，$-3a^2+4=-8$ を解いて，$a^2=4$ より $a=\pm2$

$a=2$ のとき接点の座標は $\boldsymbol{(2,\ 1)}$ …答

接線の方程式は $y-1=-8(x-2)$ よって $\boldsymbol{y=-8x+17}$ …答

$a=-2$ のとき接点の座標は $\boldsymbol{(-2,\ 1)}$ …答

接線の方程式は $y-1=-8(x+2)$ よって $\boldsymbol{y=-8x-15}$ …答

➡ 問題 p. 80

162 [接線の方程式(3)]
点 $(1,\ 4)$ から曲線 $y=x^3+3x^2$ に引いた接線の方程式を求めよ。

曲線 $y=x^3+3x^2$ 上に接点 $(a,\ a^3+3a^2)$ をとると，

$y'=3x^2+6x=3x(x+2)$ だから，点 $(a,\ a^3+3a^2)$ における接線の傾きは　$3a(a+2)$

よって，接線の方程式は a を使って

$y-(a^3+3a^2)=3a(a+2)(x-a)$

これが点 $(1,\ 4)$ を通るから

$4-(a^3+3a^2)=3a(a+2)(1-a)$

$4-a^3-3a^2=3a^2-3a^3+6a-6a^2$

$2a^3-6a+4=0$

$a^3-3a+2=0$

$(a-1)(a^2+a-2)=0$

$(a-1)^2(a+2)=0$

$a=1,\ -2$

1	1	0	−3	2
		1	1	−2
	1	1	−2	0

したがって，接線は次の 2 本ある。

$a=1$ のとき，接点の座標は $(1,\ 4)$，傾きは 9 より，

接線の方程式は $y-4=9(x-1)$ だから

$\boldsymbol{y=9x-5}$　…答

$a=-2$ のとき，接点の座標は $(-2,\ 4)$，傾きは 0 より，

接線の方程式は　$\boldsymbol{y=4}$　…答

5 関数の増減と極大・極小

163 [増加関数・減少関数であることの証明]
次の関数は常に増加，または常に減少することを示せ。

(1) $y=x^3-3x^2+6x-2$

$\boldsymbol{y'=3x^2-6x+6=3(x-1)^2+3>0}$ **より，常に増加。** 終

(2) $y=-x^3+2x^2-2x+1$

$\boldsymbol{y'=-3x^2+4x-2=-3\left(x-\frac{2}{3}\right)^2-\frac{2}{3}<0}$ **より，常に減少。** 終

164 ［3次関数の極値］ テスト
次の関数の増減を調べ，極値を求めよ。

(1) $f(x)=x^3-3x^2-9x+2$

$f'(x)=3x^2-6x-9=3(x-3)(x+1)$

増減表は右のようになる。

x	$\cdots$	-1	$\cdots$	3	$\cdots$
$f'(x)$	$+$	0	$-$	0	$+$
$f(x)$	↗	極大	↘	極小	↗

$x=-1$ のとき，極大値 $f(-1)=7$
$x=3$ のとき，極小値 $f(3)=-25$ …答

(2) $f(x)=-2x^3+6x-1$

$f'(x)=-6x^2+6=-6(x+1)(x-1)$

増減表は右のようになる。

x	$\cdots$	-1	$\cdots$	1	$\cdots$
$f'(x)$	$-$	0	$+$	0	$-$
$f(x)$	↘	極小	↗	極大	↘

$x=1$ のとき，極大値 $f(1)=3$
$x=-1$ のとき，極小値 $f(-1)=-5$ …答

165 ［3次関数のグラフ］ 必修 テスト
次の関数のグラフをかけ。

(1) $y=x^3-3x^2+3$

$y'=3x^2-6x=3x(x-2)$

x	$\cdots$	0	$\cdots$	2	$\cdots$
y'	$+$	0	$-$	0	$+$
y	↗	3	↘	-1	↗
		極大		極小	

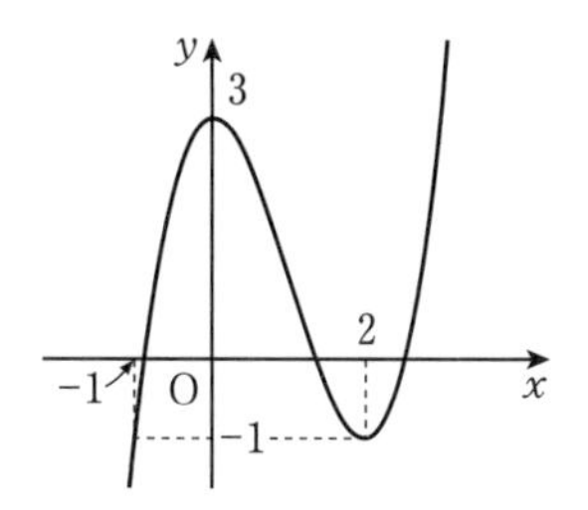

(2) $y=-x^3-3x^2-3x+1$

$y'=-3x^2-6x-3=-3(x+1)^2$

x	$\cdots$	-1	$\cdots$
y'	$-$	0	$-$
y	↘	2	↘

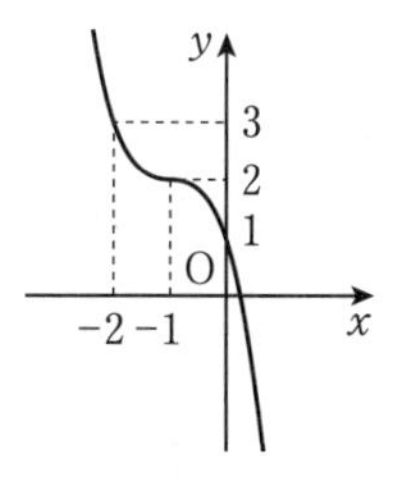

166 ［極大値から関数を決定する］
関数 $f(x)=x^3+x^2-x+k$ の極大値が3となるような定数 k の値を求めよ。

$f'(x)=3x^2+2x-1=(3x-1)(x+1)$

右の増減表より，極大値は

x	$\cdots$	-1	$\cdots$	$\frac{1}{3}$	$\cdots$
$f'(x)$	$+$	0	$-$	0	$+$
$f(x)$	↗	極大	↘	極小	↗

$f(-1)=-1+1+1+k=3$

したがって　$\boldsymbol{k=2}$ …答

➡ 問題 *p. 82*

167 ［極値から関数を決定する］ 必修 テスト

3 次関数 $f(x)$ が $x=2$ で極小値 -19，$x=-1$ で極大値 8 をとるとき，$f(x)$ を求めよ。

$f(x)=ax^3+bx^2+cx+d$ $(a\neq 0)$ とおくと　$f'(x)=3ax^2+2bx+c$

$x=2$ で極小値 -19 をとるから

　$f'(2)=12a+4b+c=0$　…①　　$f(2)=8a+4b+2c+d=-19$　…②

$x=-1$ で極大値 8 をとるから

　$f'(-1)=3a-2b+c=0$　…③　　$f(-1)=-a+b-c+d=8$　…④

②−④より　$9a+3b+3c=-27$　　$3a+b+c=-9$　…⑤

⑤−③より　$3b=-9$　　$b=-3$

このとき，①より　$12a+c=12$　…⑥　　③より　$3a+c=-6$　…⑦

⑥−⑦より　$9a=18$　　$a=2$　⑦より　$6+c=-6$　　$c=-12$

④より　$-2-3+12+d=8$　　$d=1$

よって　$f(x)=2x^3-3x^2-12x+1$

　$f'(x)=6x^2-6x-12=6(x-2)(x+1)$

x	…	-1	…	2	…
$f'(x)$	$+$	0	$-$	0	$+$
$f(x)$	↗	極大	↘	極小	↗

右の増減表より，題意に適する。

したがって　$\boldsymbol{f(x)=2x^3-3x^2-12x+1}$　…答

168 ［増加関数・減少関数］

次の問いに答えよ。

(1) 関数 $f(x)=-x^3+ax^2+2ax+1$ が常に減少するように，定数 a の値の範囲を定めよ。

　$f'(x)=-3x^2+2ax+2a$

$f'(x)$ の x^2 の係数は -3 (<0) だから，常に減少するには，

$f'(x)=0$ の判別式 D が $D\leqq 0$ であればよい。

　$\dfrac{D}{4}=a^2+6a\leqq 0$　　$a(a+6)\leqq 0$

したがって　$\boldsymbol{-6\leqq a\leqq 0}$　…答

(2) 関数 $g(x)=x^3-3\left(1+\dfrac{k}{2}\right)x^2+6kx+4$ が常に増加するように，定数 k の値を定めよ。

　$g'(x)=3x^2-3(2+k)x+6k$

$g'(x)$ の x^2 の係数は 3 (>0) だから，常に増加するには，

$g'(x)=0$ の判別式 D が $D\leqq 0$ であればよい。

　$D=9(2+k)^2-4\cdot 3\cdot 6k=9(4+4k+k^2-8k)=9(k-2)^2\leqq 0$

$k-2=0$ より　$\boldsymbol{k=2}$　…答

169 ［区間における最大・最小］ テスト

関数 $f(x)=x^3-3x+1$ $(-2\leqq x\leqq 3)$ の最大値，最小値を求めよ。

$f'(x)=3x^2-3$

$=3(x+1)(x-1)$

x	-2	$\cdots$	-1	$\cdots$	1	$\cdots$	3
$f'(x)$		$+$	0	$-$	0	$+$	
$f(x)$	-1	↗	3	↘	-1	↗	19

右の増減表より

$x=3$ のとき，最大値　19

$x=-2$，1 のとき，最小値　-1　…答

極値と区間の両端における関数の値を比較します。

170 ［最大・最小(1)］ 難

$x^2+y^2=4$ のとき，x^3+3y^2 の最大値，最小値を求めよ。

$y^2=4-x^2$ で，$y^2\geqq 0$ より $4-x^2\geqq 0$ だから　$-2\leqq x\leqq 2$　← $x^2-4\leqq 0$　$(x+2)(x-2)\leqq 0$ より

$x^3+3y^2=x^3+3(4-x^2)=x^3-3x^2+12$　　$f(x)=x^3-3x^2+12$ とおくと

$f'(x)=3x^2-6x=3x(x-2)$

x	-2	$\cdots$	0	$\cdots$	2
$f'(x)$		$+$	0	$-$	0
$f(x)$	-8	↗	12	↘	8

右の増減表より

$x=0$，$y=\pm 2$ のとき，最大値　12　（$y^2=4$ より）

$x=-2$，$y=0$ のとき，最小値　-8　（$y^2=0$ より）　…答

171 ［最大・最小(2)］ 難

関数 $f(x)=x^3-3ax$ $(0\leqq x\leqq 1)$ の最小値を求めよ。

$f'(x)=3x^2-3a=3(x^2-a)$

(i)　$a\leqq 0$ のとき

$f'(x)\geqq 0$ より，$f(x)$ は常に増加。

(ii)　$a>0$ のとき

$f'(x)=3(x+\sqrt{a})(x-\sqrt{a})$

x	$\cdots$	$-\sqrt{a}$	$\cdots$	$\sqrt{a}$	$\cdots$
$f'(x)$	$+$	0	$-$	0	$+$
$f(x)$	↗	$2a\sqrt{a}$	↘	$-2a\sqrt{a}$	↗

右の表より

a の値の範囲	グラフ	最小値（そのときの x の値）
$a\leqq 0$	y, O, 1, x	0（$x=0$ のとき）
$0<a<1$	y, $\sqrt{a}$, O, 1, x	$-2a\sqrt{a}$（$x=\sqrt{a}$ のとき）
$a\geqq 1$	y, $\sqrt{a}$, O, 1, x	$1-3a$（$x=1$ のとき）

答
- **$a\leqq 0$ のとき**
  最小値 0（$x=0$ のとき）
- **$0<a<1$ のとき**
  最小値 $-2a\sqrt{a}$（$x=\sqrt{a}$ のとき）
- **$a\geqq 1$ のとき**
  最小値 $1-3a$（$x=1$ のとき）

➡ 問題 p. 84

172 ［最大・最小の応用問題］ テスト

放物線 $y=9-x^2$ と x 軸で囲まれた図形に内接する長方形ABCDの面積の最大値を求めよ。ただし，頂点A，Dは放物線上，辺BCは x 軸上にあるものとする。

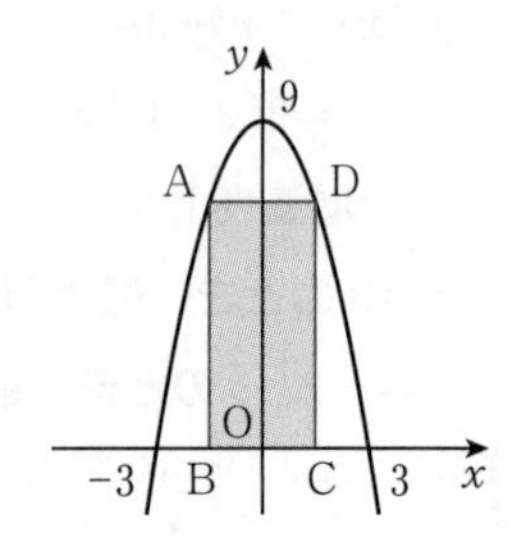

点Cの座標を $(x,\ 0)$ とおく。$(0<x<3)$

長方形ABCDの面積を S とすると，$BC=2x$，$CD=9-x^2$ だから

$S=2x(9-x^2)$

$=-2x^3+18x$

$S'=-6x^2+18=-6(x+\sqrt{3})(x-\sqrt{3})$

$0<x<3$ の増減表は右の通りである。

x	0	$\cdots$	$\sqrt{3}$	$\cdots$	3
S'		+	0	−	
S		↗	$12\sqrt{3}$	↘	

増減表より

$x=\sqrt{3}$ のとき，最大値　$12\sqrt{3}$　…答

6　方程式・不等式への応用

173 ［方程式の実数解の個数(1)］

方程式 $2x^3+3x^2-12x+4=0$ の実数解の個数を求めよ。

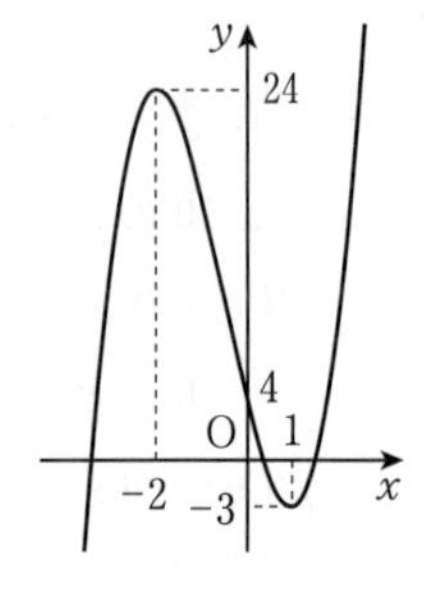

$y=2x^3+3x^2-12x+4$ のグラフと直線 $y=0$（x 軸）との共有点の個数を調べる。

$y'=6x^2+6x-12$

$=6(x+2)(x-1)$

x	$\cdots$	−2	$\cdots$	1	$\cdots$
y'	+	0	−	0	+
y	↗	24	↘	−3	↗

グラフより

3個　…答

174 ［方程式の実数解の個数(2)］

方程式 $x^3-3a^2x+2=0$ $(a>0)$ の異なる実数解の個数を定数 a の値によって分類せよ。

$y=x^3-3a^2x+2$ のグラフと直線 $y=0$（x 軸）との共有点の個数を調べる。

$f(x)=x^3-3a^2x+2$ とおくと　$f'(x)=3x^2-3a^2=3(x+a)(x-a)$

$a>0$ だから，増減表は次のようになる。

x	$\cdots$	$-a$	$\cdots$	a	$\cdots$
$f'(x)$	+	0	−	0	+
$f(x)$	↗	極大	↘	極小	↗

極大値 $f(-a)=2a^3+2$

極小値 $f(a)=-2a^3+2=-2(a-1)(a^2+a+1)$

$a>0$ より　極大値 >0

また，$a^2+a+1>0$ であるから

$0<a<1$ のとき極小値 >0，$a=1$ のとき極小値 $=0$，$a>1$ のとき極小値 <0

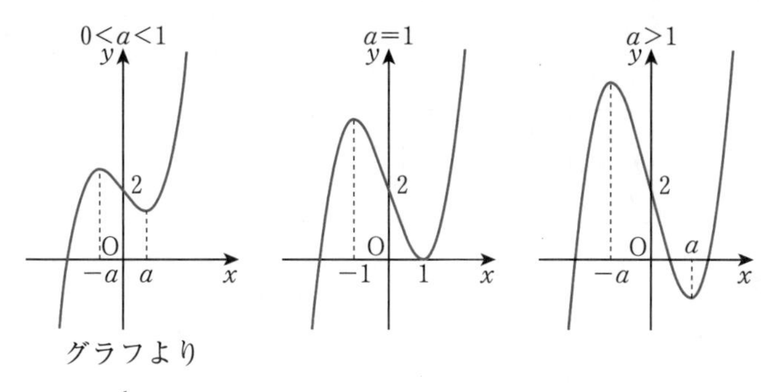

グラフより

答 $\begin{cases} 0<a<1 \text{ のとき　1 個} \\ a=1 \text{ のとき　2 個} \\ a>1 \text{ のとき　3 個} \end{cases}$

175 ［実数解の個数(3)］ 必修 テスト

方程式 $x^3+3x^2+2-a=0$ が異なる負の解を 2 つと正の解を 1 つもつような，a の値の範囲を求めよ。

$x^3+3x^2+2=a$ と変形し，$y=x^3+3x^2+2$ のグラフと直線 $y=a$ の共有点を考える。

$f(x)=x^3+3x^2+2$ とおくと　$f'(x)=3x^2+6x=3x(x+2)$

x	$\cdots$	-2	$\cdots$	0	$\cdots$
$f'(x)$	$+$	0	$-$	0	$+$
$f(x)$	↗	6	↘	2	↗

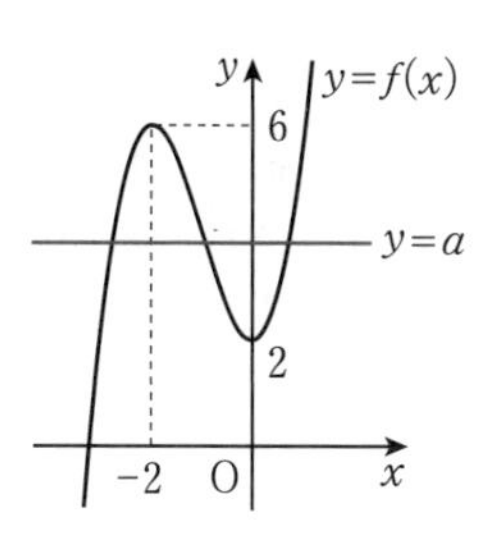

$y=f(x)$ のグラフは右のようになる。

$y=f(x)$ のグラフと直線 $y=a$ との共有点の x 座標が，負の部分で 2 つ，正の部分で 1 つになるように a の値の範囲を定める。

したがって　**$2<a<6$**　…答

176 ［2曲線の共有点］

2 曲線 $y=2x^3+x^2-20x+1$，$y=x^2+4x+a$ が 3 個の共有点をもつような，定数 a の値の範囲を求めよ。

$2x^3+x^2-20x+1=x^2+4x+a$

$2x^3-24x+1=a$

$y=2x^3-24x+1$ のグラフと直線 $y=a$ の共有点を考える。

x	$\cdots$	-2	$\cdots$	2	$\cdots$
$f'(x)$	$+$	0	$-$	0	$+$
$f(x)$	↗	33	↘	-31	↗

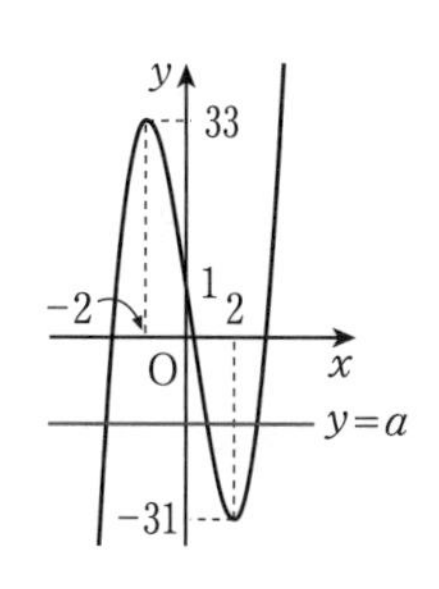

$f(x)=2x^3-24x+1$ とおくと

$f'(x)=6x^2-24=6(x+2)(x-2)$

グラフより，共有点が 3 個になるのは

$-31<a<33$　…答

➡ 問題 *p. 86*

177 [微分法による不等式の証明] テスト

$x \geqq 0$ のとき，不等式 $4x^3+5 \geqq 3x^2+6x$ が常に成り立つことを証明せよ。

$f(x)=4x^3-3x^2-6x+5$ とおくと

$f'(x)=12x^2-6x-6=6(2x+1)(x-1)$

x	0	…	1	…
$f'(x)$		$-$	0	$+$
$f(x)$	5	↘	0	↗

増減表より

$x \geqq 0$ では，$f(x)$ は $x=1$ で極小かつ最小となる。

$f(1)=0$ だから，$x \geqq 0$ で常に　$f(x) \geqq 0$

最小値が 0 以上であることをいう。

よって，$x \geqq 0$ のとき　$4x^3+5 \geqq 3x^2+6x$ 終

(等号成立は $x=1$ のとき)

178 [不等式の成立条件]

$x \geqq 0$ のとき，$x^3-3ax^2+a^2 \geqq 0$ が常に成り立つような定数 a の値の範囲を求めよ。

$f(x)=x^3-3ax^2+a^2$ とおくと　$f'(x)=3x^2-6ax=3x(x-2a)$

(i) $a \leqq 0$ のとき

x	0	…
$f'(x)$	0	$+$
$f(x)$	a^2	↗

増減表より　最小値 $f(0)=a^2 \geqq 0$

これは常に成り立つ。

よって　$a \leqq 0$　…①

(ii) $a>0$ のとき

x	0	…	$2a$	…
$f'(x)$	0	$-$	0	$+$
$f(x)$	a^2	↘	$-4a^3+a^2$	↗

増減表より　最小値 $f(2a)=-4a^3+a^2=a^2(-4a+1) \geqq 0$

$a^2>0$ だから　$-4a+1 \geqq 0$　　$a \leqq \frac{1}{4}$

よって　$0<a \leqq \frac{1}{4}$　…②

①，②より　$\boldsymbol{a \leqq \frac{1}{4}}$　…答

7 不定積分

179 [多項式の不定積分]

次の不定積分を求めよ。

(1) $\int (4x^2-3x+2)\,dx$

$=4\int x^2\,dx-3\int x\,dx+2\int dx$

$=\boldsymbol{\frac{4}{3}x^3-\frac{3}{2}x^2+2x+C}$　…答

(2) $\int (2x-1)(x-2)\,dx$

$=\int (2x^2-5x+2)\,dx$

$=\boldsymbol{\frac{2}{3}x^3-\frac{5}{2}x^2+2x+C}$　…答

180 [曲線の式を決定する] 必修 テスト

曲線 $y=f(x)$ 上の点 $(x,\ y)$ における接線の傾きが $3x^2-4x$ で表される曲線のうちで，点 $(1,\ 3)$ を通るものを求めよ。

$f'(x)=3x^2-4x$ だから　$f(x)=\int (3x^2-4x)\,dx=x^3-2x^2+C$

$f(1)=1-2+C=3$ より　$C=4$　　よって，求める曲線の方程式は　$\boldsymbol{y=x^3-2x^2+4}$　…答

8 定積分

181 [定積分を求める]
次の定積分を求めよ。

(1) $\int_0^2 (x^2-2x+3)\,dx$

$=\left[\frac{1}{3}x^3-x^2+3x\right]_0^2$

$=\frac{8}{3}-4+6-0$

$=\mathbf{\frac{14}{3}}$ …答

(2) $\int_{-1}^3 (2x-1)^2\,dx$

$=\int_{-1}^3 (4x^2-4x+1)\,dx=\left[\frac{4}{3}x^3-2x^2+x\right]_{-1}^3$

$=(36-18+3)-\left(-\frac{4}{3}-2-1\right)$

$=21+\frac{4}{3}+3=\mathbf{\frac{76}{3}}$ …答

182 [両端が同じ定積分の差]
次の定積分を求めよ。

$\int_1^2 (4x^2-x+1)\,dx-2\int_1^2 (2x^2-x)\,dx$

両端が同じであることをみぬく。

$=\int_1^2 \{(4x^2-x+1)-(4x^2-2x)\}\,dx=\int_1^2 (x+1)\,dx$

$=\left[\frac{x^2}{2}+x\right]_1^2=(2+2)-\left(\frac{1}{2}+1\right)=\mathbf{\frac{5}{2}}$ …答

183 [1次関数を決定する]
関数 $f(x)=ax+b$ について，$\int_{-1}^2 f(x)\,dx=-3$，$\int_{-1}^2 xf(x)\,dx=12$ を満たすように，定数 a，b の値を定めよ。

$\int_{-1}^2 (ax+b)\,dx=\left[\frac{a}{2}x^2+bx\right]_{-1}^2=(2a+2b)-\left(\frac{a}{2}-b\right)=\frac{3}{2}a+3b=-3$ より　$a+2b=-2$ …①

$\int_{-1}^2 x(ax+b)\,dx=\int_{-1}^2 (ax^2+bx)\,dx=\left[\frac{a}{3}x^3+\frac{b}{2}x^2\right]_{-1}^2=\left(\frac{8}{3}a+2b\right)-\left(-\frac{a}{3}+\frac{b}{2}\right)=3a+\frac{3}{2}b=12$

より　$2a+b=8$ …②

①，②を解いて　$\mathbf{a=6}$，$\mathbf{b=-4}$ …答

9 定積分の計算

184 [区間がつながる定積分]
次の定積分を求めよ。

(1) $\int_1^3 (x^2-x)\,dx+\int_3^1 (x^2-x)\,dx$

$=\int_1^1 (x^2-x)\,dx$

$=\mathbf{0}$ …答

(2) $\int_1^3 (3x^2-2x)\,dx+\int_{-2}^1 (3x^2-2x)\,dx$

$=\int_{-2}^3 (3x^2-2x)\,dx=\left[x^3-x^2\right]_{-2}^3$

$=(27-9)-(-8-4)=\mathbf{30}$ …答

➡ 問題 p. 88

185 ［$-a \leqq x \leqq a$ での定積分］ テスト

次の定積分を求めよ。

(1) $\int_{-1}^{1}(2x-1)(3x-1)\,dx$

$=\int_{-1}^{1}(6x^2-5x+1)\,dx$

$=2\int_{0}^{1}(6x^2+1)\,dx$

$=2\Big[2x^3+x\Big]_0^1$

$=\mathbf{6}$ …答

(2) $\int_{-2}^{2}(x^3-2x+5)\,dx$

$=2\int_{0}^{2}5\,dx$

$=2\Big[5x\Big]_0^2$

$=\mathbf{20}$ …答

186 ［2つの解の間の定積分］

次の定積分を求めよ。

(1) $\int_{1}^{3}(x-1)(x-3)\,dx$

$=-\dfrac{(3-1)^3}{6}$

$=-\dfrac{\mathbf{4}}{\mathbf{3}}$ …答

(2) $\int_{3-\sqrt{7}}^{3+\sqrt{7}}(x^2-6x+2)\,dx$

$=-\dfrac{\{(3+\sqrt{7})-(3-\sqrt{7})\}^3}{6}$

$=-\dfrac{\mathbf{28\sqrt{7}}}{\mathbf{3}}$ …答

187 ［絶対値記号を含む定積分(1)］

関数 $f(x)=|x-2|+x$ のグラフをかき，定積分 $\int_{1}^{3}f(x)\,dx$ を求めよ。

$f(x)=\begin{cases} x-2+x=2x-2 & (x \geqq 2 \text{ のとき}) \\ -(x-2)+x=2 & (x<2 \text{ のとき}) \end{cases}$

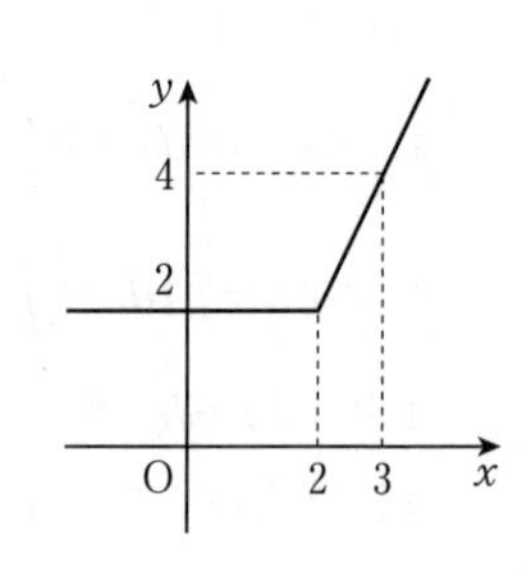

$\int_{1}^{3}f(x)\,dx=\int_{1}^{2}2\,dx+\int_{2}^{3}(2x-2)\,dx$

$=\Big[2x\Big]_1^2+\Big[x^2-2x\Big]_2^3=(4-2)+(3-0)$

$=\mathbf{5}$ …答

188 ［絶対値記号を含む定積分(2)］

関数 $f(x)=|x^2-2x|$ のグラフをかき，定積分 $\int_{-1}^{3}f(x)\,dx$ を求めよ。

$f(x)=\begin{cases} x^2-2x & (x \leqq 0,\ 2 \leqq x \text{ のとき}) \\ -(x^2-2x) & (0<x<2 \text{ のとき}) \end{cases}$

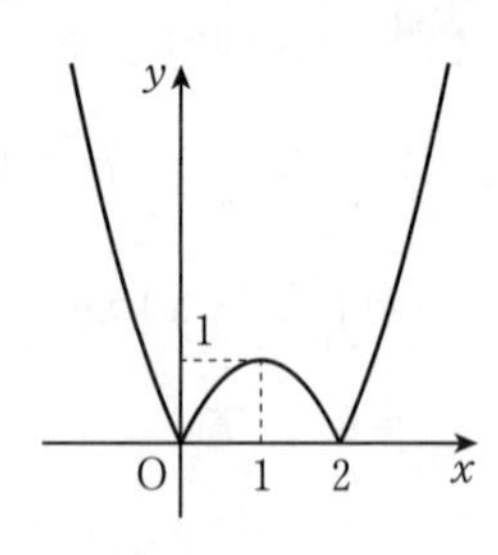

$\int_{-1}^{3}f(x)\,dx=\int_{-1}^{0}(x^2-2x)\,dx-\int_{0}^{2}(x^2-2x)\,dx+\int_{2}^{3}(x^2-2x)\,dx$

$=\Big[\dfrac{x^3}{3}-x^2\Big]_{-1}^{0}-\Big[\dfrac{x^3}{3}-x^2\Big]_0^2+\Big[\dfrac{x^3}{3}-x^2\Big]_2^3$

$=\Big\{0-\Big(-\dfrac{1}{3}-1\Big)\Big\}-\Big\{\Big(\dfrac{8}{3}-4\Big)-0\Big\}+\Big\{(9-9)-\Big(\dfrac{8}{3}-4\Big)\Big\}$

$=\mathbf{4}$ …答

10 定積分で表された関数

189 ［定積分で表された関数(1)］ テスト

関数 $F(x)=\int_0^x (3t+1)(t-1)\,dt$ の極値を求め，グラフをかけ。

$F'(x)=(3x+1)(x-1)$

$F(x)=\int_0^x (3t^2-2t-1)\,dt$

$=\Big[t^3-t^2-t\Big]_0^x$

$=x^3-x^2-x$

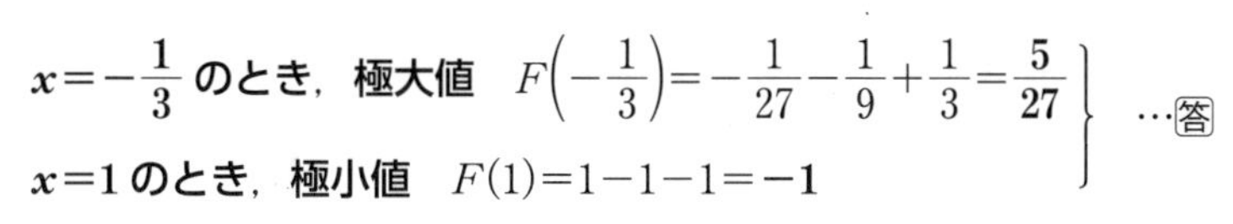

x	$\cdots$	$-\frac{1}{3}$	$\cdots$	1	$\cdots$
$F'(x)$	$+$	0	$-$	0	$+$
$F(x)$	↗	極大	↘	極小	↗

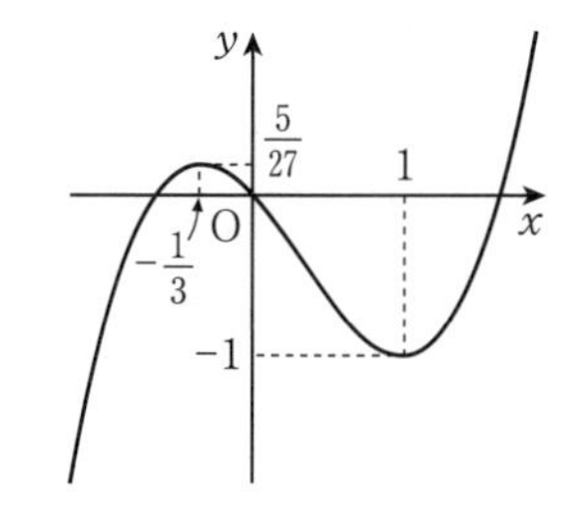

$\left.\begin{array}{l} \boldsymbol{x=-\frac{1}{3}} \textbf{ のとき，極大値 } F\left(-\frac{1}{3}\right)=-\frac{1}{27}-\frac{1}{9}+\frac{1}{3}=\boldsymbol{\frac{5}{27}} \\ \boldsymbol{x=1} \textbf{ のとき，極小値 } F(1)=1-1-1=\boldsymbol{-1} \end{array}\right\}$ …答

190 ［定積分で表された関数(2)］

次の関数 $F(x)$ を x の式で表せ。

(1) $F(x)=\int_1^2 (3xt^2-2x^2t+2)\,dt$

$=\Big[xt^3-x^2t^2+2t\Big]_1^2=(8x-4x^2+4)-(x-x^2+2)=\boldsymbol{-3x^2+7x+2}$ …答

(2) $F(x)=\int_1^x (4t-3t^2)\,dt$

$=\Big[-t^3+2t^2\Big]_1^x=(-x^3+2x^2)-(-1+2)=\boldsymbol{-x^3+2x^2-1}$ …答

191 ［定積分で表された関数(3)］ 難

関数 $f(x)$ が次の式を満たすとき，関数 $f(x)$ と定数 a の値をそれぞれ求めよ。

(1) $\int_{-1}^x f(t)\,dt=x^3+ax^2-ax-5$

$x=-1$ を代入して，$0=-1+a+a-5$ より　$\boldsymbol{a=3}$ …答

よって　$\int_{-1}^x f(t)\,dt=x^3+3x^2-3x-5$

両辺を x で微分して　$\boldsymbol{f(x)=3x^2+6x-3}$ …答

(2) $\int_a^x f(t)\,dt=2x^2-x-1$

$x=a$ を代入して，$0=2a^2-a-1$ より　$(a-1)(2a+1)=0$　　$\boldsymbol{a=1,\ -\frac{1}{2}}$ …答

また，両辺を x で微分して　$\boldsymbol{f(x)=4x-1}$ …答

➡ 問題 p. 90

11 面　積

192 ［曲線と x 軸との間の面積(1)］ 必修
次の曲線と直線で囲まれた図形の面積 S を求めよ。

(1) 放物線 $y=x^2-4x+5$ と直線 $x=0$，$x=3$ と x 軸

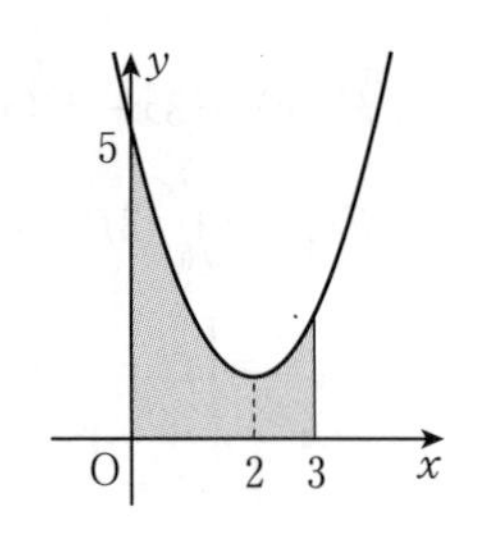

右の図より x 軸より上の部分の面積だから

$$S=\int_0^3(x^2-4x+5)\,dx=\left[\frac{x^3}{3}-2x^2+5x\right]_0^3$$

$=9-18+15=\mathbf{6}$ …答

(2) 放物線 $y=x^2-3x+2$ と x 軸

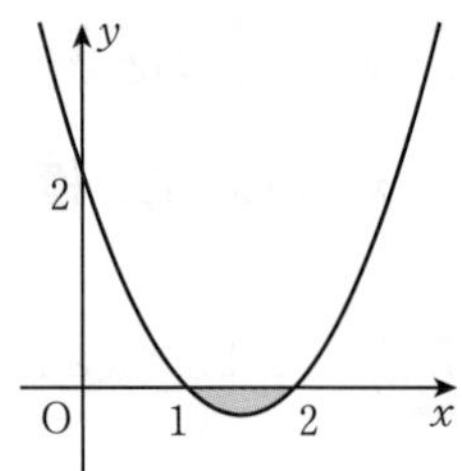

$y=(x-1)(x-2)$ よりグラフは右のようになる。

x 軸より下の部分の面積だから

$$S=-\int_1^2(x^2-3x+2)\,dx=-\left[\frac{x^3}{3}-\frac{3}{2}x^2+2x\right]_1^2$$

$$=-\left\{\left(\frac{8}{3}-6+4\right)-\left(\frac{1}{3}-\frac{3}{2}+2\right)\right\}=\mathbf{\frac{1}{6}}$$ …答

193 ［曲線と x 軸との間の面積(2)］
曲線 $y=x^3-x^2-2x$ と x 軸で囲まれた図形の面積 S を求めよ。

$y=x^3-x^2-2x=x(x^2-x-2)=x(x+1)(x-2)$

x 軸との交点の x 座標は $x=-1$，0，2 だから，グラフは右の図のようになる。

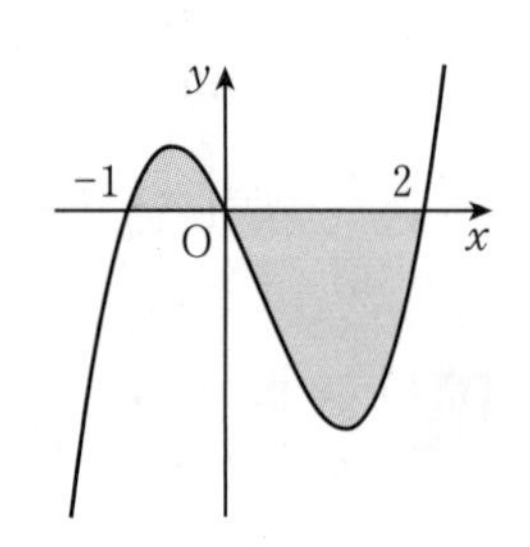

$-1\leqq x\leqq 0$ で　$y\geqq 0$，$0\leqq x\leqq 2$ で　$y\leqq 0$

よって，求める面積は

$$S=\int_{-1}^0(x^3-x^2-2x)\,dx-\int_0^2(x^3-x^2-2x)\,dx$$

$$=\left[\frac{x^4}{4}-\frac{x^3}{3}-x^2\right]_{-1}^0-\left[\frac{x^4}{4}-\frac{x^3}{3}-x^2\right]_0^2$$

$$=0-\left(\frac{1}{4}+\frac{1}{3}-1\right)-\left\{\left(4-\frac{8}{3}-4\right)-0\right\}=\mathbf{\frac{37}{12}}$$ …答

194 ［直線と曲線で囲まれた図形の面積］ 必修 テスト
放物線 $y=x^2-2x$ と直線 $y=-x+2$ とで囲まれた図形の面積 S を求めよ。

放物線と直線の交点の x 座標は

$x^2-2x=-x+2$　　$x^2-x-2=0$

$(x-2)(x+1)=0$ より　$x=-1$，2

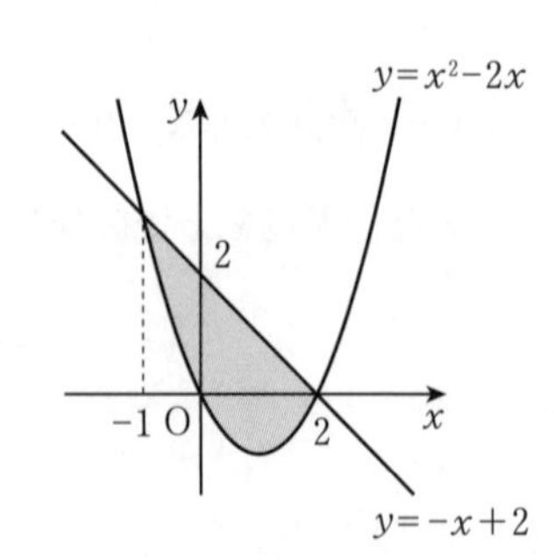

上−下

$$S=\int_{-1}^2\{(-x+2)-(x^2-2x)\}\,dx=\int_{-1}^2(-x^2+x+2)\,dx$$

$$=\left[-\frac{x^3}{3}+\frac{x^2}{2}+2x\right]_{-1}^2=\left(-\frac{8}{3}+2+4\right)-\left(\frac{1}{3}+\frac{1}{2}-2\right)=\mathbf{\frac{9}{2}}$$ …答

195 [2つの放物線で囲まれた図形の面積] 必修

次の2つの放物線で囲まれた図形の面積 S を求めよ。

(1) $y=(x+1)^2$ と $y=-x^2+5$

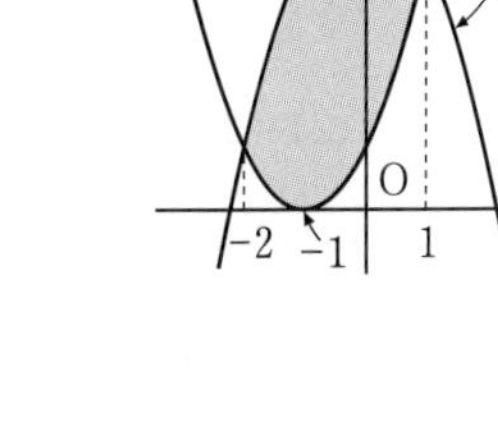

2つの放物線の交点の x 座標は

$(x+1)^2=-x^2+5$　　$2x^2+2x-4=0$　　$x^2+x-2=0$

$(x+2)(x-1)=0$ より　$x=-2,\ 1$

右の図より

$$\boldsymbol{S}=\int_{-2}^{1}\{(-x^2+5)-(x+1)^2\}\,dx=\int_{-2}^{1}(-2x^2-2x+4)\,dx$$

$$=\left[-\frac{2}{3}x^3-x^2+4x\right]_{-2}^{1}=\left(-\frac{2}{3}-1+4\right)-\left(\frac{16}{3}-4-8\right)=\boldsymbol{9}\quad\cdots\text{答}$$

(2) $y=x^2-2x-4$ と $y=-x^2$

2つの放物線の交点の x 座標は

$x^2-2x-4=-x^2$　　$2x^2-2x-4=0$　　$x^2-x-2=0$

$(x+1)(x-2)=0$ より　$x=-1,\ 2$

右の図より

$$\boldsymbol{S}=\int_{-1}^{2}\{-x^2-(x^2-2x-4)\}\,dx=\int_{-1}^{2}\{-2(x^2-x-2)\}\,dx$$

$$=-2\int_{-1}^{2}(x+1)(x-2)\,dx=\frac{2}{6}(2+1)^3=\boldsymbol{9}\quad\cdots\text{答}$$

← $\int_{\alpha}^{\beta}(x-\alpha)(x-\beta)dx=-\frac{(\beta-\alpha)^3}{6}$ で，$\alpha=-1,\ \beta=2$

196 [面積を2等分する直線] 難

放物線 $y=3x-x^2$ と x 軸で囲まれた図形の面積が，原点を通る直線で2等分されるとき，その直線の方程式を求めよ。

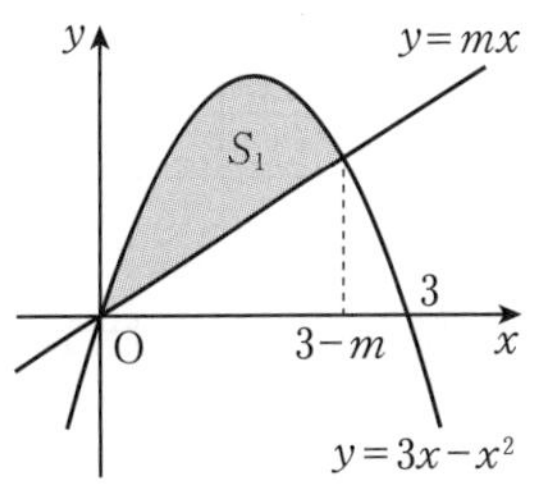

$y=3x-x^2$ と x 軸で囲まれた図形の面積 S は

$$S=\int_{0}^{3}(3x-x^2)\,dx=\left[\frac{3}{2}x^2-\frac{x^3}{3}\right]_{0}^{3}=\frac{27}{2}-9=\frac{9}{2}$$

次に，求める直線の方程式を $y=mx$ とし，放物線との交点の x 座標を求めると，$3x-x^2=mx$ より　$x=0,\ 3-m$

$y=3x-x^2$ と $y=mx$ で囲まれた図形の面積 S_1 は

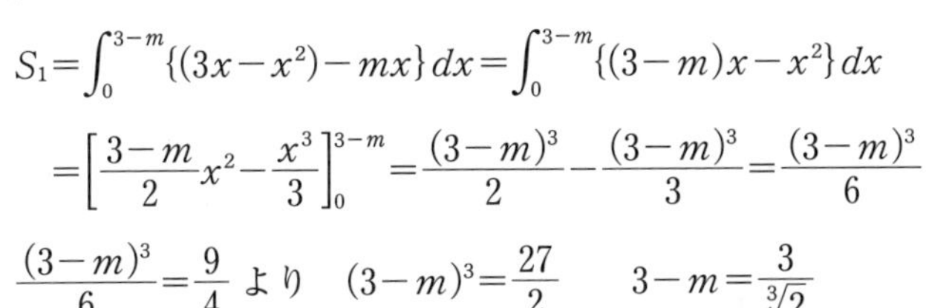

$$S_1=\int_{0}^{3-m}\{(3x-x^2)-mx\}\,dx=\int_{0}^{3-m}\{(3-m)x-x^2\}\,dx$$

$$=\left[\frac{3-m}{2}x^2-\frac{x^3}{3}\right]_{0}^{3-m}=\frac{(3-m)^3}{2}-\frac{(3-m)^3}{3}=\frac{(3-m)^3}{6}$$

$\dfrac{(3-m)^3}{6}=\dfrac{9}{4}$ より　$(3-m)^3=\dfrac{27}{2}$　　$3-m=\dfrac{3}{\sqrt[3]{2}}$

よって　$m=3-\dfrac{3}{\sqrt[3]{2}}=3-\dfrac{3\sqrt[3]{2^2}}{2}=\dfrac{6-3\sqrt[3]{4}}{2}$

したがって，求める直線の方程式は　$\boldsymbol{y=\dfrac{3(2-\sqrt[3]{4})}{2}x}$　…答

➡ 問題 p. 92

入試問題にチャレンジ

1 関数 $f(x)=x(x-3)(x-4)$ の $x=0$ から $x=2$ までの平均変化率は［ ① ］である。この平均変化率は，$f(x)$ の $x=$［ ② ］$(0<x<2)$ における微分係数に等しい。 （名城大）

$f(0)=0$，$f(2)=2\cdot(-1)\cdot(-2)=4$ だから，平均変化率は $\dfrac{f(2)-f(0)}{2-0}=\dfrac{4}{2}=\mathbf{2}$ ① …答

また，$f(x)=x^3-7x^2+12x$，$f'(x)=3x^2-14x+12$ だから

$3x^2-14x+12=2$　　$3x^2-14x+10=0$　　$x=\dfrac{7\pm\sqrt{19}}{3}$

$0<x<2$ だから　$x=\dfrac{\mathbf{7-\sqrt{19}}}{\mathbf{3}}$ ② …答

2 関数 $f(x)=x^3+ax+b$ （a，b は定数）が $x=-1$ で極大値 5 をとるとき，a，b の値は $a=$［　］，$b=$［　］であり，極小値は［　］である。 （北海道工大）

$f(x)=x^3+ax+b$ より　$f'(x)=3x^2+a$

$x=-1$ で極大値をとるから，$f'(-1)=3+a=0$ より　$a=-3$

極大値が 5 であるから　$f(-1)=-1-a+b=5$

よって，$-1+3+b=5$ より　$b=3$

したがって，a，b の値は　$\mathbf{a=-3}$，$\mathbf{b=3}$ …答

このとき　$f(x)=x^3-3x+3$，$f'(x)=3x^2-3=3(x+1)(x-1)$

x	…	-1	…	1	…
$f'(x)$	$+$	0	$-$	0	$+$
$f(x)$	↗	極大	↘	極小	↗

増減表より，$x=-1$ のとき，確かに極大値をとるから適している。

極小値は　$f(1)=1-3+3=\mathbf{1}$ …答

3 a を定数とする。関数 $f(x)$ が $\int_a^x f(t)\,dt=3x^2+x+a-1$ を満たすとき，$f(x)$ と a の値を求めよ。 （大阪工大）

$$\int_a^x f(t)\,dt=3x^2+x+a-1 \quad \cdots ①$$

とおく。①の両辺を x で微分すると　$\mathbf{f(x)=6x+1}$ …答

①に $x=a$ を代入すると　$0=3a^2+2a-1$　　$(3a-1)(a+1)=0$

よって　$\mathbf{a=\dfrac{1}{3}}$，$\mathbf{-1}$ …答

4 kを実数とし，座標平面上に点P(1, 0)をとる。曲線 $y=-x^3+9x^2+kx$ を C とする。

（センター試験）

(1) 点Q$(t,\ -t^3+9t^2+kt)$ における曲線 C の接線が点Pを通るとすると

$-$［ア］t^3+［イウ］t^2-［エオ］$t=k$

が成り立つ。

$p(t)=-$［ア］t^3+［イウ］t^2-［エオ］t とおくと，関数 $p(t)$ は $t=$［カ］で極小値［キク］をとり，$t=$［ケ］で極大値［コ］をとる。

したがって，点Pを通る曲線 C の接線の本数がちょうど2本となるのは k の値が［サ］または［シス］のときである。また，点Pを通る曲線 C の接線の本数は $k=5$ のとき［セ］本，$k=-2$ のとき［ソ］本，$k=-12$ のとき［タ］本となる。

$y=-x^3+9x^2+kx$ を微分して　$y'=-3x^2+18x+k$

接点が点Q$(t,\ -t^3+9t^2+kt)$ だから，接線の傾きは　$-3t^2+18t+k$

よって，接線の方程式は　$y-(-t^3+9t^2+kt)=(-3t^2+18t+k)(x-t)$

これが点P(1, 0)を通るから

$0-(-t^3+9t^2+kt)=(-3t^2+18t+k)(1-t)$

$t^3-9t^2-kt=-3t^2+3t^3+18t-18t^2+k-kt$

$-\overset{ア}{\mathbf{2}}t^3+\overset{イウ}{\mathbf{12}}t^2-\overset{エオ}{\mathbf{18}}t=k$　…①　…答

$p(t)=-2t^3+12t^2-18t$ とおくと

$p'(t)=-6t^2+24t-18=-6(t-1)(t-3)$

t	…	1	…	3	…
$p'(t)$	$-$	0	$+$	0	$-$
$p(t)$	↘	極小	↗	極大	↘

右の増減表から，

$t=\overset{カ}{\mathbf{1}}$ のとき，極小値　$\overset{キク}{\mathbf{-8}}$ …答

$t=\overset{ケ}{\mathbf{3}}$ のとき，極大値　$\overset{コ}{\mathbf{0}}$ …答

①の解は曲線 $y=p(t)$ と直線 $y=k$ の共有点の t 座標であり，共有点の個数が，接線の本数と一致する。

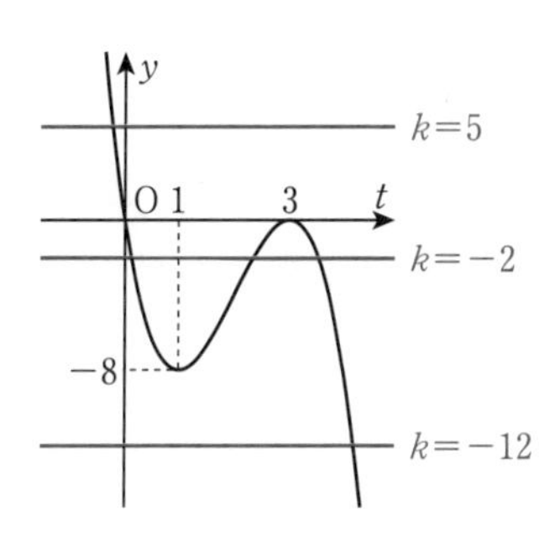

したがって，接線の本数が2本となるのは，k の値が $\overset{サ}{\mathbf{0}}$ または $\overset{シス}{\mathbf{-8}}$ のとき。…答

また，点Pを通る接線の本数は

$k=5$ のとき $\overset{セ}{\mathbf{1}}$ 本　…答

$k=-2$ のとき $\overset{ソ}{\mathbf{3}}$ 本　…答

$k=-12$ のとき $\overset{タ}{\mathbf{1}}$ 本　…答

➡ 問題 p. 94

(2) $k=0$ とする。曲線 $y=-x^3+6x^2+7x$ を D とする。曲線 C と D の交点の x 座標は $\boxed{チ}$ と $\dfrac{\boxed{ツ}}{\boxed{テ}}$ である。

$-1\leqq x\leqq 2$ の範囲において，2 曲線 C，D および 2 直線 $x=-1$，$x=2$ で囲まれた 2 つの図形の面積の和は $\dfrac{\boxed{トナ}}{\boxed{ニ}}$ である。

$k=0$ のとき　$C:y=-x^3+9x^2$　…②　　$D:y=-x^3+6x^2+7x$　…③

②，③の交点の x 座標は $-x^3+9x^2=-x^3+6x^2+7x$ より　$3x^2-7x=0$

よって　$x(3x-7)=0$　　$x=\mathbf{0}^{チ}, \ \dfrac{\mathbf{7}^{ツ}}{\mathbf{3}_{テ}}$ …答

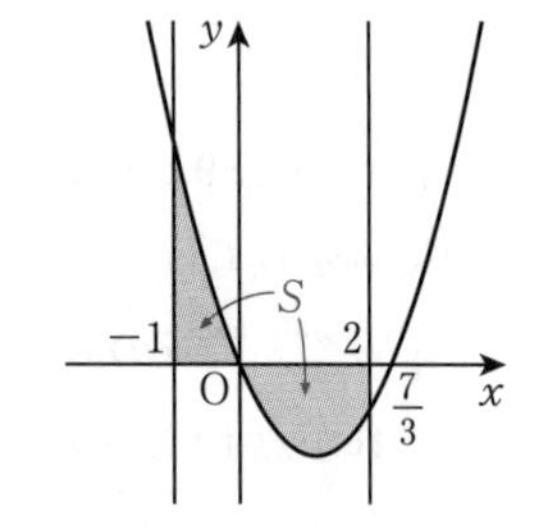

②，③と 2 直線 $x=-1$，$x=2$ で囲まれた図形の面積は，曲線 $y=3x^2-7x$ と x 軸および 2 直線 $x=-1$，$x=2$ で囲まれた図形の面積と等しい。求める面積は，右の図のようになり，この面積を S とすると

$$S=\int_{-1}^{0}(3x^2-7x)\,dx-\int_{0}^{2}(3x^2-7x)\,dx$$

$$=\left[x^3-\frac{7}{2}x^2\right]_{-1}^{0}-\left[x^3-\frac{7}{2}x^2\right]_{0}^{2}$$

$$=0-\left(-1-\frac{7}{2}\right)-\{(8-14)-0\}=\frac{\mathbf{21}^{トナ}}{\mathbf{2}_{ニ}}$$ …答

5　座標平面上で，放物線 $y=x^2$ を C とする。曲線 C 上の点 P の x 座標を a とする。点 P における C の接線 l の方程式は $y=\boxed{アイ}x-a^{\boxed{ウ}}$ である。$a\neq 0$ のとき，直線 l が x 軸と交わる点を Q とすると，Q の座標は $\left(\dfrac{\boxed{エ}}{\boxed{オ}}, \ \boxed{カ}\right)$ である。

$a>0$ のとき，曲線 C と直線 l および x 軸で囲まれた図形の面積を S とすると $S=\dfrac{a^{\boxed{キ}}}{\boxed{クケ}}$ である。

$a<2$ のとき，曲線 C と直線 l および直線 $x=2$ で囲まれた図形の面積を T とすると

$$T=-\frac{a^3}{\boxed{コ}}+\boxed{サ}a^2-\boxed{シ}a+\frac{\boxed{ス}}{\boxed{セ}}$$

である。$a=0$ のときは $S=0$，$a=2$ のときは $T=0$ であるとして，$0\leqq a\leqq 2$ に対して $U=S+T$ とおく。a がこの範囲を動くとき，U は $a=\boxed{ソ}$ で最大値 $\dfrac{\boxed{タ}}{\boxed{チ}}$ をとり，$a=\dfrac{\boxed{ツ}}{\boxed{テ}}$ で最小値 $\dfrac{\boxed{ト}}{\boxed{ナニ}}$ をとる。

（センター試験）

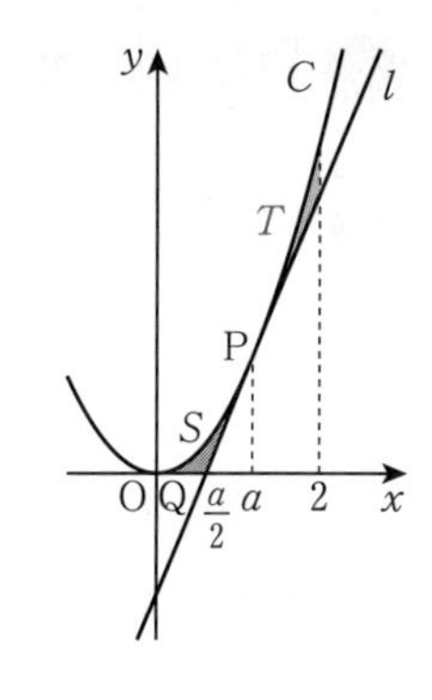

$C: y=x^2$ より　$y'=2x$

点 $\mathrm{P}(a,\ a^2)$ における接線 l の方程式は　$y-a^2=2a(x-a)$

よって　$l: y=\mathbf{2a}x-a^2$ …答

l と x 軸との交点の x 座標は，ℓ に $y=0$ として得られる式 $2ax-a^2=0$ の解になる。

$a \neq 0$ のとき，$x=\dfrac{a}{2}$ より　$\mathrm{Q}\left(\dfrac{\boldsymbol{a}}{\mathbf{2}},\ \mathbf{0}\right)$ …答

$a>0$ のとき

$$S=\int_0^a x^2\,dx-\frac{1}{2}\left(a-\frac{a}{2}\right)\cdot a^2$$

$$=\left[\frac{x^3}{3}\right]_0^a-\frac{a^3}{4}=\frac{a^3}{3}-\frac{a^3}{4}=\frac{a^3}{\mathbf{12}}\ \cdots\text{答}$$

$a<2$ のとき

$$T=\int_a^2\{x^2-(2ax-a^2)\}\,dx=\left[\frac{x^3}{3}-ax^2+a^2x\right]_a^2$$

$$=\frac{8}{3}-4a+2a^2-\left(\frac{a^3}{3}-a^3+a^3\right)=-\frac{a^3}{\mathbf{3}}+\mathbf{2}a^2-\mathbf{4}a+\frac{\mathbf{8}}{\mathbf{3}}\ \cdots\text{答}$$

$0 \leqq a \leqq 2$ に対して $U=S+T=-\dfrac{1}{4}a^3+2a^2-4a+\dfrac{8}{3}=f(a)$ とおく。

$$f'(a)=-\frac{3}{4}a^2+4a-4=-\frac{1}{4}(3a^2-16a+16)$$

$$=-\frac{1}{4}(3a-4)(a-4)$$

増減表より，

a	0	…	$\frac{4}{3}$	…	2
$f'(a)$		$-$	0	$+$	
$f(a)$	$\frac{8}{3}$	↘	$f\left(\frac{4}{3}\right)$	↗	$\frac{2}{3}$

$a=\mathbf{0}$ で最大となり，最大値は　$\dfrac{\mathbf{8}}{\mathbf{3}}$ …答

$a=\dfrac{\mathbf{4}}{\mathbf{3}}$ で最小となり，最小値は

$$f\left(\frac{4}{3}\right)=-\frac{1}{4}\left(\frac{4}{3}\right)^3+2\left(\frac{4}{3}\right)^2-4\cdot\frac{4}{3}+\frac{8}{3}$$

$$=-\frac{16}{27}+\frac{32}{9}-\frac{16}{3}+\frac{8}{3}=\frac{\mathbf{8}}{\mathbf{27}}\ \cdots\text{答}$$

➡ 問題 *p. 98*

1 数 列

197 ［数列(1)］

次の数列 $\{a_n\}$ は，それぞれどのような規則でつくられているか。その規則にしたがうと，第 6 項 a_6 と第 7 項 a_7 の間にはどのような関係式が成り立つか。

(1) 10，8，6，4，2，…

すぐ前の項に -2 を加えて次の項がつくられている。

$\boldsymbol{a_7=a_6-2}$ …答

(2) 2，6，18，54，162，…

すぐ前の項に 3 を掛けて次の項がつくられている。

$\boldsymbol{a_7=3a_6}$ …答

(3) 1，2，4，7，11，…

1　2　3　4

隣り合った項の差をとった数列が自然数の列になっている。

$\boldsymbol{a_7=a_6+6}$ …答

198 ［数列(2)］

次の数列 $\{a_n\}$ の初項から第 5 項までを書け。

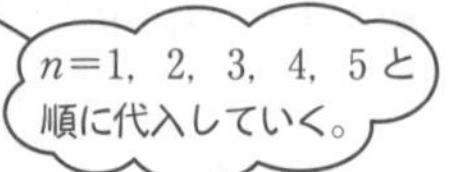

(1) $a_n=3n-2$

1，4，7，10，13 …答

(2) $a_n=1+(-1)^n$

0，2，0，2，0 …答

(3) $a_n=n^2-n$

0，2，6，12，20 …答

2 等差数列

199 ［等差数列(1)］ テスト

次の等差数列 $\{a_n\}$ の一般項と第 20 項を求めよ。

(1) 2，7，12，17，…

初項 2，公差 5 だから　$a_n=2+(n-1)\cdot 5=5n-3$　　答 $\boldsymbol{a_n=5n-3}$

第 20 項は　$a_{20}=5\times 20-3=97$　　答 $\boldsymbol{a_{20}=97}$

(2) 8，5，2，-1，…

初項 8，公差 -3 だから　$a_n=8+(n-1)\cdot(-3)=-3n+11$　　答 $\boldsymbol{a_n=-3n+11}$

第 20 項は　$a_{20}=-3\cdot 20+11=-49$　　答 $\boldsymbol{a_{20}=-49}$

200 ［等差数列(2)］ 必修 テスト

第 5 項が 21，第 12 項が 49 となる等差数列の初項と公差を求めよ。

初項を a，公差を d とすると

$a+4d=21$ …① $a+11d=49$ …②

①，②を解いて $a=5$，$d=4$ よって **初項 5，公差 4** …答

201 ［初項と公差］

一般項が $a_n=2n-5$ で表される数列がある。

この数列の初項から始めて 3 つ目ごとに取り出してできる数列 a_1，a_4，a_7，a_{10}，…は等差数列であることを示し，初項と公差を求めよ。

数列 a_1，a_4，a_7，a_{10}，…を b_1，b_2，b_3，b_4，…とすると，数列 $\{b_n\}$ の一般項 b_n は a_{3n-2} で表される。

よって $b_n=a_{3n-2}=2(3n-2)-5=6n-9$

$b_{n+1}-b_n=\{6(n+1)-9\}-(6n-9)=6$ （一定）

隣り合う 2 つの項の差が一定だから，数列 $\{b_n\}$ は等差数列である。 終

一方，初項は $b_1=6-9=-3$

初項 −3，公差 6 …答

202 ［等差中項］

数列 7，x，19 がこの順で等差数列をなすとき，x の値を求めよ。

7，x，19 がこの順で等差数列をなすから

$x-7=19-x$ より $2x=26$

よって $\boldsymbol{x=13}$ …答

203 ［調和数列］

調和数列（各項の逆数をとると等差数列になる数列）3，$\frac{12}{7}$，$\frac{6}{5}$，$\frac{12}{13}$，$\frac{3}{4}$，…の一般項を求めよ。

与えられた調和数列 $\{a_n\}$ の各項の逆数をとった数列 $\{b_n\}$ は，$\frac{1}{3}$，$\frac{7}{12}$，$\frac{5}{6}$，…で等差数列をなす。

初項 $\frac{1}{3}$，公差 $\frac{1}{4}$ の等差数列であるから，一般項は $b_n=\frac{1}{3}+(n-1)\cdot\frac{1}{4}=\frac{3n+1}{12}$

したがって，求める調和数列の一般項は $a_n=\boldsymbol{\frac{12}{3n+1}}$ …答

➡ 問題 *p. 100*

204 ［共通な数列］

次のような 2 つの等差数列 $\{a_n\}$，$\{b_n\}$ がある。

$\{a_n\}$：3，7，11，…

$\{b_n\}$：2，9，16，…

このとき数列 $\{a_n\}$ と $\{b_n\}$ に共通に含まれる数列 $\{c_n\}$ の一般項を求めよ。

数列 $\{a_n\}$ は初項 3，公差 4 の等差数列だから

$a_n=3+(n-1)\cdot 4=4n-1$

数列 $\{b_n\}$ は初項 2，公差 7 の等差数列だから

$b_n=2+(n-1)\cdot 7=7n-5$

$a_k=b_l$（k，l は自然数）を満たすとすると，$4k-1=7l-5$ より

$4(k+1)=7l$ …①

4，7 は互いに素だから①を満たす最小の k，l は

$k+1=7$，$l=4$

よって　$k=6$，$l=4$

ゆえに，共通な数列 $\{c_n\}$ の初項は 23

一方，公差は 4 と 7 の最小公倍数の 28

したがって，共通な数列 $\{c_n\}$ の一般項は　$\boldsymbol{c_n}=23+(n-1)\cdot 28=\boldsymbol{28n-5}$ …答

3 等差数列の和

205 ［等差数列の和(1)］ テスト

次の等差数列の和 S を求めよ。

(1) 初項 10，末項 52，項数 15

$$\boldsymbol{S}=\frac{15(10+52)}{2}=\boldsymbol{465}$$ …答

(2) 初項 30，公差 −2，項数 20

$$\boldsymbol{S}=\frac{20\{2\cdot 30+(20-1)\cdot(-2)\}}{2}=\boldsymbol{220}$$ …答

206 ［等差数列の和(2)］ 必修 テスト

初項から第 4 項までの和が 46，第 10 項までの和が 205 である等差数列の初項から第 n 項までの和 S_n を求めよ。

初項を a，公差を d とすると，

$S_4=\dfrac{4\{2a+(4-1)d\}}{2}=46$ より　$2a+3d=23$ …①

$S_{10}=\dfrac{10\{2a+(10-1)d\}}{2}=205$ より　$2a+9d=41$ …②

①，②を解いて　$a=7$，$d=3$

したがって　$\boldsymbol{S_n}=\dfrac{n\{2\cdot 7+(n-1)\cdot 3\}}{2}=\boldsymbol{\dfrac{1}{2}n(3n+11)}$ …答

207 ［等差数列の和］

次の問いに答えよ。

(1) 100 と 200 の間にあって，6 で割ると 1 余る数の総和 S を求めよ。

6 で割ると 1 余る数は，k を整数として $6k+1$ で表される。

$100<6k+1<200$ より　$16.5<k<33.1\cdots$　　k は整数だから　$k=17,\ 18,\ \cdots,\ 33$

題意の数は，等差数列になり，初項 $6\times17+1=103$，末項 $6\times33+1=199$，項数 $33-17+1=17$

よって，求める総和は　$S=\dfrac{17(103+199)}{2}=\mathbf{2567}$　…答

(2) 3 桁の自然数のうち，3 でも 7 でも割り切れる数の総和 S を求めよ。

3 でも 7 でも割り切れる数は，k を整数として $21k$ で表される。

これが 3 桁の自然数であるから　$100\leqq21k\leqq999$

よって　$4.7\cdots\leqq k\leqq47.5\cdots$　　k は整数だから　$k=5,\ 6,\ \cdots,\ 47$

題意の数は，等差数列になり，初項 $21\times5=105$，末項 $21\times47=987$，項数 $47-5+1=43$

よって，求める総和は　$S=\dfrac{43(105+987)}{2}=\mathbf{23478}$　…答

208 ［等差数列の和の最大値］ 必修 テスト

初項 35，公差 -3 の等差数列 $\{a_n\}$ について，次の問いに答えよ。

(1) 第何項が初めて負になるか。

$a_n=35+(n-1)\cdot(-3)=-3n+38<0$ となるとき，$n>\dfrac{38}{3}=12.6\cdots$ なので，

第 13 項が初めて負になる。　…答

(2) 初項から第 n 項までの和を S_n とするとき，S_n の最大値を求めよ。

この数列は，第 12 項までは正，第 13 項以降は負。したがって，第 12 項までの和が最大となる。

$S_{12}=\dfrac{12\{2\cdot35+(12-1)\cdot(-3)\}}{2}=\mathbf{222}$　…答

209 ［和→一般項］ テスト

初項から第 n 項までの和 S_n が次の式で表されるとき，数列 $\{a_n\}$ の一般項を求めよ。

(1) $S_n=2n^2+5n$

$n\geqq2$ のとき

$$\begin{array}{rl} S_n &=2n^2+5n \\ -)\ S_{n-1} &=2(n-1)^2+5(n-1) \\ \hline a_n &=4n+3 \end{array}$$

$n=1$ のとき　$a_1=S_1=7$　　これは，$a_n=4n+3$ を満たすから　$\boldsymbol{a_n=4n+3}$　…答

(2) $S_n=n^2-5n+2$

$n\geqq2$ のとき

$$\begin{array}{rl} S_n &=n^2-5n+2 \\ -)\ S_{n-1} &=(n-1)^2-5(n-1)+2 \\ \hline a_n &=2n-6 \end{array}$$

$n=1$ のとき　$a_1=S_1=-2$　　したがって　$\boldsymbol{a_1=-2,\ a_n=2n-6\ (n\geqq2)}$　…答

➡ 問題 *p. 102*

4 等比数列

210 [等比数列(1)]
次の等比数列 $\{a_n\}$ の一般項を求めよ。

(1) 初項 4，公比 3

$a_n=4\cdot 3^{n-1}$ …答

(2) 初項 5，公比 $-\dfrac{1}{2}$

$a_n=5\left(-\dfrac{1}{2}\right)^{n-1}$ …答

211 [等比数列(2)] 必修 テスト
第 3 項が 18，第 6 項が 486 となる等比数列がある。各項が実数であるとき，この等比数列の初項と公比を求めよ。

初項を a，公比を r とすると　$ar^2=18$　…①　　$ar^5=486$　…②

②÷①より　$r^3=27$　　r は実数だから　$r=3$　　①より　$a=2$　　答 **初項 2，公比 3**

212 [等比中項]
3，x，12 がこの順で等比数列をなすとき，x の値を求めよ。

3，x，12 がこの順で等比数列をなすから，公比が一定であることより　$\dfrac{x}{3}=\dfrac{12}{x}$

よって　$x^2=36$　　$x=\pm 6$　…答

5 等比数列の和

213 [等比数列の和] テスト
次の等比数列の初項から第 n 項までの和 S_n を求めよ。

4，-8，16，…

初項が 4，公比が -2 より　$S_n=\dfrac{4\{1-(-2)^n\}}{1-(-2)}=\dfrac{4}{3}\{1-(-2)^n\}$　…答

214 [等比数列(3)] 必修 テスト
第 3 項が 12 で初めの 3 項の和が 21 である等比数列の初項と公比を求めよ。

初項を a，公比を r とすると　$ar^2=12$　…①　　$\dfrac{a(r^3-1)}{r-1}=21$　…②

①より，$a=\dfrac{12}{r^2}$ を②に代入して　$\dfrac{12}{r^2}\times\dfrac{(r-1)(r^2+r+1)}{r-1}=21$　　$4(r^2+r+1)=7r^2$

$3r^2-4r-4=0$　　$(3r+2)(r-2)=0$　　よって　$r=-\dfrac{2}{3}$，2

$r=-\dfrac{2}{3}$ のとき $a=27$，$r=2$ のとき $a=3$　　答 **初項 27，公比 $-\dfrac{2}{3}$，または　初項 3，公比 2**

6 記号 Σ の意味

215 [Σ の意味(1)]
次の式を和の形で表せ。

(1) $\displaystyle\sum_{k=1}^{8}5\cdot 2^{k-1}$

$=5+5\cdot 2+5\cdot 2^2+5\cdot 2^3+5\cdot 2^4+5\cdot 2^5+5\cdot 2^6+5\cdot 2^7$　…答

(2) $\sum_{k=3}^{10}(k^2-k)$

$=\mathbf{(3^2-3)+(4^2-4)+(5^2-5)+(6^2-6)+(7^2-7)+(8^2-8)+(9^2-9)+(10^2-10)}$ …答

216 **[Σの意味(2)]**
次の和をΣを用いて表せ。

(1) $5+8+11+\cdots+(3n+2)=\boldsymbol{\sum_{k=1}^{n}(3k+2)}$ …答

(2) $\frac{2}{1\cdot3}+\frac{2}{3\cdot5}+\frac{2}{5\cdot7}+\cdots+\frac{2}{(2n-1)(2n+1)}=\boldsymbol{\sum_{k=1}^{n}\frac{2}{(2k-1)(2k+1)}}$ …答

7 記号Σの性質

217 **[Σの計算(1)]** 必修 テスト
$\sum_{k=1}^{n}(3k+1)^2$ を求めよ。

$$\sum_{k=1}^{n}(3k+1)^2=\sum_{k=1}^{n}(9k^2+6k+1)=9\sum_{k=1}^{n}k^2+6\sum_{k=1}^{n}k+\sum_{k=1}^{n}1$$

$$=9\cdot\frac{n(n+1)(2n+1)}{6}+6\cdot\frac{n(n+1)}{2}+n=\frac{1}{2}n\{3(n+1)(2n+1)+6(n+1)+2\}$$

$$=\frac{1}{2}n(6n^2+9n+3+6n+6+2)=\boldsymbol{\frac{1}{2}n(6n^2+15n+11)}$$ …答

218 **[Σの計算(2)]**
次の数列 $\{a_n\}$ の初項から第 n 項までの和を求めよ。

$1\cdot3\cdot5,\ 3\cdot5\cdot7,\ 5\cdot7\cdot9,\ \cdots$

この数列の一般項は $a_k=(2k-1)(2k+1)(2k+3)$ であるから，求める和は

$$\sum_{k=1}^{n}(2k-1)(2k+1)(2k+3)=\sum_{k=1}^{n}(8k^3+12k^2-2k-3)=8\sum_{k=1}^{n}k^3+12\sum_{k=1}^{n}k^2-2\sum_{k=1}^{n}k-\sum_{k=1}^{n}3$$

$$=8\left\{\frac{n(n+1)}{2}\right\}^2+12\cdot\frac{n(n+1)(2n+1)}{6}-2\cdot\frac{n(n+1)}{2}-3n$$

$$=2n^2(n+1)^2+2n(n+1)(2n+1)-n(n+1)-3n$$

$$=n\{2n(n+1)^2+2(n+1)(2n+1)-(n+1)-3\}$$

$$=n(2n^3+8n^2+7n-2)$$

$$=\boldsymbol{n(n+2)(2n^2+4n-1)}$$ …答

➡ 問題 *p. 104*

219 [Σの計算(3)]

次の数列の初項から第 n 項までの和 S_n を求めよ。

$$1,\ 1+\frac{1}{2},\ 1+\frac{1}{2}+\frac{1}{4},\ 1+\frac{1}{2}+\frac{1}{4}+\frac{1}{8},\ \cdots$$

等比数列の和
初項1,
公比 $\frac{1}{2}$,
項数 k

第 k 項 $a_k=1+\frac{1}{2}+\frac{1}{4}+\cdots+\left(\frac{1}{2}\right)^{k-1}=\frac{1\left\{1-\left(\frac{1}{2}\right)^k\right\}}{1-\frac{1}{2}}=2-2\left(\frac{1}{2}\right)^k=2-\left(\frac{1}{2}\right)^{k-1}$

$$S_n=\sum_{k=1}^{n}\left\{2-\left(\frac{1}{2}\right)^{k-1}\right\}=\sum_{k=1}^{n}2-\sum_{k=1}^{n}\left(\frac{1}{2}\right)^{k-1}$$

等比数列の和
初項1, 公比 $\frac{1}{2}$, 項数 n

$$=2n-\frac{1\left\{1-\left(\frac{1}{2}\right)^n\right\}}{1-\frac{1}{2}}=2n-2\left\{1-\left(\frac{1}{2}\right)^n\right\}=\boldsymbol{2n-2+\left(\frac{1}{2}\right)^{n-1}}$$ …答

220 [分数の和] 難

次の和を求めよ。

$$\frac{1}{1\cdot3\cdot5}+\frac{1}{3\cdot5\cdot7}+\frac{1}{5\cdot7\cdot9}+\cdots+\frac{1}{(2n-1)(2n+1)(2n+3)}$$

第 k 項 $a_k=\frac{1}{(2k-1)(2k+1)(2k+3)}=\frac{1}{4}\left\{\frac{1}{(2k-1)(2k+1)}-\frac{1}{(2k+1)(2k+3)}\right\}$

$$S_n=\sum_{k=1}^{n}\frac{1}{4}\left\{\frac{1}{(2k-1)(2k+1)}-\frac{1}{(2k+1)(2k+3)}\right\}$$

$$=\frac{1}{4}\left[\left(\frac{1}{1\cdot3}-\frac{1}{3\cdot5}\right)+\left(\frac{1}{3\cdot5}-\frac{1}{5\cdot7}\right)+\left(\frac{1}{5\cdot7}-\frac{1}{7\cdot9}\right)+\cdots+\left\{\frac{1}{(2n-1)(2n+1)}-\frac{1}{(2n+1)(2n+3)}\right\}\right]$$

$$=\frac{1}{4}\left\{\frac{1}{1\cdot3}-\frac{1}{(2n+1)(2n+3)}\right\}=\frac{1}{4}\cdot\frac{4n^2+8n}{3(2n+1)(2n+3)}=\boldsymbol{\frac{n(n+2)}{3(2n+1)(2n+3)}}$$ …答

221 [無理数の和]

次の和を求めよ。

$$\frac{1}{\sqrt{3}+\sqrt{7}}+\frac{1}{\sqrt{7}+\sqrt{11}}+\frac{1}{\sqrt{11}+\sqrt{15}}+\cdots+\frac{1}{\sqrt{4n-1}+\sqrt{4n+3}}$$

$$a_k=\frac{1}{\sqrt{4k-1}+\sqrt{4k+3}}=\frac{1}{4}(\sqrt{4k+3}-\sqrt{4k-1})$$

$k=1,\ 2,\ 3,\ \cdots,\ n$ を代入し和 S_n を求める。

$$S_n=\frac{1}{4}\{(\sqrt{7}-\sqrt{3})+(\sqrt{11}-\sqrt{7})+(\sqrt{15}-\sqrt{11})+\cdots+(\sqrt{4n+3}-\sqrt{4n-1})\}$$

$$=\boldsymbol{\frac{1}{4}(\sqrt{4n+3}-\sqrt{3})}$$ …答

$\sqrt{7}-\sqrt{3}$
$\sqrt{11}-\sqrt{7}$
$\sqrt{15}-\sqrt{11}$
⋮
$+)\ \sqrt{4n+3}-\sqrt{4n-1}$
$\sqrt{4n+3}-\sqrt{3}$

222 ［等差×等比型の和］ 難

次の和を求めよ。

$S_n=1+3x+5x^2+\cdots+(2n-1)x^{n-1}$

$$\begin{array}{rl} S_n= & 1+3x+5x^2+\cdots+(2n-1)x^{n-1} \\ -)\quad xS_n= & \quad\ \ x+3x^2+\cdots+(2n-3)x^{n-1}+(2n-1)x^n \\ \hline (1-x)S_n= & 1+\underbrace{2x+2x^2+\quad\cdots\quad+2x^{n-1}}_{\text{等比数列：初項}2x,\ \text{公比}x,\ \text{項数}(n-1)\text{の和}}-(2n-1)x^n \end{array}$$

$x\neq1$ のとき　$(1-x)S_n=1+\dfrac{2x(1-x^{n-1})}{1-x}-(2n-1)x^n=\dfrac{1-x+2x-2x^n-(2n-1)x^n(1-x)}{1-x}$

$$S_n=\frac{1+x-(2n+1)x^n+(2n-1)x^{n+1}}{(1-x)^2}$$

$x=1$ のとき　$S_n=1+3+5+\cdots+(2n-1)=n^2$

答　$\boldsymbol{S_n=\dfrac{1+x-(2n+1)x^n+(2n-1)x^{n+1}}{(1-x)^2}}$　$\boldsymbol{(x\neq1)}$　　$\boldsymbol{S_n=n^2}$　$\boldsymbol{(x=1)}$

223 ［群数列］

自然数を小さい順に並べ，第 n 群が $(2n-1)$ 個の数を含むように分けると，

1 | 2，3，4 | 5，6，7，8，9 | …

となる。このとき，次の問いに答えよ。

(1) 第 n 群の最初の数を求めよ。

各群の項数を考えると，$n\geqq2$ のとき，第 n 群の最初の数は，$\{1+3+5+\cdots+(2n-3)+1\}$ 番目の自然数である。

よって，$\{(n-1)^2+1\}$ 番目の自然数である。これは $n=1$ のときにも成り立つから，第 n 群の最初の数は $\boldsymbol{n^2-2n+2}$ である。…答

(2) 100 は第何群の何番目の数か。

100 が第 n 群にあるとすると　$(n-1)^2+1\leqq100<n^2+1$　　$(n-1)^2\leqq99<n^2$ より　$n=10$

第 10 群は | 82，83，84，…，100 | だから　$100-82+1=19$

よって，**100 は第 10 群の 19 番目の数**。…答

(3) 第 n 群の数の和を求めよ。

第 n 群は初項 n^2-2n+2，末項 n^2，項数 $2n-1$ の等差数列である。

第 n 群の数の和を S_n とすると

$S_n=\dfrac{(2n-1)(n^2-2n+2+n^2)}{2}=\dfrac{(2n-1)(2n^2-2n+2)}{2}=\boldsymbol{(2n-1)(n^2-n+1)}$　…答

➡ 問題 *p. 106*

8 階差数列

224 [階差数列] 必修 テスト
次の数列の一般項を求めよ。

$\{a_n\}$: 2, 3, 5, 9, 17, …

2, 3, 5, 9, 17, …
1 2 4 8 …

階差数列 $\{b_n\}$ は初項 1，公比 2 の等比数列だから $b_n=2^{n-1}$

よって，$n\geqq 2$ のとき $a_n=2+\sum_{k=1}^{n-1}2^{k-1}=2+\frac{1(2^{n-1}-1)}{2-1}=2^{n-1}+1$

この式で $n=1$ とすると $2^0+1=2$ で，$a_1=2$ に一致する。

したがって $\boldsymbol{a_n=2^{n-1}+1}$ …答

9 漸化式

225 [帰納的定義]
次の式で定義された数列 $\{a_n\}$ の初項から第 5 項までを書け。

(1) $a_1=1$, $a_{n+1}=2a_n+3$ $(n\geqq 1)$

$a_1=1$, $a_2=2a_1+3=5$, $a_3=2a_2+3=13$, $a_4=2a_3+3=29$, $a_5=2a_4+3=61$

したがって **1, 5, 13, 29, 61** …答

(2) $a_1=1$, $a_2=2$, $a_{n+2}=3a_{n+1}-2a_n$ $(n\geqq 1)$

$a_1=1$, $a_2=2$, $a_3=3a_2-2a_1=4$, $a_4=3a_3-2a_2=8$, $a_5=3a_4-2a_3=16$

したがって **1, 2, 4, 8, 16** …答

226 [隣接2項間の漸化式(1)]
次の漸化式で定義される数列 $\{a_n\}$ の一般項を求めよ。

(1) $a_1=1$, $a_{n+1}=a_n+4$

$a_{n+1}=a_n+4$ は等差数列を表す。(初項 1，公差 4)

したがって $\boldsymbol{a_n}=1+4(n-1)=\boldsymbol{4n-3}$ …答

(2) $a_1=3$, $a_{n+1}=4a_n$

$a_{n+1}=4a_n$ は等比数列を表す。(初項 3，公比 4)

したがって $\boldsymbol{a_n=3\cdot 4^{n-1}}$ …答

(3) $a_1=2$, $a_{n+1}=a_n+3n$

$a_{n+1}=a_n+3n$ は $\{a_n\}$ の階差数列が $\{3n\}$ であることを表す。

したがって

$n\geqq 2$ のとき $a_n=2+\sum_{k=1}^{n-1}3k=2+3\cdot\frac{(n-1)\cdot n}{2}=\frac{3n^2-3n+4}{2}$

$n=1$ のときも成り立つから $\boldsymbol{a_n=\frac{3n^2-3n+4}{2}}$ …答

227 ［隣接2項間の漸化式(2)］ 必修 テスト

次の漸化式で定義される数列 $\{a_n\}$ の一般項を求めよ。

(1) $a_1=2,\ a_{n+1}=2a_n-1$

$$\begin{array}{rl} & a_{n+1}=2a_n-1 \\ -) & \alpha=2\alpha-1 \\ \hline & a_{n+1}-\alpha=2(a_n-\alpha) \end{array}$$

この式を解いて $\alpha=1$

$\alpha=1$ を代入して　$a_{n+1}-1=2(a_n-1)$

数列 $\{a_n-1\}$ は，初項 $a_1-1=1$，公比 2 の等比数列。

よって　$a_n-1=1\cdot 2^{n-1}$　　したがって　$\boldsymbol{a_n=2^{n-1}+1}$　…答

(2) $a_1=1,\ a_{n+1}=4a_n+3$

$$\begin{array}{rl} & a_{n+1}=4a_n+3 \\ -) & \alpha=4\alpha+3 \\ \hline & a_{n+1}-\alpha=4(a_n-\alpha) \end{array}$$

この式を解いて $\alpha=-1$

$\alpha=-1$ を代入して　$a_{n+1}+1=4(a_n+1)$

数列 $\{a_n+1\}$ は，初項 $a_1+1=2$，公比 4 の等比数列。

よって　$a_n+1=2\cdot 4^{n-1}$　　したがって　$\boldsymbol{a_n=2^{2n-1}-1}$　…答

228 ［隣接2項間の漸化式(3)］ 難

次の漸化式で定義される数列 $\{a_n\}$ の一般項を求めよ。

$a_1=1,\ a_{n+1}=3a_n+4^{n+1}$

$a_{n+1}=3a_n+4^{n+1}$ の両辺を 4^{n+1} で割ると　$\dfrac{a_{n+1}}{4^{n+1}}=\dfrac{3}{4}\cdot\dfrac{a_n}{4^n}+1$　　$\dfrac{a_n}{4^n}=b_n$ とおくと

$$\begin{array}{rl} & b_{n+1}=\dfrac{3}{4}b_n+1 \\ -) & \alpha=\dfrac{3}{4}\alpha+1 \\ \hline & b_{n+1}-\alpha=\dfrac{3}{4}(b_n-\alpha) \end{array}$$

この式を解いて
$4\alpha=3\alpha+4$　　よって　$\alpha=4$

$$b_{n+1}-4=\frac{3}{4}(b_n-4)$$

数列 $\{b_n-4\}$ は，
初項 $b_1-4=\dfrac{1}{4}-4=-\dfrac{15}{4}$，公比 $\dfrac{3}{4}$
の等比数列。

$$b_n-4=-\frac{15}{4}\cdot\left(\frac{3}{4}\right)^{n-1}$$

$$b_n=-5\left(\frac{3}{4}\right)^n+4$$

$$\frac{a_n}{4^n}=-5\left(\frac{3}{4}\right)^n+4 \text{ より}$$

$\boldsymbol{a_n=-5\cdot 3^n+4^{n+1}}$　…答

➡ 問題 *p. 108*

229 ［隣接3項間の漸化式］ 難

次の漸化式で定義される数列の一般項を求めよ。

$a_1=0,\ a_2=1,\ a_{n+2}=a_{n+1}+2a_n$

$a_{n+2}-\alpha a_{n+1}=\beta(a_{n+1}-\alpha a_n)$ とすると　$a_{n+2}=(\alpha+\beta)a_{n+1}-\alpha\beta a_n$

係数を比較して　$\alpha+\beta=1,\ \alpha\beta=-2$

$\alpha,\ \beta$ は2次方程式 $t^2-t-2=0$ の解だから，$(t-2)(t+1)=0$ より　$(\alpha,\ \beta)=(2,\ -1),\ (-1,\ 2)$

(i)　$(\alpha,\ \beta)=(2,\ -1)$ のとき　$a_{n+2}-2a_{n+1}=-(a_{n+1}-2a_n)$

これは，数列 $\{a_{n+1}-2a_n\}$ が初項 $a_2-2a_1=1$，公比 -1 の等比数列であることを示しているから

$a_{n+1}-2a_n=(-1)^{n-1}$　…①

(ii)　$(\alpha,\ \beta)=(-1,\ 2)$ のとき　$a_{n+2}+a_{n+1}=2(a_{n+1}+a_n)$

これは，数列 $\{a_{n+1}+a_n\}$ が初項 $a_2+a_1=1$，公比 2 の等比数列であることを示しているから

$a_{n+1}+a_n=2^{n-1}$　…②

②−①より　$3a_n=2^{n-1}-(-1)^{n-1}$

よって　$\boldsymbol{a_n=\dfrac{2^{n-1}-(-1)^{n-1}}{3}}$　…答

10　数学的帰納法

230 ［数学的帰納法(1)］ 必修

数学的帰納法を用いて，次の等式を証明せよ。

$1^2+2^2+3^2+\cdots+n^2=\dfrac{1}{6}n(n+1)(2n+1)$　…①

(I)　$n=1$ のとき　左辺$=1^2=1$　　右辺$=\dfrac{1}{6}\cdot1\cdot(1+1)(2\cdot1+1)=1$

よって，①は成り立つ。

(II)　$n=k$ のとき①が成り立つとすれば

$1^2+2^2+3^2+\cdots+k^2=\dfrac{1}{6}k(k+1)(2k+1)$

$n=k+1$ のときを考える。

左辺$=1^2+2^2+3^2+\cdots+k^2+(k+1)^2$

$=\dfrac{1}{6}k(k+1)(2k+1)+(k+1)^2=\dfrac{1}{6}(k+1)\{k(2k+1)+6(k+1)\}$

$=\dfrac{1}{6}(k+1)(2k^2+7k+6)=\dfrac{1}{6}(k+1)(k+2)(2k+3)$

$=\dfrac{1}{6}(k+1)\{(k+1)+1\}\{2(k+1)+1\}=$右辺

これは，①が $n=k+1$ のとき成り立つことを示している。

(I)，(II)から，すべての自然数 n に対して等式①が成り立つ。　終

231 ［数学的帰納法(2)］
n が 4 以上の自然数のとき，不等式 $2^n>3n$ …①が成り立つことを証明せよ。

(Ⅰ) $n=4$ のとき　左辺$=2^4=16$　　右辺$=3\cdot4=12$

よって，①は成り立つ。

(Ⅱ) $n=k$ ($k\geqq4$) のとき①が成り立つと仮定すると　$2^k>3k$

$n=k+1$ のときを考える。

左辺−右辺$=2^{k+1}-3(k+1)=2\cdot2^k-3k-3$

$>2\cdot3k-3k-3=3k-3=3(k-1)$ 　（$2^k>3k$ だから）

>0 ($k\geqq4$ より)

よって，$n=k+1$ のときも①が成り立つ。

(Ⅰ)，(Ⅱ)から，n が 4 以上の自然数のとき，不等式 $2^n>3n$ が成り立つ。 終

232 ［漸化式の解法(数学的帰納法を使って)］
$a_1=\frac{1}{2}$，$a_{n+1}=-\frac{1}{a_n-2}$ で定義される数列 $\{a_n\}$ について，次の問いに答えよ。

(1) a_2，a_3，a_4 を求めて，一般項 a_n を推測せよ。

$a_2=-\frac{1}{a_1-2}=-\frac{1}{\frac{1}{2}-2}=\frac{2}{3}$ …答　　$a_3=-\frac{1}{a_2-2}=-\frac{1}{\frac{2}{3}-2}=\frac{3}{4}$ …答

$a_4=-\frac{1}{a_3-2}=-\frac{1}{\frac{3}{4}-2}=\frac{4}{5}$ …答

以上より，$a_n=\frac{n}{n+1}$ …①と推定できる。…答

(2) 数学的帰納法を用いて，推測した a_n が正しいことを証明せよ。

(Ⅰ) $n=1$ のとき　$a_1=\frac{1}{1+1}=\frac{1}{2}$ となり①は成り立つ。

(Ⅱ) $n=k$ のとき①が成り立つと仮定すると　$a_k=\frac{k}{k+1}$

$n=k+1$ のときを考える。

$$a_{k+1}=-\frac{1}{a_k-2}=-\frac{1}{\frac{k}{k+1}-2}=-\frac{k+1}{k-2(k+1)}=-\frac{k+1}{-k-2}$$

$$=\frac{k+1}{k+2}=\frac{k+1}{(k+1)+1}$$

よって，$n=k+1$ のときも①は成立する。

(Ⅰ)，(Ⅱ)から，すべての自然数 n に対して $a_n=\frac{n}{n+1}$ が成り立つ。 終

➡ 問題 p. 110

入試問題にチャレンジ

1 等差数列 $\{a_n\}$ は $a_9=-5$, $a_{13}=6$ を満たすとする。このとき，次の問いに答えよ。 (高知大)

(1) 一般項 $\{a_n\}$ を求めよ。

等差数列 $\{a_n\}$ の初項を a, 公差を d とする。

$a_n=a+(n-1)d$ より　$a_9=a+8d=-5$ …①　　$a_{13}=a+12d=6$ …②

②−①より，$4d=11$ だから　$d=\dfrac{11}{4}$　　よって　$a=-27$

したがって　$\boldsymbol{a_n}=-27+(n-1)\cdot\dfrac{11}{4}=\boldsymbol{\dfrac{11n-119}{4}}$ …答

(2) a_n が正となる最小の n を求めよ。

$a_n>0$ を解く。$\dfrac{11n-119}{4}>0$ だから　$n>\dfrac{119}{11}=10.8\cdots$

したがって，a_n が正となる最小の n は　$\boldsymbol{n=11}$ …答

(3) 第1項から第 n 項までの和 S_n を求めよ。

初項 -27, 公差 $\dfrac{11}{4}$ だから，第 n 項までの和 S_n は

$$\boldsymbol{S_n}=\frac{n\left\{2\cdot(-27)+(n-1)\cdot\dfrac{11}{4}\right\}}{2}=\boldsymbol{\frac{n(11n-227)}{8}} \quad \cdots 答$$

(4) S_n が正となる最小の n を求めよ。

$S_n>0$ を解く。$11n-227>0$ より　$n>\dfrac{227}{11}=20.6\cdots$

したがって，S_n が正となる最小の n は　$\boldsymbol{n=21}$ …答

2 等比数列 3, 6, 12, …を $\{a_n\}$ とし，この数列の第 n 項から第 $2n-1$ 項までの和を T_n とする。

(大分大)

(1) 数列 $\{a_n\}$ の一般項を求めよ。

初項 3, 公比 2 の等比数列だから　$\boldsymbol{a_n=3\cdot2^{n-1}}$ …答

(2) T_n を求めよ。

初項 $3\cdot2^{n-1}$, 公比 2, 項数 $(2n-1)-n+1=n$ の等比数列の和だから

$$\boldsymbol{T_n}=\frac{3\cdot2^{n-1}(2^n-1)}{2-1}=\boldsymbol{3(2^{2n-1}-2^{n-1})} \quad \cdots 答$$

(3) $\displaystyle\sum_{k=1}^{n}T_k$ を求めよ。

初項2, 公比4 ↓　初項1, 公比2 ↓

$$\sum_{k=1}^{n}T_k=3\sum_{k=1}^{n}(2^{2k-1}-2^{k-1})=3\sum_{k=1}^{n}(2\cdot4^{k-1}-1\cdot2^{k-1})=3\left\{\frac{2(4^n-1)}{4-1}-\frac{1\cdot(2^n-1)}{2-1}\right\}$$

$$=2\cdot4^n-2-(3\cdot2^n-3)=\boldsymbol{2^{2n+1}-3\cdot2^n+1} \quad \cdots 答$$

3 自然数の列　1, 2, 3, 4, …を，次のように群に分ける。

1　| 2, 3, 4, 5 | 6, 7, 8, 9, 10, 11, 12 | …

第1群　第2群　　　第3群

ここで，一般に第 n 群は $(3n-2)$ 個の項からなるものとする。第 n 群の最後の項を a_n で表す。

（センター試験）

(1) $a_1=1$, $a_2=5$, $a_3=12$, $a_4=$ アイ である。

$a_n-a_{n-1}=$ ウ $n-$ エ $(n=2, 3, 4, \cdots)$ が成り立ち，$a_n=\dfrac{オ}{カ}n^{キ}-\dfrac{ク}{ケ}n$ $(n=1, 2, 3, \cdots)$ である。

よって，600 は，第 コサ 群の小さい方から シス 番目の項である。

各群の項数を考えて　$a_4=1+4+7+10=\mathbf{22}$（アイ） …答

a_n-a_{n-1} は第 n 群の項数と同じだから　$a_n-a_{n-1}=\mathbf{3}n-\mathbf{2}$（ウ, エ） …答

よって，漸化式 $a_{n+1}-a_n=3(n+1)-2=3n+1$ から一般項を求める。

階差数列が $\{3n+1\}$ だから，$n\geqq 2$ のとき

$$a_n=a_1+\sum_{k=1}^{n-1}(3k+1)$$ ← 等差数列（初項4，公差3，項数 $n-1$）の和

$$=1+\frac{(n-1)\{2\cdot 4+(n-2)\cdot 3\}}{2}=1+\frac{(n-1)(3n+2)}{2}$$

$$=\frac{3}{2}n^2-\frac{1}{2}n$$

これは $n=1$ のときも成り立つから　$a_n=\dfrac{\mathbf{3}}{\mathbf{2}}n^{\mathbf{2}}-\dfrac{\mathbf{1}}{\mathbf{2}}n$（オ, カ, キ, ク, ケ） …答

600 が第 n 群にあるとして，$600\leqq\dfrac{3}{2}n^2-\dfrac{1}{2}n$ を満たす最小の自然数 n を求める。

$a_{20}=590$, $a_{21}=651$ より，第 21 群を具体的に調べると

591, 592, …, 600, …, 651

（600 ↑ 10番目，651 ↑ a_{21}）

したがって，600 は第 **21**（コサ） 群の小さい方から **10**（シス） 番目の項である。 …答

(2) $n=1, 2, 3, \cdots$ に対し，第 $(n+1)$ 群の小さい方から $2n$ 番目の項を b_n で表すと

$b_n=\dfrac{セ}{ソ}n^{タ}+\dfrac{チ}{ツ}n$ であり，$\dfrac{1}{b_n}=\dfrac{テ}{ト}\left(\dfrac{1}{n}-\dfrac{1}{n+ナ}\right)$ が成り立つ。これより，

$\displaystyle\sum_{k=1}^{n}\frac{1}{b_k}=\frac{ニ\,n}{ヌ\,n+ネ}$ $(n=1, 2, 3, \cdots)$ となる。

第 n 群の最後の項が a_n だから

$b_n=a_n+2n=\dfrac{3}{2}n^2-\dfrac{1}{2}n+2n=\dfrac{\mathbf{3}}{\mathbf{2}}n^{\mathbf{2}}+\dfrac{\mathbf{3}}{\mathbf{2}}n$（セ, ソ, タ, チ, ツ） …答 ← $b_n=\dfrac{3}{2}n(n+1)$

➡ 問題 p. 112

$$\frac{1}{b_n}=\frac{2}{3n(n+1)}=\frac{\overset{テ}{2}}{\underset{ト}{3}}\left(\frac{1}{n}-\frac{1}{n+\underset{ナ}{1}}\right)$$ …答

$$\sum_{k=1}^{n}\frac{1}{b_k}=\frac{2}{3}\sum_{k=1}^{n}\left(\frac{1}{k}-\frac{1}{k+1}\right)$$
$$=\frac{2}{3}\left(1-\frac{1}{n+1}\right)$$
$$=\frac{2}{3}\cdot\frac{n}{n+1}$$
$$=\frac{\overset{ニ}{2n}}{\underset{ヌ}{3}n+\underset{ネ}{3}}$$ …答

$$\begin{array}{r} \frac{2}{3}\left(1-\frac{1}{2}\right) \\ \frac{2}{3}\left(\frac{1}{2}-\frac{1}{3}\right) \\ \frac{2}{3}\left(\frac{1}{3}-\frac{1}{4}\right) \\ \vdots \\ +)\ \frac{2}{3}\left(\frac{1}{n}-\frac{1}{n+1}\right) \\ \hline \frac{2}{3}\left(1-\frac{1}{n+1}\right) \end{array}$$

4 数列 $\{a_n\}$ の初項 a_1 から第 n 項 a_n までの和 S_n が次の式で与えられるとする。

$2S_n=n+1-a_n$ $(n=1,\ 2,\ 3,\ \cdots)$

以下の設問(1)〜(4)に答えよ。 (秋田県立大)

(1) a_1 と a_2 を求めよ。

$2S_n=n+1-a_n$ …①に $n=1$ を代入する。

$2S_1=1+1-a_1$ で $S_1=a_1$ だから，$2a_1=2-a_1$ より $\boldsymbol{a_1=\frac{2}{3}}$ …答

次に，①に $n=2$ を代入する。

$2S_2=2+1-a_2$ で $S_2=a_1+a_2$ だから，$2(a_1+a_2)=3-a_2$ より

$$\boldsymbol{a_2}=\frac{3-2a_1}{3}=\frac{3-2\cdot\frac{2}{3}}{3}=\boldsymbol{\frac{5}{9}}$$ …答

(2) a_{n+1} を a_n で表す漸化式を求めよ。

①の n を $n+1$ におき換えて $2S_{n+1}=(n+1)+1-a_{n+1}$ …②

②−①より $2(S_{n+1}-S_n)=1-a_{n+1}+a_n$

$S_{n+1}-S_n=a_{n+1}$ だから，$2a_{n+1}=1-a_{n+1}+a_n$ より

$$\boldsymbol{a_{n+1}=\frac{1}{3}a_n+\frac{1}{3}}$$ …答

(3) 一般項 a_n を求めよ。

$$\begin{array}{rl} a_{n+1}= & \frac{1}{3}a_n+\frac{1}{3} \\ -)\qquad \alpha= & \frac{1}{3}\alpha+\frac{1}{3} \\ \hline a_{n+1}-\alpha= & \frac{1}{3}(a_n-\alpha) \end{array}$$

←$3\alpha=\alpha+1$ より $\alpha=\frac{1}{2}$

よって $a_{n+1}-\frac{1}{2}=\frac{1}{3}\left(a_n-\frac{1}{2}\right)$

数列 $\left\{a_n-\frac{1}{2}\right\}$ は，初項 $a_1-\frac{1}{2}=\frac{2}{3}-\frac{1}{2}=\frac{1}{6}$，公比 $\frac{1}{3}$ の等比数列である。

ゆえに，$a_n-\frac{1}{2}=\frac{1}{6}\left(\frac{1}{3}\right)^{n-1}$ だから $\boldsymbol{a_n=\frac{1}{2}\left(\frac{1}{3}\right)^n+\frac{1}{2}}$ …答

(4) $\{b_n\}$ を $b_n=a_{2n-1}$ ($n=1, 2, 3, \cdots$) で定めるとき，$\sum_{k=1}^{n} b_k$ を求めよ。

$b_n=a_{2n-1}=\frac{1}{2}\left(\frac{1}{3}\right)^{2n-1}+\frac{1}{2}=\frac{1}{6}\left(\frac{1}{9}\right)^{n-1}+\frac{1}{2}$ だから

$$\sum_{k=1}^{n} b_k=\sum_{k=1}^{n}\left\{\frac{1}{6}\left(\frac{1}{9}\right)^{k-1}+\frac{1}{2}\right\}=\frac{\frac{1}{6}\left\{1-\left(\frac{1}{9}\right)^{n}\right\}}{1-\frac{1}{9}}+\frac{1}{2}n$$

$$=\frac{9}{6\cdot 8}\left\{1-\left(\frac{1}{9}\right)^{n}\right\}+\frac{1}{2}n=\boldsymbol{\frac{1}{2}n+\frac{3}{16}-\frac{1}{16}\left(\frac{1}{3}\right)^{2n-1}}$$ …答

5 数列 $\{a_n\}$ が，$a_1=\frac{2}{3}$，$a_{n+1}=\frac{2-a_n}{3-2a_n}$ ($n=1, 2, 3, \cdots$) を満たしている。次の問いに答えよ。

(岡山県立大・改)

(1) a_2，a_3 を求めよ。

$a_1=\frac{2}{3}$ より　$\boldsymbol{a_2}=\frac{2-a_1}{3-2a_1}=\frac{2-\frac{2}{3}}{3-2\cdot\frac{2}{3}}=\boldsymbol{\frac{4}{5}}$ …答

$\boldsymbol{a_3}=\frac{2-a_2}{3-2a_2}=\frac{2-\frac{4}{5}}{3-2\cdot\frac{4}{5}}=\boldsymbol{\frac{6}{7}}$ …答

(2) 一般項 $\{a_n\}$ を推測し，それが正しいことを数学的帰納法により証明せよ。

$a_1=\frac{2}{3}$，$a_2=\frac{4}{5}$，$a_3=\frac{6}{7}$ より，$\boldsymbol{a_n=\frac{2n}{2n+1}}$ と推測できる。…答

(証明)

(I) **$n=1$ のとき，$a_1=\frac{2\cdot 1}{2\cdot 1+1}=\frac{2}{3}$ だから成り立つ。**

(II) **$n=k$ のとき成り立つとすると　$a_k=\frac{2k}{2k+1}$**

$n=k+1$ のときを考える。

$$\boldsymbol{a_{k+1}=\frac{2-a_k}{3-2a_k}=\frac{2-\frac{2k}{2k+1}}{3-2\cdot\frac{2k}{2k+1}}}$$

$$\boldsymbol{=\frac{2(2k+1)-2k}{3(2k+1)-4k}=\frac{2k+2}{2k+3}=\frac{2(k+1)}{2(k+1)+1}}$$

よって，$n=k+1$ のときも成り立つ。

(I)，(II)**より，すべての自然数 n について，$a_n=\frac{2n}{2n+1}$ が成り立つ。**　終

➡ 問題 p. 118

1 確率変数と確率分布

233 [確率分布]

白球 5 個と黒球 3 個が入っている袋から，2 個の球を同時に取り出すとき，白球が出る個数 X の確率分布を求めよ。

2 個の球の取り出し方は次の 4 通りあり，X は 0，1，2 の値をとる。

白白，白黒，黒白，黒黒

求める確率は　$P(X=0)=\frac{3}{8}\cdot\frac{2}{7}=\frac{3}{28}$

$P(X=1)=\frac{5}{8}\cdot\frac{3}{7}+\frac{3}{8}\cdot\frac{5}{7}=\frac{15}{28}$

$P(X=2)=\frac{5}{8}\cdot\frac{4}{7}=\frac{10}{28}$

答

X	0	1	2	計
P	$\frac{3}{28}$	$\frac{15}{28}$	$\frac{10}{28}$	1

234 [確率分布と確率(1)]

右の表は，あるクラスの数学の小テストの結果である。点数を X とするとき確率分布を示し，$P(3\leqq X\leqq5)$ を求めよ。

点数	0	1	2	3	4	5	計
人数	3	5	7	12	8	5	40

X の確率分布は，次のようになる。

X	0	1	2	3	4	5	計
P	$\frac{3}{40}$	$\frac{5}{40}$	$\frac{7}{40}$	$\frac{12}{40}$	$\frac{8}{40}$	$\frac{5}{40}$	1

$P(3\leqq X\leqq5)=\frac{12}{40}+\frac{8}{40}+\frac{5}{40}=\frac{5}{8}$　…答

235 [確率分布と確率(2)] 必修

50 円硬貨 2 枚と 100 円硬貨 1 枚を同時に投げるとき，表が出た硬貨の合計金額を確率変数 X とする。

(1) X の確率分布を求めよ。

$X=0$，200 となるのは，それぞれ 3 枚とも裏，3 枚とも表のときである。その確率はそれぞれ $\frac{1}{8}$

$X=50$，100，150 となるのは，

$\frac{1}{2}\cdot\frac{1}{2}\cdot\frac{1}{2}\times2=\frac{2}{8}$

よって，確率分布は，右のようになる。

答

X	0	50	100	150	200	計
P	$\frac{1}{8}$	$\frac{2}{8}$	$\frac{2}{8}$	$\frac{2}{8}$	$\frac{1}{8}$	1

(2) 確率 $P(X\geqq150)$ を求めよ。

$\frac{2}{8}+\frac{1}{8}=\frac{3}{8}$　…答

2 確率変数の平均と分散，標準偏差

236 ［平均，分散，標準偏差(1)］ 必修

右の表は，5点満点の数学の小テストを実施したときの結果である。次の問いに答えよ。

点数	0	1	2	3	4	5	計
人数	0	2	0	6	20	12	40

(1) 点数 X の確率分布を求めよ。

答

X	0	1	2	3	4	5	計
P	0	$\frac{2}{40}$	0	$\frac{6}{40}$	$\frac{20}{40}$	$\frac{12}{40}$	1

(2) 平均 $E(X)$ を求めよ。

$$E(X)=1\cdot\frac{2}{40}+2\cdot 0+3\cdot\frac{6}{40}+4\cdot\frac{20}{40}+5\cdot\frac{12}{40}=\mathbf{4}$$ …答

(3) 分散 $V(X)$ を求めよ。

$$V(X)=(1-4)^2\cdot\frac{2}{40}+(2-4)^2\cdot 0+(3-4)^2\cdot\frac{6}{40}+(4-4)^2\cdot\frac{20}{40}+(5-4)^2\cdot\frac{12}{40}=\mathbf{\frac{9}{10}}$$ …答

$V(X)=\left(1^2\cdot\frac{2}{40}+2^2\cdot 0+3^2\cdot\frac{6}{40}+4^2\cdot\frac{20}{40}+5^2\cdot\frac{12}{40}\right)-4^2=\frac{9}{10}$ としてもよい

(4) 標準偏差 $\sigma(X)$ を求めよ。

$$\sigma(X)=\sqrt{V(X)}=\frac{9}{10}=\mathbf{\frac{3\sqrt{10}}{10}}$$ …答

237 ［平均，分散，標準偏差(2)］ テスト

8本のくじがあって，そのうち2本が当たりくじである。このくじを同時に4本引くとき，当たりくじを引く本数 X の平均と分散，標準偏差を求めよ。

$P(X=0)=\frac{{}_6C_4}{{}_8C_4}=\frac{15}{70}=\frac{3}{14}$　　$P(X=1)=\frac{{}_2C_1\times{}_6C_3}{{}_8C_4}=\frac{40}{70}=\frac{8}{14}$

$P(X=2)=\frac{{}_2C_2\times{}_6C_2}{{}_8C_4}=\frac{15}{70}=\frac{3}{14}$ より，

確率分布は右のようになる。

X	0	1	2	計
P	$\frac{3}{14}$	$\frac{8}{14}$	$\frac{3}{14}$	1

平均　$E(X)=0\cdot\frac{3}{14}+1\cdot\frac{8}{14}+2\cdot\frac{3}{14}=\mathbf{1}$ …答

分散　$V(X)=0^2\cdot\frac{3}{14}+1^2\cdot\frac{8}{14}+2^2\cdot\frac{3}{14}-1^2=\frac{6}{14}=\mathbf{\frac{3}{7}}$ …答

標準偏差　$\sigma(X)=\sqrt{\frac{3}{7}}=\mathbf{\frac{\sqrt{21}}{7}}$ …答

➡ 問題 p. 120

3 確率変数の和と積

238 ［和の平均と分散］

確率変数 X の平均が 2 で分散が 3，確率変数 Y の平均が -3 で分散が 5 であり，X と Y が互いに独立であるとする。次の確率変数の平均と分散を求めよ。

(1) $X+Y$　　(2) $3X+2Y$

$E(X)=2$，$V(X)=3$，$E(Y)=-3$，$V(Y)=5$ であり，X と Y が互いに独立であるので，

(1) 平均 $E(X+Y)=E(X)+E(Y)=2+(-3)=\mathbf{-1}$ …答

分散 $V(X+Y)=V(X)+V(Y)=3+5=\mathbf{8}$ …答

(2) 平均 $E(3X+2Y)=3E(X)+2E(Y)=3\cdot2+2\cdot(-3)=\mathbf{0}$ …答

分散 $V(3X+2Y)=3^2V(X)+2^2V(Y)=9\cdot3+4\cdot5=\mathbf{47}$ …答

239 ［独立な事象の和の平均］ 必修

100 円硬貨 1 枚と 10 円硬貨 1 枚を同時に投げて，表の出た硬貨の金額の和を Z 円とする。Z の平均を求めよ。

この試行で，表の出た 100 円硬貨，10 円硬貨の枚数を，それぞれ X，Y とする。

それぞれの平均を考えると，$E(X)=E(Y)=0\cdot\frac{1}{2}+1\cdot\frac{1}{2}=\frac{1}{2}$

X, Y	0	1	計
P	$\frac{1}{2}$	$\frac{1}{2}$	1

$Z=100X+10Y$ であるから，

$E(Z)=E(100X+10Y)=100E(X)+10E(Y)=100\cdot\frac{1}{2}+10\cdot\frac{1}{2}=\mathbf{55}$ …答

4 二項分布

240 ［二項分布の記号］ テスト

次の二項分布の平均，分散および標準偏差を求めよ。

(1) $B\left(5,\ \frac{1}{4}\right)$　　(2) $B\left(12,\ \frac{1}{3}\right)$　　(3) $B\left(6,\ \frac{2}{3}\right)$

(1) 平均 $5\times\frac{1}{4}=\mathbf{\frac{5}{4}}$ …答

分散 $5\times\frac{1}{4}\times\frac{3}{4}=\mathbf{\frac{15}{16}}$ …答

標準偏差 $\sqrt{\frac{15}{16}}=\mathbf{\frac{\sqrt{15}}{4}}$ …答

(2) 平均 $12\times\frac{1}{3}=\mathbf{4}$ …答

分散 $12\times\frac{1}{3}\times\frac{2}{3}=\mathbf{\frac{8}{3}}$ …答

標準偏差 $\sqrt{\frac{8}{3}}=\mathbf{\frac{2\sqrt{6}}{3}}$ …答

(3) 平均 $6\times\frac{2}{3}=\mathbf{4}$ …答

分散 $6\times\frac{2}{3}\times\frac{1}{3}=\mathbf{\frac{4}{3}}$ …答

標準偏差 $\sqrt{\frac{4}{3}}=\mathbf{\frac{2\sqrt{3}}{3}}$ …答

241 ［二項分布の平均・分散・標準偏差］ 必修

1 個のさいころを 60 回投げるとき，5 以上の目が出る回数 X の平均，分散および標準偏差を求めよ。

さいころを 1 回投げたとき，5 以上の目が出る確率は $\frac{2}{6}=\frac{1}{3}$

X は二項分布 $B\left(60,\ \frac{1}{3}\right)$ に従うから，求める平均は $E(X)=60\times\frac{1}{3}=\mathbf{20}$ …答

分散は $60\times\frac{1}{3}\times\frac{2}{3}=\mathbf{\frac{40}{3}}$ …答　標準偏差は $\sqrt{\frac{40}{3}}=\mathbf{\frac{2\sqrt{30}}{3}}$ …答

5 正規分布

242 ［正規分布］
確率変数 X が正規分布 $N(10,\ 3^2)$ に従うとき，次の値を求めよ。

(1) $P(10 \leqq X \leqq 13)$

$Z=\dfrac{X-10}{3}$ とおくと，Z は標準正規分布 $N(0,\ 1)$ に従う。

$X=10$ のとき，$Z=0$，$X=13$ のとき $Z=\dfrac{13-10}{3}=1$

よって，$P(10 \leqq X \leqq 13)=P(0 \leqq Z \leqq 1)=p(1)=\mathbf{0.34134}$ …答

(2) $P(7 \leqq X \leqq 13)$

$Z=\dfrac{X-10}{3}$ とおくと，Z は標準正規分布 $N(0,\ 1)$ に従う。

$X=7$ のとき，$Z=\dfrac{7-10}{3}=-1$，$X=13$ のとき $Z=\dfrac{13-10}{3}=1$

よって，$P(7 \leqq X \leqq 13)=P(-1 \leqq Z \leqq 1)=2p(1)=2\times 0.34134=\mathbf{0.68268}$ …答

(3) $P(X \leqq 5)$

$Z=\dfrac{X-10}{3}$ とおくと，Z は標準正規分布 $N(0,\ 1)$ に従う。

$X=5$ のとき，$Z=\dfrac{5-10}{3} \fallingdotseq -1.67$

よって，$P(X \leqq 5)=P(Z \leqq -1.67)=P(Z \geqq 0)-P(0 \leqq Z \leqq 1.67)$

$=0.5-0.45254=\mathbf{0.04746}$ …答

243 ［正規分布と標準正規分布］ 必修
ある高校２年生の男子 200 人の身長は，平均 170.0 cm，標準偏差 4.0 cm である。身長の分布を正規分布とみなすとき，次の問いに答えよ。

(1) 身長が 176.0 cm 以上の生徒は，約何人いるか。

身長を X cm とすると，X は $N(170.0,\ 4.0^2)$，に従うから，

$Z=\dfrac{X-170.0}{4.0}$ とおくと，Z は標準正規分布 $N(0,\ 1)$ に従う。

$X=176.0$ のとき $Z=1.5$ より

$P(X \geqq 176.0)=P(Z \geqq 1.5)=P(Z \geqq 0)-P(0 \leqq Z \leqq 1.5)=0.5-0.43319=0.06681$

よって，176.0 cm 以上の人数は　$200\times 0.06681=13.362$　答 **約 13 人**

(2) 身長の高い方から 25 番目の生徒の身長は約何 cm か。

$\dfrac{25}{200}=0.125$ だから

$P(Z \geqq u)=0.125$ となる u を求める。

$P(0 \leqq Z \leqq u)=0.5-P(Z \geqq u)=0.375$　正規分布表より　$u \fallingdotseq 1.15$

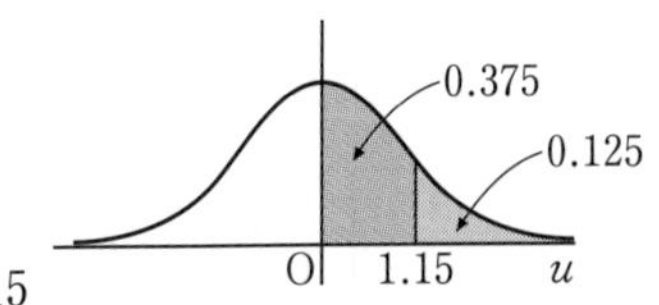

これに対する X の値は $1.15=\dfrac{X-170.0}{4.0}$ より　$X=174.6$　答 **約 174.6cm**

➡ 問題 p. 122

244 ［二項分布の利用］ テスト

1 個のさいころを 450 回投げるとき，1 または 2 の目が出る回数を X とする。次の問いに答えよ。

(1) X はどのような分布に従うか。

X は二項分布に従い，1 または 2 の出る確率は $\frac{1}{3}$ であるので，**$B\left(450,\ \frac{1}{3}\right)$ に従う。** …答

(2) X はどのような正規分布で近似できるか。

450 回は十分大きいので，正規分布に近似をすると，

X の平均　$450\times\frac{1}{3}=150$　　標準偏差　$\sqrt{\left(450\times\frac{1}{3}\times\frac{2}{3}\right)}=10$

答　**正規分布 $N(150,\ 10^2)$ で近似できる。**

(3) 1 または 2 の目が 140 回以上 155 回以下出る確率を求めよ。

$Z=\frac{X-150}{10}$ で標準化すると，$X=140$ のとき　$Z=-1$　　$X=155$ のとき　$Z=0.5$

$P(140\leqq X\leqq 155)=P(-1\leqq Z\leqq 0.5)=p(1)+p(0.5)=0.34134+0.19146=\mathbf{0.53280}$ …答

6 母集団と標本，標本平均の分布

245 ［母平均と母標準偏差］ 必修

1 個のさいころを 100 回投げるとき，出る目の平均を $\overline{X}$ とする。

(1) 母平均と母標準偏差を求めよ。

1 個のさいころを 1 回投げるときの出る目を X とすると，X の母集団分布は

X	1	2	3	4	5	6	計
P	$\frac{1}{6}$	$\frac{1}{6}$	$\frac{1}{6}$	$\frac{1}{6}$	$\frac{1}{6}$	$\frac{1}{6}$	1

よって，母平均 $m=1\cdot\frac{1}{6}+2\cdot\frac{1}{6}+\cdots+6\cdot\frac{1}{6}=\mathbf{\frac{7}{2}}$ …答

母標準偏差 $\sigma=\sqrt{1^2\cdot\frac{1}{6}+2^2\cdot\frac{1}{6}+\cdots+6^2\cdot\frac{1}{6}-\left(\frac{7}{2}\right)^2}=\mathbf{\frac{\sqrt{105}}{6}}$ …答

(2) $\overline{X}$ の平均，標準偏差を求めよ。

平均 $E(\overline{X})=m=\mathbf{\frac{7}{2}}$ …答　　標準偏差 $\sigma(\overline{X})=\frac{\sigma}{\sqrt{100}}=\mathbf{\frac{\sqrt{105}}{60}}$ …答

246 ［標本平均の平均と標準偏差］ テスト

1，2，2，3，3，3 の数字を書いた 6 枚のカードが，袋の中にある。この袋から無作為に 1 枚のカードをとり出すとき，そのカードの数を X とする。次の問いに答えよ。

(1) X の母集団分布を求めよ。また，X の母平均 m と母標準偏差 σ を求めよ。

答

X	1	2	3	計
P	$\frac{1}{6}$	$\frac{2}{6}$	$\frac{3}{6}$	1

$m=1\cdot\frac{1}{6}+2\cdot\frac{2}{6}+3\cdot\frac{3}{6}=\mathbf{\frac{7}{3}}$ …答

$\sigma^2=\left(1-\frac{7}{3}\right)^2\cdot\frac{1}{6}+\left(2-\frac{7}{3}\right)^2\cdot\frac{2}{6}+\left(3-\frac{7}{3}\right)^2\cdot\frac{3}{6}=\frac{5}{9}$

$\sigma^2=\left(1^2\cdot\frac{1}{6}+2^2\cdot\frac{2}{6}+3^2\cdot\frac{3}{6}\right)-\left(\frac{7}{3}\right)^2=\frac{5}{9}$ でもよい　　$\sigma=\mathbf{\frac{\sqrt{5}}{3}}$ …答

(2) この袋から2枚のカードを復元抽出するとき，カードの数字の標本平均 $\overline{X}$ の確率分布を求めよ。

答

$\overline{X}$	1	1.5	2	2.5	3	計
P	$\frac{1}{36}$	$\frac{4}{36}$	$\frac{10}{36}$	$\frac{12}{36}$	$\frac{9}{36}$	1

〈確率の計算方法〉(例) $\overline{X}=2$ のとき

(1回目，2回目)=(1，3)，(2，2)，(3，1)

$P(\overline{X}=2)=\frac{1}{6}\cdot\frac{3}{6}+\frac{2}{6}\cdot\frac{2}{6}+\frac{3}{6}\cdot\frac{1}{6}=\frac{10}{36}$

(3) (2)で得た標本平均 $\overline{X}$ の平均 $E(\overline{X})$ と標準偏差 $\sigma(\overline{X})$ を求めよ。

$$E(\overline{X})=1\cdot\frac{1}{36}+1.5\cdot\frac{4}{36}+2\cdot\frac{10}{36}+2.5\cdot\frac{12}{36}+3\cdot\frac{9}{36}=\boldsymbol{\frac{7}{3}}\quad\cdots\text{答}$$

$$\sigma^2(\overline{X})=1^2\cdot\frac{1}{36}+1.5^2\cdot\frac{4}{36}+2^2\cdot\frac{10}{36}+2.5^2\cdot\frac{12}{36}+3^2\cdot\frac{9}{36}-\left(\frac{7}{3}\right)^2=\frac{5}{18}$$

$$\sigma(\overline{X})=\sqrt{\frac{5}{18}}=\frac{\sqrt{5}}{3\sqrt{2}}=\boldsymbol{\frac{\sqrt{10}}{6}}\quad\cdots\text{答}$$

247 [標本平均]

母平均50，母標準偏差12の母集団は正規分布に従っている。この中から大きさ64の標本を無作為抽出するとき，次の問いに答えよ。

(1) 標本平均 $\overline{X}$ の平均と標準偏差を求めよ。

標本平均 $\overline{X}$ の平均を $E(\overline{X})$，標準偏差を $\sigma(\overline{X})$ とすると，

$$\boldsymbol{E(\overline{X})=50},\ \sigma(\overline{X})=\frac{12}{\sqrt{64}}=\frac{3}{2}=\boldsymbol{1.5}\quad\cdots\text{答}$$

(2) 標本平均 $\overline{X}$ が53より大きい値となる確率を求めよ。

$\overline{X}$ は $N(50,\ 1.5^2)$ に従うから，$Z=\frac{\overline{X}-50}{1.5}$ で標準化すると，Z は $N(0,\ 1)$ に従う。

よって　$P(\overline{X}>53)=P(Z>2)=0.5-p(2)=0.5-0.47725=\boldsymbol{0.02275}$ …答

7 推定

248 [推定(1)] 必修

ある工場でつくられた電球から100個を無作為抽出し，耐久時間を調べたところ，平均1200時間，標準偏差110時間であった。信頼度95%で，この工場の電球の平均耐久時間を推定せよ。

個数 $n=100$，耐久時間の平均 $\overline{X}=1200$，標準偏差 $s=110$

信頼度95％の信頼区間は，$1.96\cdot\frac{110}{\sqrt{100}}=21.56\fallingdotseq21.6$ であるから

求める信頼区間は，[1200−21.6，1200+21.6]

答 **[1178.4，1221.6]　ただし，単位は時間**

➡ 問題 p. 124

249 ［推定(2)］

ある都市で，テレビ番組Aの視聴状況について，テレビ所有の1000軒を無作為抽出して調べたところ，300軒で見ていたというデータを得た。
この都市での番組Aの視聴率を信頼度95％で推定せよ。
ただし，$\sqrt{2.1}=1.45$ とする。

標本の大きさ $n=1000$，$X=300$，標本比率 $R=\dfrac{300}{1000}=0.3$　　$1-R=0.7$

信頼度95％の信頼区間は　$1.96\cdot\sqrt{\dfrac{0.3\times0.7}{1000}}=1.96\cdot\dfrac{\sqrt{2.1}}{100}=0.02842$

約0.028とすると，母比率 p は　$0.3-0.028\leqq p\leqq0.3+0.028$

$0.272\leqq p\leqq0.328$

答　**[0.272, 0.328]**

250 ［信頼区間］ 必修　テスト

ある工場の製品900個の中の不良品を調べたところ，その平均は90個であった。次の問いに答えよ。

(1)　900個の中に含まれる不良品の個数を X とする。X の標準偏差を求めよ。ただし，不良品率は10％としてよい。

不良品率を10％とすると X は二項分布 $B(900,\ 0.1)$ に従うので，標準偏差 σ は

$\sigma=\sqrt{900\times0.1\times0.9}=\mathbf{9}$　…答

(2)　X の分布は正規分布で近似できるとして，X が95％の確率で存在する範囲を求めよ。

X は正規分布 $N(90,\ 9^2)$ で近似できる。

よって，$Z=\dfrac{X-90}{9}$ で標準化すると，Z は標準正規分布 $N(0,\ 1)$ に従うとみなすことができる。

このとき，$P(-u\leqq Z\leqq u)=0.95$ となる u は1.96であるから　$P\left(-1.96\leqq\dfrac{X-90}{9}\leqq1.96\right)=0.95$

したがって　$\mathbf{72.36\leqq X\leqq107.64}$　…答

(3)　この工場の製品の不良品率を信頼度95％で求めよ。

X が95％の確率で存在する範囲は　$72.36\leqq X\leqq107.64$

不良品率は $\dfrac{X}{900}$ で表されるので，$\dfrac{72.36}{900}\leqq\dfrac{X}{900}\leqq\dfrac{107.64}{900}$ より　$0.0804\leqq\dfrac{X}{900}\leqq0.1196$

答　**8.0％から12.0％まで**

8 仮説検定の方法

251 ［仮説検定(1)］ テスト

ある工場で製造される部品の重さは，平均が 600 g，標準偏差が 20 g の正規分布に従うという。ある日，この部品 100 個を無作為抽出して重さを調べたところ，平均値は 593 g であった。この日に製造された部品は異常であるといえるか。有意水準 5 % で仮説検定せよ。

帰無仮説を「この日の製造された部品は異常でない」とする。

帰無仮説が正しければ，この日の製造された部品の重さ X g は，正規分布 $N\left(600,\ \dfrac{20^2}{100}\right)$ つまり，正規分布 $N(600,\ 2^2)$ に従う。

したがって，$Z=\dfrac{X-600}{2}$ で標準化すると，Z は $N(0,\ 1)$ に従う。

$X=593$ だから　$Z=\dfrac{593-600}{2}=-\dfrac{7}{2}=-3.5$

$-3.5<-1.96$ より，帰無仮説は棄却される。

答　**この日に製造された部品は異常であるといえる。**

252 ［仮説検定(2)］ 難

1 個のさいころを 720 回投げたところ，1 の目が 135 回出た。このとき，さいころは偏りのない正しいものに作られているか。有意水準 5 % で仮説検定せよ。

帰無仮説を「さいころは偏りのない正しいものに作られている」とする。

帰無仮説が正しければ，1 の目が出る確率は，$\dfrac{1}{6}$ である。

1 個のさいころを 720 回投げるとき，1 の目が出る回数を X とすると，

X は，二項分布 $B\left(720,\ \dfrac{1}{6}\right)$ に従う。

720 回は十分に大きいので，近似的に正規分布 $N(120,\ 10^2)$ に従う。

したがって，$Z=\dfrac{X-120}{10}$ で標準化すると，Z は $N(0,\ 1)$ に従う。

$X=135$ だから　$Z=\dfrac{135-120}{10}=\dfrac{15}{10}=1.5$

$1.5<1.96$ より帰無仮説は棄却されない。

答　**さいころは，偏りのない正しいものに作られているとも作られていないともいえない。**

➡ 問題 *p. 126*

入試問題にチャレンジ

1 青玉が9個，白玉が6個，赤玉が3個，合計18個の玉が入っている袋がある。袋から玉を1個ずつ取り出す。取り出した玉は袋に戻さないこととする。この袋から玉を1個ずつ3回取り出す試行により確率変数 X，Y，Z を次のように定義する。
最初の玉が，青玉のとき $X=0$，白玉のとき $X=1$，赤玉のとき $X=2$ とする。次の玉が，青玉のとき $Y=0$，白玉のとき $Y=1$，赤玉のとき $Y=2$ とする。最後の玉が，青玉のとき $Z=0$，白玉のとき $Z=1$，赤玉のとき $Z=2$ とする。
そして，確率を P，平均を E，分散を V で表す。　　（センター試験）

(1) $P(XY=1)=\dfrac{\boxed{ア}}{\boxed{イウ}}$，$P(XYZ=0)=\dfrac{\boxed{エオ}}{\boxed{カキ}}$ である。

$XY=1$ となるのは，$(X,\ Y)=(1,\ 1)$ のときのみである。

$P(XY=1)=\dfrac{6}{18}\cdot\dfrac{5}{17}=\mathbf{\dfrac{5}{51}}$ ア イウ …答

$XYZ=0$ とは，3回のうち，少なくとも1回は青が含まれている。
余事象を用いると，$XYZ\neq0$，つまり3回とも青を取り出さない確率は

$$P(XYZ\neq0)=\frac{9}{18}\cdot\frac{8}{17}\cdot\frac{7}{16}=\frac{7}{68}$$

よって　$P(XYZ=0)=1-\dfrac{7}{68}=\mathbf{\dfrac{61}{68}}$ エオ カキ …答

(2) $E(X)=\dfrac{\boxed{ク}}{\boxed{ケ}}$，$V(X)=\dfrac{\boxed{コ}}{\boxed{サ}}$ である。

$E(X)=1\cdot\dfrac{6}{18}+2\cdot\dfrac{3}{18}=\mathbf{\dfrac{2}{3}}$ ク ケ …答

$V(X)=\left(0-\dfrac{2}{3}\right)^2\cdot\dfrac{9}{18}+\left(1-\dfrac{2}{3}\right)^2\cdot\dfrac{6}{18}+\left(2-\dfrac{2}{3}\right)^2\cdot\dfrac{3}{18}=\mathbf{\dfrac{5}{9}}$ コ サ …答

(3) $E(XY)=\dfrac{\boxed{シ}}{\boxed{スセ}}$ である。

積 XY のとり得る値は，0，1，2，4
$XY=1$ は　$(X,\ Y)=(1,\ 1)$
$XY=2$ は　$(X,\ Y)=(1,\ 2)$，$(2,\ 1)$
$XY=4$ は　$(X,\ Y)=(2,\ 2)$

$P(XY=1)=\dfrac{5}{51}$

$P(XY=2)=\dfrac{6}{18}\cdot\dfrac{3}{17}+\dfrac{3}{18}\cdot\dfrac{6}{17}=\dfrac{6}{51}$

$P(XY=4)=\dfrac{3}{18}\cdot\dfrac{2}{17}=\dfrac{1}{51}$

$P(XY=0)=1-\left(\dfrac{5}{51}+\dfrac{6}{51}+\dfrac{1}{51}\right)=\dfrac{39}{51}$

確率分布は

XY	0	1	2	4	計
$P(XY)$	$\frac{39}{51}$	$\frac{5}{51}$	$\frac{6}{51}$	$\frac{1}{51}$	1

よって　$E(XY)=0\cdot\dfrac{39}{51}+1\cdot\dfrac{5}{51}+2\cdot\dfrac{6}{51}+4\cdot\dfrac{1}{51}=\mathbf{\dfrac{7}{17}}$ シ スセ …答

2 次の各問いに答えよ。ただし，確率変数 Z が標準正規分布 $N(0,\ 1)$ に従うとき，

$P(Z>1.96)=0.0250,\ P(Z>2.00)=0.0228,\ P(Z>2.58)=0.0049$

である。 (鹿児島大)

(1) 1枚の硬貨を100回投げる試行において，表の出た回数を X とする。次の(i)，(ii)，(iii)に答えよ。

(i) X はどのような確率分布に従うかを答えよ。また，確率 $P(X=k)$ を k を用いて表せ。

二項分布 $B\left(100,\ \frac{1}{2}\right)$ に従う。 …答

また　$\boldsymbol{P(X=k)={}_{100}C_k\left(\frac{1}{2}\right)^k\left(\frac{1}{2}\right)^{100-k}}$ …答

(ii) X の確率分布を正規分布 $N(m,\ \sigma^2)$ で近似するとき，m，σ の値をそれぞれ求めよ。

$\boldsymbol{m}=100\times\frac{1}{2}=\boldsymbol{50}$ …答

$\boldsymbol{\sigma}=\sqrt{100\times\frac{1}{2}\times\left(1-\frac{1}{2}\right)}=\boldsymbol{5}$ …答

(iii) (ii)において，確率 $P(50\leqq X\leqq 60)$ と，$P(|X-50|<a)=0.95$ を満たす値 a をそれぞれ求めよ。

$\boldsymbol{P(50\leqq X\leqq 60)}=P\left(\frac{50-50}{5}\leqq Z\leqq\frac{60-50}{5}\right)=P(0\leqq Z\leqq 2)$

$=0.5-p(2)=0.5-0.0228=\boldsymbol{0.4772}$ …答

$P(|X-50|<a)=P(-a<X-50<a)=P\left(-\frac{a}{5}<\frac{X-50}{5}<\frac{a}{5}\right)$

$=P\left(-\frac{a}{5}<Z<\frac{a}{5}\right)=2P\left(0<Z<\frac{a}{5}\right)=0.95$

よって　$P\left(0<Z<\frac{a}{5}\right)=0.475$　　$P\left(Z>\frac{a}{5}\right)=0.5-0.475=0.025$

$P(Z>1.96)=0.025$ なので　$\frac{a}{5}=1.96$　　$\boldsymbol{a=9.8}$ …答

(2) 変形した硬貨が1枚ある。この硬貨の表が出る確率（母比率という）を推定するために，400回投げたところ，ちょうど100回表が出た。このとき，母比率の信頼度99％の信頼区間の幅を求めよ。

$P(|Z|<2.58)=1-2\times 0.0049=0.9902\fallingdotseq 0.99$ となる。

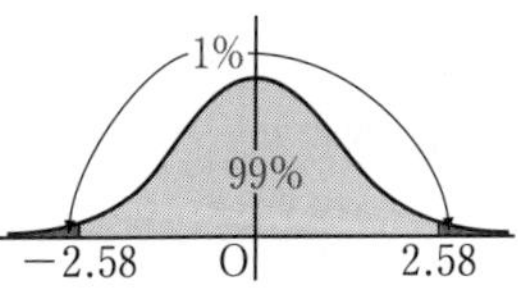

$\overline{P}=\frac{100}{400}=\frac{1}{4}$ として，母比率 $\overline{P}$ に対する99％の信頼区間の幅は

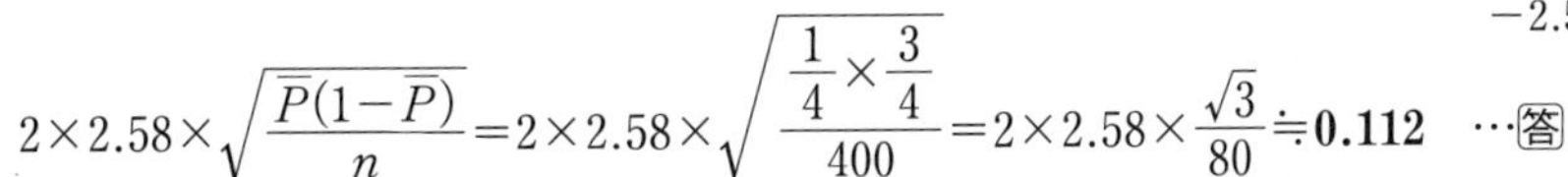

$2\times 2.58\times\sqrt{\frac{\overline{P}(1-\overline{P})}{n}}=2\times 2.58\times\sqrt{\frac{\frac{1}{4}\times\frac{3}{4}}{400}}=2\times 2.58\times\frac{\sqrt{3}}{80}\fallingdotseq\boldsymbol{0.112}$ …答

問題の縮刷（チェック欄付き）

★できた問題にはチェックをつけましょう。
★問題は拡大コピーをして使うと便利です。
（200％にすると，本冊と同じ大きさになります。）

□ **1** ［多項式の展開］
次の式を公式を使って展開せよ。
(1) $(a+b)(a-b)(a^2-ab+b^2)(a^2+ab+b^2)$
(2) $(a+b)^3(a-b)^3$

□ **2** ［公式による展開］
次の式を展開せよ。
(1) $(2x+y)^3$
(2) $(x-3y)^3$
(3) $(x+2)(x^2-2x+4)$
(4) $(2x-y)(4x^2+2xy+y^2)$

□ **3** ［公式を使った因数分解］
次の式を因数分解せよ。
(1) $x^3+6x^2y+12xy^2+8y^3$
(2) $8x^3-12x^2+6x-1$
(3) x^3-8
(4) x^3+27y^3

□ **4** ［複雑な因数分解］
次の式を因数分解せよ。
(1) $3x^3+24y^3$
(2) $64x^6-y^6$

□ **5** ［二項定理による展開］
次の式を展開せよ。
(1) $(x+y)^4$
(2) $(x-2y)^5$

□ **6** ［展開式の項の係数を求める］
$\left(2x^2-\dfrac{3}{x}\right)^6$ の展開式において x^3 の係数を求めよ。

□ **7** ［多項定理］ 難
$(3x+2y-z)^7$ の展開式において xy^2z^4 の係数を求めよ。

□ **8** ［多項式の除法］
次の除法を行い，$A=BQ+R$ の形で表せ。
(1) $(2x^3-4+3x)\div(2x+x^2-3)$　　(2) $(4x^3+3x^2+2)\div(x^2-x+2)$

□ **9** ［複雑な多項式の除法］
x について次の除法を行い，商と余りを求めよ。
$(2x^2-3xy-2y^2+5x+4y-1)\div(x-2y+3)$

□ **10** ［割り切れる条件］ 必修 テスト
x^3-2x^2+ax+b が x^2-3x+1 で割り切れるように，定数 a，b の値を定めよ。

□ **11** ［分数式の約分］
次の分数式を約分せよ。
(1) $\dfrac{x^2-9}{x^2-4x+3}$　　(2) $\dfrac{ab+a+2b+2}{a^2b+a+2ab+2}$

□ **12** ［分数式の帯分数化］
次の分数式を，多項式と，分子の次数が分母の次数より低い分数式との和の形に変形せよ。
$\dfrac{2x^2-3x+3}{x-1}$

□ **13** ［分数式の乗法］
次の分数式を計算せよ。
(1) $\dfrac{x^2-4}{x^2+x-6}\times\dfrac{x^2+2x-3}{x^3-1}$　　(2) $\dfrac{a^4-b^4}{a^2-2ab+b^2}\times\dfrac{a-b}{a^2+b^2}$

□ **14** ［分数式の除法］
次の分数式を計算せよ。
(1) $\dfrac{a^2-2a+1}{a^2-1}\div\dfrac{a^2-a+1}{a^3+1}$　　(2) $\dfrac{x^2+xy}{x^2-3xy+2y^2}\div\dfrac{x^2y+xy^2}{x^2-4xy+4y^2}$

□ **15** ［分数式の加法・減法］ 必修 テスト
次の分数式を計算せよ。
(1) $\dfrac{2}{x^2+4x+3}+\dfrac{2}{x^2+8x+15}$　　(2) $\dfrac{x+5}{x^2-2x-3}-\dfrac{x-1}{x^2-5x+6}$

□ **16** ［複雑な分数式］
次の分数式を計算せよ。
$\dfrac{x-1}{x}-\dfrac{x}{x+1}-\dfrac{x+1}{x+2}+\dfrac{x+2}{x+3}$

□ **17** ［恒等式とは］
次の等式が恒等式なら○を，方程式なら×を（　）内に記入せよ。
(1) $(x+1)(x+2)=x^2+x+2$　　（　）
(2) $(x+1)(x+2)=x^2+3x+2$　　（　）
(3) $\dfrac{1}{(x+1)(x+2)}=\dfrac{1}{x+1}-\dfrac{1}{x+2}$　　（　）

□ **18** ［恒等式の係数決定(1)］ 必修 テスト
次の等式が恒等式となるように，定数 a，b，c，d の値を定めよ。
$x^3=a(x+1)^3+b(x+1)^2+c(x+1)+d$

□ **19** ［恒等式の係数決定(2)］ 必修 テスト
次の等式が恒等式となるように，定数 a，b，c，d の値を定めよ。
$x^3=a(x+1)(x+2)(x+3)+b(x+1)(x+2)+c(x+1)+d$

□ **20** ［恒等式の係数決定(3)］ 必修 テスト
次の等式が恒等式となるように，定数 a，b の値を定めよ。
$\dfrac{4x+6}{(x+1)(x+3)}=\dfrac{a}{x+1}+\dfrac{b}{x+3}$

□ **21** ［恒等式の係数決定(4)］
次の等式が恒等式となるように，定数 a，b，c の値を定めよ。
$\dfrac{1}{(x-1)(x-2)^2}=\dfrac{a}{x-1}+\dfrac{b}{x-2}+\dfrac{c}{(x-2)^2}$

□ **22** ［a の値に関係なく成立する等式］
次の等式が a の値に関係なく成り立つような，x，y の値を求めよ。
(1) $ax-y-2a+1=0$
(2) $(a+2)x+(2a-1)y-a+3=0$

□ **23** ［等式の証明］
次の等式を証明せよ。
$x^2+y^2+z^2-xy-yz-zx=\dfrac{1}{2}\{(x-y)^2+(y-z)^2+(z-x)^2\}$

□ **24** ［条件つきの等式の証明］ 必修 テスト
$a+b+c=0$ のとき，$a^3+b^3+c^3=3abc$ を証明せよ。

□ **25** ［条件式が比例式の等式の証明］
$\dfrac{a}{b}=\dfrac{c}{d}$ のとき，$\dfrac{a^2+b^2}{ab}=\dfrac{c^2+d^2}{cd}$ を証明せよ。

□ **26** ［基本となる不等式の証明］
$a<x<b$，$c<y<d$ のとき，$a-d<x-y<b-c$ を証明せよ。

□ **27** ［不等式の証明(1)］ テスト
$a>c$，$b>d$ のとき，$ab+cd>ad+bc$ を証明せよ。

□ **28** ［不等式の証明(2)］ 必修 テスト
$x^2+y^2\geqq 2x+4y-5$ を証明せよ。また，等号が成り立つときを調べよ。

□ **29** ［不等式の証明(3)］
$a>0$，$b>0$ のとき，$\sqrt{5(2a+3b)}\geqq 2\sqrt{a}+3\sqrt{b}$ を証明せよ。また，等号が成り立つときを調べよ。

□ **30** ［相加平均≧相乗平均の利用(1)］ 必修 テスト
$x>0$ のとき $x+\dfrac{1}{x}\geqq 2$ を証明せよ。また，等号が成り立つときを調べよ。

□ **31** ［相加平均≧相乗平均の利用(2)］
$a>0$，$b>0$ のとき $\left(a+\dfrac{9}{b}\right)\left(b+\dfrac{1}{a}\right)\geqq 16$ を証明せよ。また，等号が成り立つときを調べよ。

□ **32** ［絶対値を含む不等式の証明］
$|a+b|\leqq|a|+|b|$ を使って，次の不等式を証明せよ。
$|a+b+c|\leqq|a|+|b|+|c|$

□ **33** ［複素数の四則計算］ テスト
次の式を計算せよ。
(1) $(1+\sqrt{3}i)^2+(1-\sqrt{3}i)^2$
(2) $\dfrac{2+3i}{1-2i}+\dfrac{2-3i}{1+2i}$

□ **34** ［負の数の平方根の計算］
次の計算をせよ。
(1) $\sqrt{-2}\times\sqrt{-3}$　　(2) $\dfrac{\sqrt{3}}{\sqrt{-2}}$

□ **35** ［複素数の相等］ 必修 テスト
次の等式を満たす実数 x，y の値を求めよ。
(1) $(x-y-2)+(x-2y)i=0$　　(2) $(1+2i)x+(2-i)y=3-4i$

□ **36** ［2次方程式の解法］ テスト
次の2次方程式を解け。
(1) $3x^2-x-2=0$　　(2) $x^2-3x-2=0$
(3) $3x^2+4x-2=0$　　(4) $x^2+6x+9=0$
(5) $x^2+3x+4=0$　　(6) $3x^2-4x+2=0$

□ **37** ［2次方程式の解の判別］ テスト
次の2次方程式の解を判別せよ。
(1) $2x^2+3x-1=0$　　(2) $x^2-4x+4=0$
(3) $x^2-2x+3=0$

□ **38** ［重解をもつ条件］ 必修 テスト
2次方程式 $x^2-2ax+a+2=0$ が重解をもつように定数 a の値を定めよ。また，そのときの重解を求めよ。

□ **39** ［解と係数の関係］
次の各2次方程式の2つの解を α，β とするとき，$\alpha+\beta$ と $\alpha\beta$ の値を求めよ。
(1) $3x^2+4x+5=0$　　(2) $-2x^2-x=0$

□ **40** ［2次方程式の解で表される式の値］ 必修 テスト
2次方程式 $2x^2-4x+6=0$ の解を α，β とするとき，次の式の値を求めよ。
(1) $\alpha+\beta$
(2) $\alpha\beta$
(3) $\alpha^2+\beta^2$
(4) $\alpha^3+\beta^3$

□ **41** ［2次式の因数分解］
方程式の解を利用して2次式 $6x^2-17x+12$ を因数分解せよ。

□ **42** **［2数を解とする方程式］**
2数 $3+\sqrt{2}$, $3-\sqrt{2}$ を解とする2次方程式を1つ求めよ。

□ **43** **［2次方程式の解の存在範囲］**
2次方程式 $x^2+(a-3)x+a=0$ の2つの解を α, β とするとき，次の条件を満たすように，定数 a の値の範囲を定めよ。
(1) $\alpha>0$, $\beta>0$　　(2) $\alpha<0$, $\beta<0$
(3) $\alpha<0$, $\beta>0$

□ **44** **［式の値］**
多項式 $P(x)=x^3-2x^2+3x-4$ とするとき，次の値を求めよ。
(1) $P(2)$
(2) $P(-2)$
(3) $P\left(\frac{1}{2}\right)$

□ **45** **［剰余の定理］**
多項式 $P(x)=x^3-3x^2+4$ を，次の1次式で割ったときの余りを求めよ。
(1) $x+3$
(2) $x-2$
(3) $2x-1$

□ **46** **［因数定理・剰余の定理の利用］** 必修 テスト
多項式 $P(x)=x^3+2ax+a-1$ について，次の条件に適する a の値を求めよ。
(1) $P(x)$ が $x+1$ で割り切れる
(2) $P(x)$ を $x-2$ で割ったときの余りが -3

□ **47** **［2次式で割った余りの決定］** 必修 テスト
多項式 $P(x)$ を $x-2$ で割ったときの余りが1で，$x+3$ で割ったときの余りが6であるとき，$P(x)$ を $(x-2)(x+3)$ で割ったときの余りを求めよ。

□ **48** **［因数定理］**
多項式 $P(x)=2x^3-7x^2+2x+3$ は次の1次式を因数にもつか。
(1) $x-1$
(2) $x+1$
(3) $2x+1$

□ **49** **［3次式の因数分解］** 必修 テスト
多項式 $P(x)=3x^3+x^2-8x+4$ を因数分解せよ。

□ **50** **［高次方程式の解法(1)］**
次の方程式を解け。
(1) $x^3+8=0$　　(2) $x^4+3x^2-4=0$　　(3) $x^4+2x^2+9=0$

□ **51** **［高次方程式の解法(2)］** 必修 テスト
次の方程式を解け。
(1) $x^3-4x^2+2x+4=0$　　(2) $x^4-3x^3+3x^2+x-6=0$

□ **52** **［高次方程式と1つの解］** 必修 テスト
方程式 $x^3+ax-6=0$ の1つの解が $x=3$ であるとき，定数 a の値と他の解を求めよ。

□ **53** **［ω の計算］**
$x^3=1$ の虚数解のうちの1つを ω とするとき，次の式を簡単にせよ。
(1) $\omega^7+\omega^8+\omega^9$　　(2) $\frac{1}{\omega+1}+\frac{1}{\omega^2+1}$

□ **1** $x>1$ である実数 x に対して $x+\frac{1}{x}=a$ とおくとき，次の式を a を用いて表せ。（鳥取大）
(1) $x^2+\frac{1}{x^2}$
(2) $x-\frac{1}{x}$
(3) $x^3-\frac{1}{x^3}$

□ **2** a, b を正の実数とする。分数式 $\frac{a}{b}+\frac{b}{a}$ は，$a-b=$□のとき最小値□をとる。（東洋大）

□ **3** 等式 $(k+2)x-(1-k)y=k+5$ がすべての実数 k に対して成立するとき，積 xy の値を求めよ。（摂南大）

□ **4** $\frac{4x+9}{(x+3)(2x+5)}=\frac{a}{x+3}-\frac{b}{2x+5}$ が x についての恒等式となるように，定数 a, b の値を定めると $a=$□, $b=$□となる。（北里大・改）

□ **5** n は自然数とする。$(x+y+1)^n$ を展開したとき，xy の項の係数は90であった。このときの n の値は□である。（関西大）

□ **6** a, b を $a\geqq0$, $b\geqq0$, $a+b=4$ を満たす実数とする。ab, $\sqrt{a}+\sqrt{b}$ のとる値の範囲はそれぞれ
［ア］$\leqq ab\leqq$［イ］, ［ウ］$\leqq\sqrt{a}+\sqrt{b}\leqq$［エ］$\sqrt{［オ］}$ である。（近畿大）

□ **7** $\alpha=\frac{\sqrt{6}+\sqrt{2}i}{\sqrt{6}-\sqrt{2}i}$ とし，$\beta=\frac{\sqrt{6}-\sqrt{2}i}{\sqrt{6}+\sqrt{2}i}$ とする。ただし，i は虚数単位とする。
このとき，$\alpha^3+\beta^3=$□である。（慶應大）

□ **8** 2次方程式 $x^2+2ax-a+2=0$ が実数解をもつような実数 a の値は $a\leqq$［ア］, ［イ］$\leqq a$ の範囲にある。この方程式の1つの解を1とすると，$a=$［ウ］であり，他の解は［エ］である。
また，2次方程式 $x^2+2ax-a+2=0$ が実数解をもたないような整数 a は全部で［オ］個ある。（関西学院大）

□ **9** 多項式 $P(x)$ を $(x-1)(x+1)$ で割ると $4x-3$ 余り，$(x-2)(x+2)$ で割ると $3x+5$ 余る。このとき，$P(x)$ を $(x+1)(x+2)$ で割ったときの余りを求めよ。（慶應大）

□ **10** 3次方程式 $x^3+kx^2-4x-12=0$ の解の1つが2のとき，実数 k の値は□である。また，他の2つの解は $x=$□, □である。（北九州市立大）

□ **54** **［直線上の2点間の距離］**
2点 A(-5), B(-2) について，次の問いに答えよ。
(1) 2点 A，B 間の距離を求めよ。
(2) 点 B からの距離が3である点の座標を求めよ。

□ **55** **［直線上の線分の分点］**
2点 A(-3), B(5) について，線分 AB を次のように分ける点の座標を求めよ。
(1) 3：1に内分する点 C
(2) 3：1に外分する点 D
(3) 1：3に外分する点 E

□ **56** **［2点間の距離］** 必修 テスト
3点 A$(-2, 2)$, B$(2, 4)$, C$(1, c)$ について，次の問いに答えよ。
(1) 線分 AB の長さを求めよ。
(2) △ABC が AC＝BC の二等辺三角形になるように c の値を定めよ。
(3) 直線 $y=x-3$ 上にあって，点 A，B から等距離にある点 P の座標を求めよ。

□ **57** **［平面上の線分の分点］** 必修 テスト
3点 A$(-3, 4)$, B$(2, -1)$, C$(-5, -3)$ について，次の点の座標を求めよ。
(1) 線分 AB を 2：3 に内分する点 D
(2) 線分 BC を 2：3 に外分する点 E
(3) △ABC の重心 G

□ **58** **［図形の性質の証明］**
△ABC の辺 BC を 1：3 に内分する点を D とするとき，次の等式を証明せよ。
$3AB^2+AC^2=4(AD^2+3BD^2)$

□ **59** **［直線の方程式(1)］** テスト
次の直線の方程式を求めよ。
(1) 点 $(2, -1)$ を通り，傾きが -3 の直線
(2) 2点 $(-2, -3)$, $(1, 3)$ を通る直線

□ **60** **［直線の方程式(2)］**
次の2点を通る直線の方程式を求めよ。
(1) 2点 $(2, -1)$, $(2, 3)$　　(2) 2点 $(-1, 3)$, $(5, 3)$　　(3) 2点 $(-3, 0)$, $(0, 2)$

□ **61** **［平行な直線・垂直な直線］** 必修 テスト
点 $(-1, 4)$ を通り，直線 $2x+3y+4=0$ に平行な直線と，垂直な直線の方程式を求めよ。

□ **62** **［外　心］** テスト
3点 A$(4, 4)$, B$(0, 2)$, C$(6, 0)$ を頂点とする △ABC の外心の座標を求めよ。

□ **63** **［垂　心］**
△ABC において，A$(15, 12)$, B$(0, 9)$ とする。垂心の座標を $(8, 5)$ とするとき，点 C の座標を求めよ。

□ **64** **［対称点の座標］** 必修
直線 $l：3x+2y-5=0$ に関する点 P$(4, 3)$ の対称点 Q の座標を求めよ。

□ **65** **［点と直線の距離］** テスト
次の点から直線 $l：2x+3y=4$ までの距離を求めよ。
(1) 原点 $(0, 0)$
(2) 点 $(4, 3)$

□ **66** **［三角形の面積］** 必修 テスト
3点 A$(3, 7)$, B$(1, 3)$, C$(4, 4)$ を頂点とする △ABC の面積を求めよ。

□ **67** **［2直線の交点を通る直線］** 必修 テスト
次の問いに答えよ。
(1) 直線 $(2+k)x-(1+3k)y+7k-1=0$ は k の値によらず定点を通る。その定点の座標を求めよ。
(2) 2直線 $l：2x-y-1=0$, $m：x-3y+7=0$ の交点と点 $(4, -1)$ を通る直線の方程式を求めよ。

□ **68** **［円の方程式］**
次の円の方程式を求めよ。
(1) 中心 $(-1, 3)$, 半径2の円
(2) 2点 A$(-1, -2)$, B$(3, 6)$ を直径の両端とする円

□ **69** **［円の方程式の一般形(1)］**
円 $x^2+y^2-4x+2y+c=0$ について，次の問いに答えよ。
(1) この円の中心の座標を求めよ。
(2) この円が点 $(3, 2)$ を通るように c の値を定めよ。また，このときの半径を求めよ。

□ **70** **［円の方程式の一般形(2)］** テスト
3点 A$(4, 2)$, B$(-1, 1)$, C$(5, -3)$ を頂点とする △ABC の外接円の方程式を求めよ。

□ **71** **［円と直線の位置関係(1)］** 必修 テスト
円 $x^2+y^2=4$ と直線 $x+2y+k=0$ との共有点の個数を求めよ。

□ **72** **［円と直線の位置関係(2)］** 必修 テスト
円 $x^2+y^2=9$ と直線 $y=2x+k$ が共有点を2つもつように，k の値の範囲を定めよ。

□ **73** **［接線の方程式(1)］** 必修 テスト
次の各場合について，円 $x^2+y^2=4$ の接線の方程式を求めよ。
(1) 円周上の点 $(1, \sqrt{3})$ における接線
(2) 円外の点 $(6, 2)$ を通る接線

□ **74** **［接線の方程式(2)］**
円 $x^2+y^2=25$ がある。円外の点 $(5, 10)$ を通る接線の方程式と接点の座標を求めよ。

□ **75** **［弦の長さ］**
直線 $y=x+k$ が円 $x^2+y^2=9$ と交わって，切りとられる弦の長さが4になるように，k の値を定めよ。

□ **76** **［2円の位置関係］**
円 O：$x^2+y^2=4$ と円 O'：$x^2+y^2-8x-6y-a=0$ が接するように a の値を定めよ。

□ **77** 〔2円の交点を通る直線と円〕 必修 テスト

2円 $x^2+y^2=9$ …① $x^2+y^2-4x+4y+3=0$ …②について，次の問いに答えよ。

(1) 2円①，②の交点を通る直線の方程式を求めよ。

(2) 2円①，②の交点と原点を通る円の方程式を求めよ。

□ **78** 〔距離の比が一定な点の軌跡〕 必修 テスト

2点A(1, 0)，B(6, 0)からの距離の比が3：2である点Pの軌跡を求めよ。

□ **79** 〔動点につれて動く点の軌跡〕 必修 テスト

円 $x^2+y^2=9$ と点P(6, 0)がある。点Qがこの円周上を動くとき，線分PQを2：1に内分する点Rの軌跡を求めよ。

□ **80** 〔係数の変化につれて動く点の軌跡〕

2直線 $y=tx-1$ …① $y=(t-1)x-t+2$ …②

がある。t がすべての実数値をとって変化するとき，2直線の交点の軌跡を求めよ。

□ **81** 〔直線を境界とする領域〕

次の不等式の表す領域を図示せよ。

(1) $y\geqq 2x-1$　(2) $3x+2y<6$　(3) $x>1$

□ **82** 〔円を境界とする領域〕 必修 テスト

次の不等式の表す領域を図示せよ。

(1) $x^2+y^2>9$　(2) $(x+1)^2+(y-1)^2\leqq 4$

□ **83** 〔放物線を境界とする領域〕

次の不等式の表す領域を図示せよ。

(1) $y\leqq(x-2)^2-1$　(2) $y\geqq 2x^2+4x+3$

□ **84** 〔連立不等式の表す領域〕 テスト

次の連立不等式の表す領域を図示せよ。

(1) $\begin{cases} x+y-1\geqq 0 \\ x^2+y^2-2y\leqq 0 \end{cases}$　(2) $\begin{cases} y-x-1\geqq 0 \\ y-x^2+1\leqq 0 \end{cases}$

□ **85** 〔不等式 $AB<0$ の表す領域〕 テスト

不等式 $(x-y+1)(3x+y-2)<0$ の表す領域を図示せよ。

□ **86** 〔命題の真偽の判定〕

$x^2+y^2<1$ ならば $x^2+y^2>4x+4y-5$ であることを示せ。

□ **87** 〔領域における最大・最小〕 テスト

x，y が不等式 $2x+3y-11\geqq 0$，$4x-y-15\leqq 0$，$x-2y+5\geqq 0$ を満たすとき，$x+y$ の最大値，最小値とそのときの x，y の値を求めよ。

□ **88** 〔領域における最大・最小の利用〕

ある工場では，2種類の製品A，Bを作っている。製品A，Bをそれぞれ1kg作るとき，原料 α，β の使用量は右の表の通りである。1日に，原料 α は最大2.8kg，原料 β は最大2.7kgの量を手に入れることができる。製品A，B 1kgの価格がそれぞれ4万円，3万円とするとき，A，Bをそれぞれ何kg作れば1日に作った製品の価格の合計が最大となるか。

	原料 α(g)	原料 β(g)
A	700	300
B	400	600

□ **1** 2点A(−2, −1)，B(2, 9)と直線 l：$y=2x$ がある。直線 l に関して点Bと対称な点をCとする。また，点Pは直線 l 上を動くとする。　（九州産業大）

(1) 線分ABの長さは ア$\sqrt{\text{イウ}}$ である。

(2) 線分ABの中点の座標は（エ，オ）である。

(3) 点Cの座標は（カ，キ）である。

(4) AP+BPが最小になるような点Pの座標は（ク，ケ）である。

(5) ∠APB=90°となるような点Pの x 座標は $\dfrac{\text{コ}\pm\sqrt{\text{サシス}}}{\text{セ}}$ である。

□ **2** 平面上の2直線 $ax-3y=-a+3$…㋐，$x+(a-4)y=4a-12$…㋑を考える。ただし，a は定数である。　（日本大）

(1) 直線㋐と㋑が垂直であるのは $a=$□のときである。このとき，直線㋐を l，直線㋑を m とすると，l と m の交点Aの座標は（□，□）である。

(2) 直線㋐と㋑が一致するのは $a=$□のときである。この直線を n とすると，n と(1)の点Aの距離は□である。

(3) (1)の l，m と(2)の n で囲まれた図形の面積は□である。

□ **3** 点(2, −4)を通り，円 $x^2+y^2=10$ に接する直線は2本ある。この2本の直線のうち，傾きが正である方の直線の方程式は $y=$□である。　（慶應大）

□ **4** 中心が点(1, 2)，半径が3の円がある。点Pがこの円上を動くとき，点A(−3, 6)と点Pを結ぶ線分APを2：1に内分する点Qの軌跡を求めよ。　（佐賀大）

□ **5** 連立不等式 $x-2y+3\leqq 0$，$x+y-9\leqq 0$，$2x-y\geqq 0$ で表される領域を D とする。点(x, y)が領域 D を動くとき，x^2-2x+y^2 の最大値と最小値を求めよ。また，そのときの x，y の値を求めよ。　（甲南大）

□ **89** 〔一般角〕

次の角を表す動径は第何象限にあるか。

(1) 850°

(2) −400°

(3) 2000°

□ **90** 〔一般角を読みとる〕

次の動径OPの表す一般角 θ を $\alpha°+360°\times n$ の形で表せ。

(1) P，70°，O，X　(2) O，130°，X，P　(3) P，O，X

□ **91** 〔弧度法と度数法〕

次の角を，弧度は度数に，度数は弧度になおせ。

(1) $\dfrac{\pi}{6}$

(2) $\dfrac{5}{3}\pi$

(3) 240°

(4) 72°

□ **92** 〔扇形の弧と面積〕 必修 テスト

次の扇形の弧の長さ l と面積 S を求めよ。

(1) 半径3，中心角 $\dfrac{2}{3}\pi$

(2) 半径 r，中心角135°

□ **93** 〔三角関数の値(1)〕

次の角 θ に対応する $\sin\theta$，$\cos\theta$，$\tan\theta$ の値を求めよ。

(1) $\dfrac{4}{3}\pi$　(2) $-\dfrac{5}{4}\pi$

□ **94** 〔等式を満たす角〕 必修 テスト

$0\leqq\theta<2\pi$ のとき，次の式を満たす θ を求めよ。

(1) $\sin\theta=-\dfrac{\sqrt{3}}{2}$　(2) $\cos\theta=-\dfrac{\sqrt{3}}{2}$　(3) $\tan\theta=1$

□ **95** 〔三角関数の相互関係〕 必修 テスト

θ は第4象限の角で，$\cos\theta=\dfrac{1}{\sqrt{3}}$ のとき，$\sin\theta$，$\tan\theta$ の値を求めよ。

□ **96** 〔三角関数の式の変形(1)〕

$\tan\theta+\dfrac{\cos\theta}{1+\sin\theta}$ を簡単にせよ。

□ **97** 〔等式の証明〕 テスト

$\tan\theta+\dfrac{1}{\tan\theta}=\dfrac{1}{\sin\theta\cos\theta}$ を証明せよ。

□ **98** 〔三角関数を含む式〕 テスト

$\sin\theta-\cos\theta=t$ のとき，次の式を t で表せ。

(1) $\sin\theta\cos\theta$　(2) $\sin^3\theta-\cos^3\theta$

□ **99** 〔三角関数と2次方程式〕

2次方程式 $3x^2-2x+k=0$ の2つの解が $\sin\theta$，$\cos\theta$ であるとき，定数 k の値を求めよ。また，$\sin\theta-\cos\theta$ の値を求めよ。

□ **100** 〔三角関数の式の変形(2)〕

次の式を簡単にせよ。

$\sin\left(\theta-\dfrac{\pi}{2}\right)+\sin\left(\dfrac{\pi}{2}+\theta\right)+\sin(\pi-\theta)+\sin(\pi+\theta)$

□ **101** 〔三角関数の値(2)〕

次の三角関数を $0\leqq\theta\leqq\dfrac{\pi}{4}$ の三角関数で表し，その値を求めよ。

(1) $\sin\dfrac{5}{4}\pi$　(2) $\cos\left(-\dfrac{7}{6}\pi\right)$　(3) $\tan\dfrac{5}{3}\pi$

□ **102** 〔sinのグラフをかく〕

$y=2\sin\left(x-\dfrac{\pi}{6}\right)$ のグラフをかけ。

□ **103** 〔cosのグラフをかく〕 必修

$y=\cos 2\left(x-\dfrac{\pi}{3}\right)$ のグラフをかけ。

□ **104** 〔tanのグラフをかく〕

$y=\tan\dfrac{1}{2}x$ のグラフをかけ。

□ **105** 〔三角方程式を解く(1)〕 必修 テスト

次の方程式を解け。ただし，$0\leqq x<2\pi$ とする。

(1) $\sin x=\dfrac{1}{2}$　(2) $\cos x=\dfrac{\sqrt{2}}{2}$　(3) $\tan x=-\dfrac{1}{\sqrt{3}}$

□ **106** 〔三角方程式を解く(2)〕

$0\leqq x<2\pi$ のとき，$\cos\left(2x-\dfrac{\pi}{3}\right)=-\dfrac{1}{2}$ を解け。

□ **107** 〔三角不等式を解く(1)〕 必修 テスト

次の不等式を解け。ただし，$0\leqq x<2\pi$ とする。

(1) $\sin x\leqq\dfrac{\sqrt{3}}{2}$　(2) $\cos x\geqq-\dfrac{\sqrt{3}}{2}$　(3) $\tan x\leqq\dfrac{1}{\sqrt{3}}$

□ **108** 〔三角不等式を解く(2)〕

次の不等式を解け。ただし，$0\leqq x<2\pi$ とする。

(1) $\sin\left(x+\dfrac{\pi}{3}\right)>\dfrac{1}{2}$　(2) $2\sin^2 x>1-\cos x$

□ **109** 〔三角関数の最大・最小(1)〕 テスト

次の関数の最大値，最小値およびそのときの x の値を求めよ。

$y=3\sin\left(x+\dfrac{\pi}{3}\right)\ \left(0\leqq x\leqq\dfrac{\pi}{2}\right)$

□ **110** 〔三角関数の最大・最小(2)〕 必修 テスト

$0\leqq x<2\pi$ のとき，$y=\cos^2 x-\sin x+1$ の最大値，最小値およびそのときの x の値を求めよ。

□ **111** 〔三角関数の値(3)〕 テスト

次の値を求めよ。

(1) sin105°

(2) cos75°

□ **112** 〔加法定理〕 必修 テスト

α は鋭角，β は鈍角で，$\cos\alpha=\dfrac{2}{3}$，$\sin\beta=\dfrac{1}{3}$ のとき，$\cos(\alpha-\beta)$ の値を求めよ。

□ **113** [三角関数の等式の証明(1)]
$\tan\alpha-\tan\beta=\dfrac{\sin(\alpha-\beta)}{\cos\alpha\cos\beta}$ を証明せよ。

□ **114** [2直線のなす角] テスト
2直線 $x-2y+3=0$, $3x-y-1=0$ のなす角を求めよ。

□ **115** [加法定理の応用]
$\sin x-\sin y=\dfrac{1}{4}$, $\cos x+\cos y=\dfrac{1}{2}$ のとき, $\cos(x+y)$ の値を求めよ。

□ **116** [2倍角の公式の利用] 必修 テスト
α が第1象限の角で $\cos\alpha=\dfrac{1}{4}$ のとき, 次の値を求めよ。

(1) $\sin 2\alpha$

(2) $\cos 2\alpha$

□ **117** [半角の公式の利用]
$0\leqq\alpha<\pi$ で $\cos\alpha=\dfrac{1}{3}$ のとき, $\sin\dfrac{\alpha}{2}$, $\cos\dfrac{\alpha}{2}$ の値を求めよ。

□ **118** [三角関数の値(4)]
$\tan 22.5^\circ$ の値を求めよ。

□ **119** [三角関数の等式の証明(2)]
次の等式を証明せよ。

(1) $\dfrac{1-\cos 2\theta}{\sin 2\theta}=\tan\theta$

(2) $\sin 3\theta=3\sin\theta-4\sin^3\theta$

(3) $\cos 3\theta=4\cos^3\theta-3\cos\theta$

□ **120** [三角方程式・不等式を解く(1)] 必修 テスト
次の方程式, 不等式を解け。ただし, $0\leqq x<2\pi$ とする。

(1) $\sin 2x-\cos x=0$

(2) $\cos 2x\geqq\sin x+1$

□ **121** [三角関数を合成する] 必修 テスト
次の式を $r\sin(\theta+\alpha)$ の形にせよ。ただし, $r>0$, $-\pi<\alpha\leqq\pi$ とする。

(1) $3\sin\theta+\sqrt{3}\cos\theta$　　(2) $-2\sin\theta+2\cos\theta$

□ **122** [三角方程式・不等式を解く(2)] テスト
$0\leqq x<2\pi$ のとき, 次の方程式, 不等式を解け。

(1) $\sqrt{3}\sin x-\cos x=\sqrt{2}$

(2) $\sqrt{2}\sin x+\sqrt{2}\cos x>1$

□ **123** [三角関数の最大・最小(3)] 難
$0\leqq\theta<2\pi$ のとき, $f(\theta)=3\sin^2\theta+2\sin\theta\cos\theta+\cos^2\theta$ の最大値, 最小値と, そのときの θ の値を求めよ。

□ **1** $\tan\alpha=\dfrac{5}{12}$, $\tan\beta=\dfrac{3}{4}$ $\left(0<\alpha<\dfrac{\pi}{2},\ 0<\beta<\dfrac{\pi}{2}\right)$ とする。このとき, $\sin\alpha=$□, $\cos\alpha=$□, $\sin 2\alpha=$□, $\tan(\alpha+\beta)=$□である。 (関東学院大)

□ **2** $0\leqq x<2\pi$ のとき, 方程式 $6\sin^2 x+5\cos x-2=0$ を満たす x の値を求めよ。 (山形大)

□ **3** $0\leqq\theta<2\pi$ のとき, 方程式 $2\sin 2\theta=\tan\theta+\dfrac{1}{\cos\theta}$ を解け。 (弘前大)

□ **4** $0\leqq\theta\leqq\pi$ の範囲で $5\sin^2\theta+14\cos\theta-13\geqq0$ を満たす θ の中で最大のものを α とするとき, $\cos\alpha$ と $\tan 2\alpha$ の値を求めよ。 (鹿児島大)

□ **5** 関数 $f(\theta)=\sin\theta\cos\theta-\cos\theta-\sin\theta+2$ を考える。ただし, $0\leqq\theta\leqq\pi$ とする。
$\sin\theta+\cos\theta=x$ とおいて $f(\theta)$ を x で表現し直した関数を $g(x)$ とすると, $g(x)=$□である。
このとき, $g(x)$ の値の範囲は□$\leqq g(x)\leqq$□である。 (明治学院大)

□ **6** $0\leqq\theta\leqq\dfrac{\pi}{2}$ であるとき, $2\cos^2\theta+(\sin\theta+3\cos\theta)^2$ の最小値は□で, 最大値は□である。 (早稲田大)

□ **124** [累乗根を計算する]
次の式を簡単にせよ。

(1) $\sqrt[3]{-27}\sqrt[3]{16}$　　(2) $\sqrt{\sqrt[4]{256}}$　　(3) $\sqrt[3]{-0.064}$

□ **125** [負の指数の計算]
次の計算をせよ。ただし, $a\neq0$, $b\neq0$ とする。

(1) $a^2\times a^{-3}\div a$　　(2) $(2a)^3\div a^6$　　(3) $(a^{-2}b)^{-3}$

□ **126** [有理数の指数にする]
$a>0$ のとき, 次の(1), (2)は a^r の形で, (3), (4)は根号の形で表せ。

(1) $\sqrt[4]{a^3}$　　(2) $\left(\dfrac{1}{\sqrt[3]{a}}\right)^2$　　(3) $a^{-\frac{5}{3}}$　　(4) $a^{0.4}$

□ **127** [指数法則の適用(1)] テスト
次の計算をせよ。

(1) $(27^{\frac{4}{3}})^{-\frac{1}{4}}$　　(2) $(2^{\frac{1}{3}}\times2^{-2})^{-3}$　　(3) $\left\{\left(\dfrac{64}{125}\right)^{-\frac{2}{3}}\right\}^{\frac{1}{2}}$

□ **128** [指数法則の適用(2)]
次の式を簡単にせよ。

(1) $\sqrt[3]{5^4}\times\sqrt[6]{5}\div\sqrt{5}$　　(2) $\sqrt[3]{-12}\times\sqrt[3]{18^2}\div\sqrt[3]{2}\div\sqrt[3]{9}$

□ **129** [式の値を求める] テスト
$2^x+2^{-x}=5$ のとき, 次の式の値を求めよ。

(1) 4^x+4^{-x}　　(2) 8^x+8^{-x}

□ **130** [指数関数のグラフをかく(1)]
次の関数について, 下の表の x の値に対する y の値を四捨五入して小数第2位まで求め, 同じ座標軸上にグラフをかけ。

(1) $y=3^{x-1}$　　(2) $y=3^{-x-1}$

x	-2	-1	0	1	2
y					
y					

□ **131** [指数関数のグラフをかく(2)] 難
関数 $y=3^x$ のグラフをもとにして, 次の関数のグラフをかけ。

(1) $y=3^{x-2}$　　(2) $y=-\dfrac{1}{3^x}$　　(3) $y=\dfrac{3^x}{3}+2$

□ **132** [数の大小を比較する] テスト
次の各組の数を小さい方から順に並べよ。

(1) $\sqrt{2}$, $\sqrt[5]{4}$, $\sqrt[9]{8}$

(2) $\sqrt{3}$, $\sqrt[3]{4}$, $\sqrt[4]{5}$

□ **133** [指数式の大小を比較する] 難
$0<a<b<1$ のとき, a^b, b^a, a^{-b}, b^{-a} を小さい方から順に並べよ。

□ **134** [指数関数の最大・最小] 必修 テスト
次の関数の最大値, 最小値を求めよ。

(1) $y=3^{-x-1}+2$ $(-2\leqq x\leqq1)$

(2) $y=4^x-2^{x+2}+5$ $(0\leqq x\leqq2)$

□ **135** [指数方程式を解く(1)]
次の方程式を解け。

(1) $3^x=3\sqrt[3]{3}$　　(2) $27\cdot9^x=1$

□ **136** [指数方程式を解く(2)] テスト
次の方程式を解け。

(1) $9^x-2\cdot3^{x+1}-27=0$　　(2) $2^x+8\cdot2^{-x}=9$

□ **137** [指数不等式を解く(1)]
次の不等式を解け。

(1) $5^{2x+1}<\dfrac{1}{25}$　　(2) $\left(\dfrac{1}{4}\right)^x\geqq0.5^{x-1}$

□ **138** [指数不等式を解く(2)] テスト
不等式 $4^{2x}-7\cdot4^x-8\leqq0$ を解け。

□ **139** [指数と対数]
次の等式を, 指数は対数を使って, 対数は指数を使って表せ。

(1) $2^4=16$　　(2) $3^{-3}=\dfrac{1}{27}$　　(3) $\log_5\sqrt{125}=\dfrac{3}{2}$

□ **140** [対数の計算をする] 必修 テスト
次の式を簡単にせよ。

(1) $2\log_3\dfrac{3}{2}-\log_3\dfrac{\sqrt{3}}{4}$

(2) $\log_2\sqrt{\dfrac{3}{2}}-\dfrac{1}{2}\log_2 3+\dfrac{1}{2}\log_2 4$

□ **141** [対数を別の対数で表す] 必修 テスト
$\log_{10}2=a$, $\log_{10}3=b$ とするとき, 次の式の値を a, b で表せ。

(1) $\log_{10}432$

(2) $\log_{10}0.072$

□ **142** [底が異なる対数の計算]
次の式を簡単にせよ。

(1) $\log_2 3+\log_4 81$　　(2) $\log_3 4\cdot\log_4 5\cdot\log_5 3$

□ **143** [対数関数のグラフ] 難
関数 $y=\log_3 x$ のグラフをもとにして, 次の関数のグラフをかけ。

(1) $y=\log_3(-x)+1$　　(2) $y=\log_{\frac{1}{3}}(x-2)$

□ **144** [対数の大小を比較する]
3つの数 $\log_2 6$, $\log_4 26$, $\log_8 125$ の大小関係を調べよ。

□ **145** [対数関数の最大・最小] 必修 テスト
次の問いに答えよ。

(1) $f(x)=\log_2(x-1)+\log_2(3-x)$ の最大値を求めよ。

(2) $1\leqq x\leqq27$ のとき, $y=(\log_3 x)^2-4\log_3 x+7$ の最大値, 最小値を求めよ。

□ **146** [対数方程式・不等式(1)]
次の方程式, 不等式を解け。

(1) $\log_3(x+1)=2$　　(2) $\log_{\frac{1}{3}}2(x-1)>\log_{\frac{1}{3}}(x+3)$

□ **147** [対数方程式・不等式(2)] 必修 テスト
次の方程式, 不等式を解け。

(1) $\log_2(x-2)=2-\log_2(x+1)$

(2) $\log_{\frac{1}{2}}x>\log_{\frac{1}{2}}\dfrac{4}{x-3}$

□ **148** [対数方程式・不等式(3)] テスト
次の方程式, 不等式を解け。

(1) $(\log_3 x)^2=\log_9 x^2$

(2) $(\log_3 x)^2-\log_3 x^2-3\geqq0$

□ **149** [桁数と小数の位] テスト
$\log_{10}2=0.3010$, $\log_{10}3=0.4771$ とするとき, 次の問いに答えよ。

(1) 6^{20} は何桁の数か。

(2) $\left(\dfrac{1}{6}\right)^{20}$ を小数で表したとき, 小数第何位に初めて0でない数が現れるか。

□ **150** [常用対数と指数不等式]
不等式 $0.9^n>0.0001$ を満たす最大の整数 n を求めよ。ただし, $\log_{10}3=0.4771$ とする。

□ **1** $\log_{10}2=a$，$\log_{10}3=b$ とするとき，次の問いに答えよ。（北海道工大）

(1) $\log_{10}\dfrac{9}{16}$ を a，b で表すと□となる。

(2) $\log_2 27$ を a，b で表すと□となる。

□ **2** 次の方程式・不等式を解け。

(1) $2^{x+1}+2^{2-x}=9$（広島工大）

(2) $4^x+3\cdot2^x-4\leqq0$（東京都市大）

(3) $\left(\dfrac{1}{2}\right)^{2x+2}<\left(\dfrac{1}{16}\right)^{x-1}$（大阪経大）

□ **3** 方程式 $\log_3(x-2)+\log_3(2x-7)=2$ の解は□である。
不等式 $\log_2(x+1)+\log_2(x-2)<2$ を満たす x の値の範囲は□である。（同志社大）

□ **4** 次の問いに答えよ。（新潟大）

(1) 不等式 $4\log_4 x\leqq\log_2(4-x)+1$ を解け。

(2) (1)で求めた x の値の範囲において，関数 $y=9^x-4\cdot3^x+10$ の最大値，最小値とそのときの x の値をそれぞれ求めよ。

□ **5** 連立方程式

$$(※)\begin{cases} xy=128 & \cdots① \\ \dfrac{1}{\log_2 x}+\dfrac{1}{\log_2 y}=\dfrac{7}{12} & \cdots② \end{cases}$$

を満たす正の実数 x，y を求めよう。ただし，$x\neq1$，$y\neq1$ とする。
①の両辺で 2 を底とする対数をとると

$\log_2 x+\log_2 y=$ ア

が成り立つ。これと②より

$(\log_2 x)(\log_2 y)=$ イウ

である。
したがって，$\log_2 x$，$\log_2 y$ は 2 次方程式

t^2- エ $t+$ オカ $=0$ …③

の解である。③の解は

$t=$ キ ， ク

である。ただし， キ < ク とする。
よって，連立方程式（※）の解は

$(x,\ y)=($ ケ ， コサ $)$，$($ シス ， セ $)$

である。（センター試験・改）

□ **6** $\log_{10}2=0.3010$，$\log_{10}3=0.4771$ とするとき，次の問いに答えよ。

(1) 15^{10} は何桁の整数であるか。（法政大・改）

(2) $\left(\dfrac{5}{8}\right)^8$ を小数で表したとき，小数第何位に初めて 0 でない数が現れるか。（北里大・改）

□ **151** ［極限値を求める］
次の極限値を求めよ。

(1) $\displaystyle\lim_{x\to2}(x^2-3x+1)$

(2) $\displaystyle\lim_{x\to1}\frac{x^3+8}{x+2}$

□ **152** ［不定形の極限値を求める］ テスト
次の極限値を求めよ。

(1) $\displaystyle\lim_{x\to1}\frac{x^3-1}{x-1}$

(2) $\displaystyle\lim_{h\to0}\frac{(3+h)^3-27}{h}$

(3) $\displaystyle\lim_{x\to-2}\frac{1}{x+2}\left(\frac{12}{x-2}+3\right)$

□ **153** ［極限と定数の決定］ 難
等式 $\displaystyle\lim_{x\to3}\frac{x^2+ax+b}{x-3}=2$ が成り立つように，定数 a，b の値を定めよ。

□ **154** ［平均変化率と微分係数］
関数 $f(x)=x^3-3x^2+2$ について，次の問いに答えよ。

(1) x が a から b まで変化するときの平均変化率を求めよ。

(2) 定義にしたがって $x=3$ における微分係数 $f'(3)$ を求めよ。

□ **155** ［微分係数の計算］
定義にしたがって，次の関数の $x=a$ における微分係数を求めよ。

(1) $f(x)=x^2-2x+3$

(2) $f(x)=-x^3+2x$

□ **156** ［微分係数と接線の方程式］ 必修 テスト
曲線 $y=x^3+2x$ 上の点 $(1,\ 3)$ における接線の方程式を求めよ。

□ **157** ［微分の計算(1)］
次の関数を微分せよ。

(1) $y=2x^3-3x^2+4x+5$

(2) $y=(x^2-1)(x+2)$

(3) $y=(2x-1)^3$

□ **158** ［微分の計算(2)］
次の関数を〔　〕内に示された文字について微分せよ。

(1) $S=6a^2$　〔a〕

(2) $V=\dfrac{4}{3}\pi r^3$　〔r〕

□ **159** ［関数を決定する］ 必修 テスト
次の問いに答えよ。

(1) 3 つの条件 $f(-1)=2$，$f'(0)=-2$，$f'(1)=4$ を満たす 2 次関数 $f(x)$ を求めよ。

(2) 4 つの条件 $f(0)=1$，$f(1)=3$，$f'(0)=4$，$f'(1)=1$ を満たす 3 次関数 $f(x)$ を求めよ。

□ **160** ［接線の方程式(1)］
曲線 $y=x^3+3x^2+3$ の上の点 $(-1,\ 5)$ における接線の方程式を求めよ。

□ **161** ［接線の方程式(2)］
曲線 $y=-x^3+4x+1$ の接線のうち，傾きが -8 である接線の方程式と接点の座標を求めよ。

□ **162** ［接線の方程式(3)］
点 $(1,\ 4)$ から曲線 $y=x^3+3x^2$ に引いた接線の方程式を求めよ。

□ **163** ［増加関数・減少関数であることの証明］
次の関数は常に増加，または常に減少することを示せ。

(1) $y=x^3-3x^2+6x-2$

(2) $y=-x^3+2x^2-2x+1$

□ **164** ［3次関数の極値］ テスト
次の関数の増減を調べ，極値を求めよ。

(1) $f(x)=x^3-3x^2-9x+2$

(2) $f(x)=-2x^3+6x-1$

□ **165** ［3次関数のグラフ］ 必修 テスト
次の関数のグラフをかけ。

(1) $y=x^3-3x^2+3$

(2) $y=-x^3-3x^2-3x+1$

□ **166** ［極大値から関数を決定する］
関数 $f(x)=x^3+x^2-x+k$ の極大値が 3 となるような定数 k の値を求めよ。

□ **167** ［極値から関数を決定する］ 必修 テスト
3 次関数 $f(x)$ が $x=2$ で極小値 -19，$x=-1$ で極大値 8 をとるとき，$f(x)$ を求めよ。

□ **168** ［増加関数・減少関数］
次の問いに答えよ。

(1) 関数 $f(x)=-x^3+ax^2+2ax+1$ が常に減少するように，定数 a の値の範囲を定めよ。

(2) 関数 $g(x)=x^3-3\left(1+\dfrac{k}{2}\right)x^2+6kx+4$ が常に増加するように，定数 k の値を定めよ。

□ **169** ［区間における最大・最小］ テスト
関数 $f(x)=x^3-3x+1$ $(-2\leqq x\leqq3)$ の最大値，最小値を求めよ。

□ **170** ［最大・最小(1)］ 難
$x^2+y^2=4$ のとき，x^3+3y^2 の最大値，最小値を求めよ。

□ **171** ［最大・最小(2)］ 難
関数 $f(x)=x^3-3ax$ $(0\leqq x\leqq1)$ の最小値を求めよ。

□ **172** ［最大・最小の応用問題］ テスト
放物線 $y=9-x^2$ と x 軸で囲まれた図形に内接する長方形 ABCD の面積の最大値を求めよ。ただし，頂点 A，D は放物線上，辺 BC は x 軸上にあるものとする。

□ **173** ［方程式の実数解の個数(1)］
方程式 $2x^3+3x^2-12x+4=0$ の実数解の個数を求めよ。

□ **174** ［方程式の実数解の個数(2)］
方程式 $x^3-3a^2x+2=0$ $(a>0)$ の異なる実数解の個数を定数 a の値によって分類せよ。

□ **175** ［実数解の個数(3)］ 必修 テスト
方程式 $x^3+3x^2+2-a=0$ が異なる負の解を 2 つと正の解を 1 つもつような，a の値の範囲を求めよ。

□ **176** ［2曲線の共有点］
2 曲線 $y=2x^3+x^2-20x+1$，$y=x^2+4x+a$ が 3 個の共有点をもつような，定数 a の値の範囲を求めよ。

□ **177** ［微分法による不等式の証明］ テスト
$x\geqq0$ のとき，不等式 $4x^3+5\geqq3x^2+6x$ が常に成り立つことを証明せよ。

□ **178** ［不等式の成立条件］
$x\geqq0$ のとき，$x^3-3ax^2+a^2\geqq0$ が常に成り立つような定数 a の値の範囲を求めよ。

□ **179** ［多項式の不定積分］
次の不定積分を求めよ。

(1) $\displaystyle\int(4x^2-3x+2)\,dx$　　(2) $\displaystyle\int(2x-1)(x-2)\,dx$

□ **180** ［曲線の式を決定する］ 必修 テスト
曲線 $y=f(x)$ 上の点 $(x,\ y)$ における接線の傾きが $3x^2-4x$ で表される曲線のうちで，点 $(1,\ 3)$ を通るものを求めよ。

□ **181** ［定積分を求める］
次の定積分を求めよ。

(1) $\displaystyle\int_0^2(x^2-2x+3)\,dx$　　(2) $\displaystyle\int_{-1}^3(2x-1)^2\,dx$

□ **182** ［両端が同じ定積分の差］
次の定積分を求めよ。

$\displaystyle\int_1^2(4x^2-x+1)\,dx-2\int_1^2(2x^2-x)\,dx$

□ **183** ［1次関数を決定する］
関数 $f(x)=ax+b$ について，$\displaystyle\int_{-1}^2 f(x)\,dx=-3$，$\displaystyle\int_{-1}^2 xf(x)\,dx=12$ を満たすように，定数 a，b の値を定めよ。

□ **184** ［区間がつながる定積分］
次の定積分を求めよ。

(1) $\displaystyle\int_1^3(x^2-x)\,dx+\int_3^1(x^2-x)\,dx$　　(2) $\displaystyle\int_1^3(3x^2-2x)\,dx+\int_{-2}^1(3x^2-2x)\,dx$

□ **185** [$-a \leqq x \leqq a$ での定積分] テスト
次の定積分を求めよ。

(1) $\int_{-1}^{1}(2x-1)(3x-1)\,dx$　　(2) $\int_{-2}^{2}(x^3-2x+5)\,dx$

□ **186** [2つの解の間の定積分]
次の定積分を求めよ。

(1) $\int_{1}^{3}(x-1)(x-3)\,dx$　　(2) $\int_{3-\sqrt{7}}^{3+\sqrt{7}}(x^2-6x+2)\,dx$

□ **187** [絶対値記号を含む定積分(1)]
関数 $f(x)=|x-2|+x$ のグラフをかき，定積分 $\int_{1}^{3}f(x)\,dx$ を求めよ。

□ **188** [絶対値記号を含む定積分(2)]
関数 $f(x)=|x^2-2x|$ のグラフをかき，定積分 $\int_{-1}^{3}f(x)\,dx$ を求めよ。

□ **189** [定積分で表された関数(1)] テスト
関数 $F(x)=\int_{0}^{x}(3t+1)(t-1)\,dt$ の極値を求め，グラフをかけ。

□ **190** [定積分で表された関数(2)]
次の関数 $F(x)$ を x の式で表せ。

(1) $F(x)=\int_{1}^{2}(3xt^2-2x^2t+2)\,dt$

(2) $F(x)=\int_{1}^{x}(4t-3t^2)\,dt$

□ **191** [定積分で表された関数(3)] 難
関数 $f(x)$ が次の式を満たすとき，関数 $f(x)$ と定数 a の値をそれぞれ求めよ。

(1) $\int_{-1}^{x}f(t)\,dt=x^3+ax^2-ax-5$

(2) $\int_{a}^{x}f(t)\,dt=2x^2-x-1$

□ **192** [曲線と x 軸との間の面積(1)] 必修
次の曲線と直線で囲まれた図形の面積 S を求めよ。

(1) 放物線 $y=x^2-4x+5$ と直線 $x=0$，$x=3$ と x 軸

(2) 放物線 $y=x^2-3x+2$ と x 軸

□ **193** [曲線と x 軸との間の面積(2)]
曲線 $y=x^3-x^2-2x$ と x 軸で囲まれた図形の面積 S を求めよ。

□ **194** [直線と曲線で囲まれた図形の面積] 必修 テスト
放物線 $y=x^2-2x$ と直線 $y=-x+2$ とで囲まれた図形の面積 S を求めよ。

□ **195** [2つの放物線で囲まれた図形の面積] 必修
次の2つの放物線で囲まれた図形の面積 S を求めよ。

(1) $y=(x+1)^2$ と $y=-x^2+5$

(2) $y=x^2-2x-4$ と $y=-x^2$

□ **196** [面積を2等分する直線] 難
放物線 $y=3x-x^2$ と x 軸で囲まれた図形の面積が，原点を通る直線で2等分されるとき，その直線の方程式を求めよ。

□ **1** 関数 $f(x)=x(x-3)(x-4)$ の $x=0$ から $x=2$ までの平均変化率は $\boxed{\text{①}}$ である。この平均変化率は，$f(x)$ の $x=\boxed{\text{②}}$ $(0<x<2)$ における微分係数に等しい。 (名城大)

□ **2** 関数 $f(x)=x^3+ax+b$（a，b は定数）が $x=-1$ で極大値5をとるとき，a，b の値は $a=\boxed{}$，$b=\boxed{}$ であり，極小値は $\boxed{}$ である。 (北海道工大)

□ **3** a を定数とする。関数 $f(x)$ が $\int_{a}^{x}f(t)\,dt=3x^2+x+a-1$ を満たすとき，$f(x)$ と a の値を求めよ。 (大阪工大)

□ **4** k を実数とし，座標平面上に点 P(1, 0) をとる。曲線 $y=-x^3+9x^2+kx$ を C とする。 (センター試験)

(1) 点 $\mathrm{Q}(t,\ -t^3+9t^2+kt)$ における曲線 C の接線が点Pを通るとすると

$-\boxed{\text{ア}}t^3+\boxed{\text{イウ}}t^2-\boxed{\text{エオ}}t=k$

が成り立つ。

$p(t)=-\boxed{\text{ア}}t^3+\boxed{\text{イウ}}t^2-\boxed{\text{エオ}}t$ とおくと，関数 $p(t)$ は $t=\boxed{\text{カ}}$ で極小値 $\boxed{\text{キク}}$ をとり，$t=\boxed{\text{ケ}}$ で極大値 $\boxed{\text{コ}}$ をとる。

したがって，点Pを通る曲線 C の接線の本数がちょうど2本となるのは k の値が $\boxed{\text{サ}}$ または $\boxed{\text{シス}}$ のときである。また，点Pを通る曲線 C の接線の本数は $k=5$ のとき $\boxed{\text{セ}}$ 本，$k=-2$ のとき $\boxed{\text{ソ}}$ 本，$k=-12$ のとき $\boxed{\text{タ}}$ 本となる。

(2) $k=0$ とする。曲線 $y=-x^3+6x^2+7x$ を D とする。曲線 C と D の交点の x 座標は $\boxed{\text{チ}}$ と $\dfrac{\boxed{\text{ツ}}}{\boxed{\text{テ}}}$ である。

$-1 \leqq x \leqq 2$ の範囲において，2曲線 C，D および2直線 $x=-1$，$x=2$ で囲まれた2つの図形の面積の和は $\dfrac{\boxed{\text{トナ}}}{\boxed{\text{ニ}}}$ である。

□ **5** 座標平面上で，放物線 $y=x^2$ を C とする。曲線 C 上の点Pの x 座標を a とする。点Pにおける C の接線 l の方程式は $y=\boxed{\text{アイ}}x-a^{\boxed{\text{ウ}}}$ である。$a \neq 0$ のとき，直線 l が x 軸と交わる点をQとすると，Qの座標は $\left(\dfrac{\boxed{\text{エ}}}{\boxed{\text{オ}}},\ \boxed{\text{カ}}\right)$ である。

$a>0$ のとき，曲線 C と直線 l および x 軸で囲まれた図形の面積を S とすると $S=\dfrac{a^{\boxed{\text{キ}}}}{\boxed{\text{クケ}}}$ である。

$a<2$ のとき，曲線 C と直線 l および直線 $x=2$ で囲まれた図形の面積を T とすると

$$T=-\frac{a^3}{\boxed{\text{コ}}}+\boxed{\text{サ}}a^2-\boxed{\text{シ}}a+\frac{\boxed{\text{ス}}}{\boxed{\text{セ}}}$$

である。$a=0$ のときは $S=0$，$a=2$ のときは $T=0$ であるとして，$0 \leqq a \leqq 2$ に対して $U=S+T$ とおく。a がこの範囲を動くとき，U は $a=\boxed{\text{ソ}}$ で最大値 $\dfrac{\boxed{\text{タ}}}{\boxed{\text{チ}}}$ をとり，$a=\dfrac{\boxed{\text{ツ}}}{\boxed{\text{テ}}}$ で最小値 $\dfrac{\boxed{\text{ト}}}{\boxed{\text{ナニ}}}$ をとる。 (センター試験)

□ **197** [数列(1)]
次の数列 $\{a_n\}$ は，それぞれどのような規則でつくられているか。その規則にしたがうと，第6項 a_6 と第7項 a_7 の間にはどのような関係式が成り立つか。

(1) 10, 8, 6, 4, 2, …

(2) 2, 6, 18, 54, 162, …

(3) 1, 2, 4, 7, 11, …

□ **198** [数列(2)]
次の数列 $\{a_n\}$ の初項から第5項までを書け。

(1) $a_n=3n-2$

(2) $a_n=1+(-1)^n$

(3) $a_n=n^2-n$

□ **199** [等差数列(1)] テスト
次の等差数列 $\{a_n\}$ の一般項と第20項を求めよ。

(1) 2, 7, 12, 17, …

(2) 8, 5, 2, −1, …

□ **200** [等差数列(2)] 必修 テスト
第5項が21，第12項が49となる等差数列の初項と公差を求めよ。

□ **201** [初項と公差]
一般項が $a_n=2n-5$ で表される数列がある。
この数列の初項から始めて3つ目ごとに取り出してできる数列 a_1，a_4，a_7，a_{10}，…は等差数列であることを示し，初項と公差を求めよ。

□ **202** [等差中項]
数列7，x，19がこの順で等差数列をなすとき，x の値を求めよ。

□ **203** [調和数列]
調和数列（各項の逆数をとると等差数列になる数列）3，$\dfrac{12}{7}$，$\dfrac{6}{5}$，$\dfrac{12}{13}$，$\dfrac{3}{4}$，…の一般項を求めよ。

□ **204** [共通な数列]
次のような2つの等差数列 $\{a_n\}$，$\{b_n\}$ がある。

$\{a_n\}$：3, 7, 11, …

$\{b_n\}$：2, 9, 16, …

このとき数列 $\{a_n\}$ と $\{b_n\}$ に共通に含まれる数列 $\{c_n\}$ の一般項を求めよ。

□ **205** [等差数列の和(1)] テスト
次の等差数列の和 S を求めよ。

(1) 初項10，末項52，項数15　　(2) 初項30，公差 −2，項数20

□ **206** [等差数列の和(2)] 必修 テスト
初項から第4項までの和が46，第10項までの和が205である等差数列の初項から第 n 項までの和 S_n を求めよ。

□ **207** [等差数列の和]
次の問いに答えよ。

(1) 100と200の間にあって，6で割ると1余る数の総和 S を求めよ。

(2) 3桁の自然数のうち，3でも7でも割り切れる数の総和 S を求めよ。

□ **208** [等差数列の和の最大値] 必修 テスト
初項35，公差 −3 の等差数列 $\{a_n\}$ について，次の問いに答えよ。

(1) 第何項が初めて負になるか。

(2) 初項から第 n 項までの和を S_n とするとき，S_n の最大値を求めよ。

□ **209** [和→一般項] テスト
初項から第 n 項までの和 S_n が次の式で表されるとき，数列 $\{a_n\}$ の一般項を求めよ。

(1) $S_n=2n^2+5n$

(2) $S_n=n^2-5n+2$

□ **210** [等比数列(1)]
次の等比数列 $\{a_n\}$ の一般項を求めよ。

(1) 初項4，公比3　　(2) 初項5，公比 $-\dfrac{1}{2}$

□ **211** [等比数列(2)] 必修 テスト
第3項が18，第6項が486となる等比数列がある。各項が実数であるとき，この等比数列の初項と公比を求めよ。

□ **212** [等比中項]
3，x，12がこの順で等比数列をなすとき，x の値を求めよ。

□ **213** [等比数列の和] テスト
次の等比数列の初項から第 n 項までの和 S_n を求めよ。

4, −8, 16, …

□ **214** 【等比数列(3)】 必修 テスト
第3項が12で初めの3項の和が21である等比数列の初項と公比を求めよ。

□ **215** 【Σの意味(1)】
次の式を和の形で表せ。
(1) $\sum_{k=1}^{8} 5\cdot 2^{k-1}$
(2) $\sum_{k=3}^{10} (k^2-k)$

□ **216** 【Σの意味(2)】
次の和をΣを用いて表せ。
(1) $5+8+11+\cdots+(3n+2)$
(2) $\frac{2}{1\cdot 3}+\frac{2}{3\cdot 5}+\frac{2}{5\cdot 7}+\cdots+\frac{2}{(2n-1)(2n+1)}$

□ **217** 【Σの計算(1)】 必修 テスト
$\sum_{k=1}^{n}(3k+1)^2$ を求めよ。

□ **218** 【Σの計算(2)】
次の数列 $\{a_n\}$ の初項から第 n 項までの和を求めよ。
$1\cdot 3\cdot 5,\ 3\cdot 5\cdot 7,\ 5\cdot 7\cdot 9,\ \cdots$

□ **219** 【Σの計算(3)】
次の数列の初項から第 n 項までの和 S_n を求めよ。
$1,\ 1+\frac{1}{2},\ 1+\frac{1}{2}+\frac{1}{4},\ 1+\frac{1}{2}+\frac{1}{4}+\frac{1}{8},\ \cdots$

□ **220** 【分数の和】 難
次の和を求めよ。
$\frac{1}{1\cdot 3\cdot 5}+\frac{1}{3\cdot 5\cdot 7}+\frac{1}{5\cdot 7\cdot 9}+\cdots+\frac{1}{(2n-1)(2n+1)(2n+3)}$

□ **221** 【無理数の和】
次の和を求めよ。
$\frac{1}{\sqrt{3}+\sqrt{7}}+\frac{1}{\sqrt{7}+\sqrt{11}}+\frac{1}{\sqrt{11}+\sqrt{15}}+\cdots+\frac{1}{\sqrt{4n-1}+\sqrt{4n+3}}$

□ **222** 【等差×等比型の和】 難
次の和を求めよ。
$S_n=1+3x+5x^2+\cdots+(2n-1)x^{n-1}$

□ **223** 【群数列】
自然数を小さい順に並べ，第 n 群が $(2n-1)$ 個の数を含むように分けると，
1｜2, 3, 4｜5, 6, 7, 8, 9｜…
となる。このとき，次の問いに答えよ。
(1) 第 n 群の最初の数を求めよ。
(2) 100は第何群の何番目の数か。
(3) 第 n 群の数の和を求めよ。

□ **224** 【階差数列】 必修 テスト
次の数列の一般項を求めよ。
$\{a_n\}$：2, 3, 5, 9, 17, …

□ **225** 【帰納的定義】
次の式で定義された数列 $\{a_n\}$ の初項から第5項までを書け。
(1) $a_1=1,\ a_{n+1}=2a_n+3\ (n\geqq 1)$
(2) $a_1=1,\ a_2=2,\ a_{n+2}=3a_{n+1}-2a_n\ (n\geqq 1)$

□ **226** 【隣接2項間の漸化式(1)】
次の漸化式で定義される数列 $\{a_n\}$ の一般項を求めよ。
(1) $a_1=1,\ a_{n+1}=a_n+4$
(2) $a_1=3,\ a_{n+1}=4a_n$
(3) $a_1=2,\ a_{n+1}=a_n+3n$

□ **227** 【隣接2項間の漸化式(2)】 必修 テスト
次の漸化式で定義される数列 $\{a_n\}$ の一般項を求めよ。
(1) $a_1=2,\ a_{n+1}=2a_n-1$
(2) $a_1=1,\ a_{n+1}=4a_n+3$

□ **228** 【隣接2項間の漸化式(3)】 難
次の漸化式で定義される数列 $\{a_n\}$ の一般項を求めよ。
$a_1=1,\ a_{n+1}=3a_n+4^{n+1}$

□ **229** 【隣接3項間の漸化式】 難
次の漸化式で定義される数列の一般項を求めよ。
$a_1=0,\ a_2=1,\ a_{n+2}=a_{n+1}+2a_n$

□ **230** 【数学的帰納法(1)】 必修
数学的帰納法を用いて，次の等式を証明せよ。
$1^2+2^2+3^2+\cdots+n^2=\frac{1}{6}n(n+1)(2n+1)$ …①

□ **231** 【数学的帰納法(2)】
n が4以上の自然数のとき，不等式 $2^n>3n$ …①が成り立つことを証明せよ。

□ **232** 【漸化式の解法(数学的帰納法を使って)】
$a_1=\frac{1}{2},\ a_{n+1}=-\frac{1}{a_n-2}$ で定義される数列 $\{a_n\}$ について，次の問いに答えよ。
(1) $a_2,\ a_3,\ a_4$ を求めて，一般項 a_n を推測せよ。
(2) 数学的帰納法を用いて，推測した a_n が正しいことを証明せよ。

□ **1** 等差数列 $\{a_n\}$ は $a_9=-5,\ a_{13}=6$ を満たすとする。このとき，次の問いに答えよ。 (高知大)
(1) 一般項 $\{a_n\}$ を求めよ。
(2) a_n が正となる最小の n を求めよ。
(3) 第1項から第 n 項までの和 S_n を求めよ。
(4) S_n が正となる最小の n を求めよ。

□ **2** 等比数列3, 6, 12, …を $\{a_n\}$ とし，この数列の第 n 項から第 $2n-1$ 項までの和を T_n とする。 (大分大)
(1) 数列 $\{a_n\}$ の一般項を求めよ。
(2) T_n を求めよ。
(3) $\sum_{k=1}^{n}T_k$ を求めよ。

□ **3** 自然数の列 1, 2, 3, 4, …を，次のように群に分ける。
1｜2, 3, 4, 5｜6, 7, 8, 9, 10, 11, 12｜…
第1群　第2群　第3群
ここで，一般に第 n 群は $(3n-2)$ 個の項からなるものとする。第 n 群の最後の項を a_n で表す。 (センター試験)
(1) $a_1=1,\ a_2=5,\ a_3=12,\ a_4=\boxed{\text{アイ}}$ である。
$a_n-a_{n-1}=\boxed{\text{ウ}}n-\boxed{\text{エ}}\ (n=2,\ 3,\ 4,\ \cdots)$ が成り立ち，$a_n=\frac{\boxed{\text{オ}}}{\boxed{\text{カ}}}n^{\boxed{\text{キ}}}-\frac{\boxed{\text{ク}}}{\boxed{\text{ケ}}}n\ (n=1,\ 2,\ 3,\ \cdots)$ である。
よって，600は，第$\boxed{\text{コサ}}$群の小さい方から$\boxed{\text{シス}}$番目の項である。
(2) $n=1,\ 2,\ 3,\ \cdots$ に対し，第 $(n+1)$ 群の小さい方から $2n$ 番目の項を b_n で表すと
$b_n=\frac{\boxed{\text{セ}}}{\boxed{\text{ソ}}}n^{\boxed{\text{タ}}}+\frac{\boxed{\text{チ}}}{\boxed{\text{ツ}}}n$ であり，$\frac{1}{b_n}=\frac{\boxed{\text{テ}}}{\boxed{\text{ト}}}\left(\frac{1}{n}-\frac{1}{n+\boxed{\text{ナ}}}\right)$ が成り立つ。これより，
$\sum_{k=1}^{n}\frac{1}{b_k}=\frac{\boxed{\text{ニ}}n}{\boxed{\text{ヌ}}n+\boxed{\text{ネ}}}\ (n=1,\ 2,\ 3,\ \cdots)$ となる。

□ **4** 数列 $\{a_n\}$ の初項 a_1 から第 n 項 a_n までの和 S_n が次の式で与えられるとする。
$2S_n=n+1-a_n\ (n=1,\ 2,\ 3,\ \cdots)$
以下の設問(1)～(4)に答えよ。 (秋田県立大)
(1) a_1 と a_2 を求めよ。
(2) a_{n+1} を a_n で表す漸化式を求めよ。
(3) 一般項 a_n を求めよ。
(4) $\{b_n\}$ を $b_n=a_{2n-1}\ (n=1,\ 2,\ 3,\ \cdots)$ で定めるとき，$\sum_{k=1}^{n}b_k$ を求めよ。

□ **5** 数列 $\{a_n\}$ が，$a_1=\frac{2}{3},\ a_{n+1}=\frac{2-a_n}{3-2a_n}\ (n=1,\ 2,\ 3,\ \cdots)$ を満たしている。次の問いに答えよ。 (岡山県立大・改)
(1) $a_2,\ a_3$ を求めよ。
(2) 一般項 $\{a_n\}$ を推測し，それが正しいことを数学的帰納法により証明せよ。

□ **233** 【確率分布】
白球5個と黒球3個が入っている袋から，2個の球を同時に取り出すとき，白球が出る個数 X の確率分布を求めよ。

□ **234** 【確率分布と確率(1)】
右の表は，あるクラスの数学の小テストの結果である。点数を X とするとき確率分布を示し，$P(3\leqq X\leqq 5)$ を求めよ。

点数	0	1	2	3	4	5	計
人数	3	5	7	12	8	5	40

□ **235** 【確率分布と確率(2)】 必修
50円硬貨2枚と100円硬貨1枚を同時に投げるとき，表が出た硬貨の合計金額を確率変数 X とする。
(1) X の確率分布を求めよ。
(2) 確率 $P(X\geqq 150)$ を求めよ。

□ **236** 【平均，分散，標準偏差(1)】 必修
右の表は，5点満点の数学の小テストを実施したときの結果である。次の問いに答えよ。

点数	0	1	2	3	4	5	計
人数	0	2	0	6	20	12	40

(1) 点数 X の確率分布を求めよ。
(2) 平均 $E(X)$ を求めよ。
(3) 分散 $V(X)$ を求めよ。
(4) 標準偏差 $\sigma(X)$ を求めよ。

□ **237** 【平均，分散，標準偏差(2)】 テスト
8本のくじがあって，そのうち2本が当たりくじである。このくじを同時に4本引くとき，当たりくじを引く本数 X の平均と分散，標準偏差を求めよ。

□ **238** 【和の平均と分散】
確率変数 X の平均が2で分散が3，確率変数 Y の平均が -3 で分散が5であり，X と Y が互いに独立であるとする。次の確率変数の平均と分散を求めよ。
(1) $X+Y$　(2) $3X+2Y$

□ **239** 【独立な事象の和の平均】 必修
100円硬貨1枚と10円硬貨1枚を同時に投げて，表の出た硬貨の金額の和を Z 円とする。Z の平均を求めよ。

□ **240** 【二項分布の記号】 テスト
次の二項分布の平均，分散および標準偏差を求めよ。
(1) $B\left(5,\ \frac{1}{4}\right)$　(2) $B\left(12,\ \frac{1}{3}\right)$　(3) $B\left(6,\ \frac{2}{3}\right)$

☐ **241** [二項分布の平均・分散・標準偏差] 必修
1個のさいころを60回投げるとき，5以上の目が出る回数 X の平均，分散および標準偏差を求めよ。

☐ **242** [正規分布]
確率変数 X が正規分布 $N(10,\ 3^2)$ に従うとき，次の値を求めよ。
(1) $P(10 \leqq X \leqq 13)$
(2) $P(7 \leqq X \leqq 13)$
(3) $P(X \leqq 5)$

☐ **243** [正規分布と標準正規分布] 必修
ある高校2年生の男子200人の身長は，平均170.0 cm，標準偏差4.0 cmである。身長の分布を正規分布とみなすとき，次の問いに答えよ。
(1) 身長が176.0 cm以上の生徒は，約何人いるか。
(2) 身長の高い方から25番目の生徒の身長は約何cmか。

☐ **244** [二項分布の利用] テスト
1個のさいころを450回投げるとき，1または2の目が出る回数を X とする。次の問いに答えよ。
(1) X はどのような分布に従うか。
(2) X はどのような正規分布で近似できるか。
(3) 1または2の目が140回以上155回以下出る確率を求めよ。

☐ **245** [母平均と母標準偏差] 必修
1個のさいころを100回投げるとき，出る目の平均を $\overline{X}$ とする。
(1) 母平均と母標準偏差を求めよ。
(2) $\overline{X}$ の平均，標準偏差を求めよ。

☐ **246** [標本平均の平均と標準偏差] テスト
1，2，2，3，3，3の数字を書いた6枚のカードが，袋の中にある。この袋から無作為に1枚のカードをとり出すとき，そのカードの数を X とする。次の問いに答えよ。
(1) X の母集団分布を求めよ。また，X の母平均 m と母標準偏差 σ を求めよ。
(2) この袋から2枚のカードを復元抽出するとき，カードの数字の標本平均 $\overline{X}$ の確率分布を求めよ。
(3) (2)で得た標本平均 $\overline{X}$ の平均 $E(\overline{X})$ と標準偏差 $\sigma(\overline{X})$ を求めよ。

☐ **247** [標本平均]
母平均50，母標準偏差12の母集団は正規分布に従っている。この中から大きさ64の標本を無作為抽出するとき，次の問いに答えよ。
(1) 標本平均 $\overline{X}$ の平均と標準偏差を求めよ。
(2) 標本平均 $\overline{X}$ が53より大きい値となる確率を求めよ。

☐ **248** [推定(1)] 必修
ある工場でつくられた電球から100個を無作為抽出し，耐久時間を調べたところ，平均1200時間，標準偏差110時間であった。信頼度95%で，この工場の電球の平均耐久時間を推定せよ。

☐ **249** [推定(2)]
ある都市で，テレビ番組Aの視聴状況について，テレビ所有の1000軒を無作為抽出して調べたところ，300軒で見ていたというデータを得た。
この都市での番組Aの視聴率を信頼度95 %で推定せよ。
ただし，$\sqrt{2.1}=1.45$ とする。

☐ **250** [信頼区間] 必修 テスト
ある工場の製品900個の中の不良品を調べたところ，その平均は90個であった。次の問いに答えよ。
(1) 900個の中に含まれる不良品の個数を X とする。X の標準偏差を求めよ。ただし，不良品率は10 %としてよい。
(2) X の分布は正規分布で近似できるとして，X が95 %の確率で存在する範囲を求めよ。
(3) この工場の製品の不良品率を信頼度95 %で求めよ。

☐ **251** [仮説検定(1)] テスト
ある工場で製造される部品の重さは，平均が600 g，標準偏差が20 gの正規分布に従うという。ある日，この部品100個を無作為抽出して重さを調べたところ，平均値は593 gであった。この日に製造された部品は異常であるといえるか。有意水準5 %で仮説検定せよ。

☐ **252** [仮説検定(2)] 難
1個のさいころを720回投げたところ，1の目が135回出た。このとき，さいころは偏りのない正しいものに作られているか。有意水準5 %で仮説検定せよ。

☐ **1** 青玉が9個，白玉が6個，赤玉が3個，合計18個の玉が入っている袋がある。袋から玉を1個ずつ取り出す。取り出した玉は袋に戻さないこととする。この袋から玉を1個ずつ3回取り出す試行により確率変数 $X,\ Y,\ Z$ を次のように定義する。
最初の玉が，青玉のとき $X=0$，白玉のとき $X=1$，赤玉のとき $X=2$ とする。次の玉が，青玉のとき $Y=0$，白玉のとき $Y=1$，赤玉のとき $Y=2$ とする。最後の玉が，青玉のとき $Z=0$，白玉のとき $Z=1$，赤玉のとき $Z=2$ とする。
そして，確率を P，平均を E，分散を V で表す。 (センター試験)
(1) $P(XY=1)=\dfrac{\boxed{ア}}{\boxed{イウ}}$，$P(XYZ=0)=\dfrac{\boxed{エオ}}{\boxed{カキ}}$ である。
(2) $E(X)=\dfrac{\boxed{ク}}{\boxed{ケ}}$，$V(X)=\dfrac{\boxed{コ}}{\boxed{サ}}$ である。
(3) $E(XY)=\dfrac{\boxed{シ}}{\boxed{スセ}}$ である。

☐ **2** 次の各問いに答えよ。ただし，確率変数 Z が標準正規分布 $N(0,\ 1)$ に従うとき，
$P(Z>1.96)=0.0250$，$P(Z>2.00)=0.0228$，$P(Z>2.58)=0.0049$
である。 (鹿児島大)
(1) 1枚の硬貨を100回投げる試行において，表の出た回数を X とする。次の(i)，(ii)，(iii)に答えよ。
(i) X はどのような確率分布に従うかを答えよ。また，確率 $P(X=k)$ を k を用いて表せ。
(ii) X の確率分布を正規分布 $N(m,\ \sigma^2)$ で近似するとき，m，σ の値をそれぞれ求めよ。
(iii) (ii)において，確率 $P(50 \leqq X \leqq 60)$ と，$P(|X-50|<a)=0.95$ を満たす値 a をそれぞれ求めよ。
(2) 変形した硬貨が1枚ある。この硬貨の表が出る確率（母比率という）を推定するために，400回投げたところ，ちょうど100回表が出た。このとき，母比率の信頼度99 %の信頼区間の幅を求めよ。

MEMO

MEMO

MEMO